U0247621

《长物志》的
生态审美智慧研究

罗祖文◎著

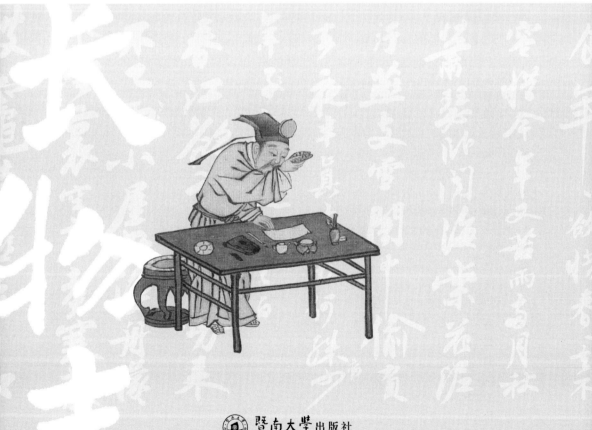

暨南大学出版社
JINAN UNIVERSITY PRESS

中国·广州

图书在版编目（CIP）数据

《长物志》的生态审美智慧研究 / 罗祖文著.
广州 ： 暨南大学出版社，2024. 11.
ISBN 978-7-5668-4041-7

Ⅰ. TU986.2

中国国家版本馆 CIP 数据核字第 2024MV1580 号

《长物志》 的生态审美智慧研究
《CHANGWU ZHI》 DE SHENGTAI SHENMEI ZHIHUI YANJIU
著　者：罗祖文

- -

出 版 人：阳　翼
策划编辑：陈绪泉
责任编辑：陈绪泉　吴瑜玲
责任校对：刘舜怡　陈皓琳　王燕丽
责任印制：周一丹　郑玉婷

出版发行：暨南大学出版社（511434）
电　　话：总编室（8620）31105261
　　　　　营销部（8620）37331682　37331689
传　　真：（8620）31105289（办公室）　37331684（营销部）
网　　址：http：//www. jnupress. com
排　　版：广州市新晨文化发展有限公司
印　　刷：佛山市浩文彩色印刷有限公司
开　　本：787mm×1092mm　1/16
印　　张：15. 5
字　　数：290 千
版　　次：2024 年 11 月第 1 版
印　　次：2024 年 11 月第 1 次
定　　价：59. 80 元

（暨大版图书如有印装质量问题，请与出版社总编室联系调换）

目录
CONTENS

引言

中国古代审美教育的生态智慧

中国古代先民以农业生产方式为主，在长期的劳动实践过程中，他们形成了独特的自然美育模式，这种美育模式或以自然山水为手段，或以艺术图画为参照，或以自然为言说载体，如从德性论的视域对之进行审视，无论其教育手段、教育过程还是言说方式都蕴含着丰富的生态智慧与道德意蕴。

一、 中国古代自然美育模式

与西方将艺术作为主要的美育方式不同，中国古代美育的主要手段是自然山水。在明净的山水世界里，中国古代文人墨客常常忘怀世俗，涤除玄览，融于自然。那么，自然山水何以有如此魅力呢？南朝宋画家宗炳在《画山水序》中说："至于山水，质有而趣灵……又称仁者之乐焉。夫圣人以神法道，而贤者通；山水以形媚道，而仁者乐，不亦乐乎？""质有而趣灵"的山水形态内蕴着玄妙灵动之美，与"道"有一种亲和、媚悦的映涵关系，故能使仁者快乐，贤者通达。左思则从自然本性中洞察出自然山水的深层审美品质，所谓"非必丝与竹，山水有清音"（左思《招隐诗》其一）。自然之美素朴本然，高于人为之美。因此，自然山水作为美育的手段，它既是审美主体"含道映物"、体验客体之道的载体，也是审美主体"澄怀味象"、荡涤心灵尘埃的手段。当然，古人对山水美育场所是有所选择的，穷山恶水并不能成为美育手段，"并非任何山水，皆可安顿住人生，必山水自身，显示有一可供安顿的形相，此种形相，对人是有情的，于是人即以自己之情应之，而使山水与人生，成为两情相洽的境界"①。"形式"对应着"情感"，只有优美的山水形式方可使人情感愉悦，身心安顿。而从美育的角度看，优美的自然山水并非独立于人之外的审美客体，而是人类精神生态的建构者。正如《中庸》（第二十二章）所说："唯天下至诚，为能尽其性；能尽其性，则能尽人之性；能尽人之性，则能尽物之性；能尽物之性，则可以赞天地之化育；可以赞天地之化育，则可以与天地参矣。"人与自然万物是平等的互生关系，一方面，人的德性来自自然界的进化与熏陶；另一方面，人作为德性主体，应该参赞天地化育之功，完成自然界的"生生之德"，如此，天、地、人三方才能和谐。

面对浩渺的自然山水，古人是如何鉴赏的呢？战国宋玉有诗云："仰视山巅""俯视崝嵘"（《高唐赋》）；汉苏武诗："俯观江汉流，仰视浮云翔"（《诗四

---

① 徐复观：《中国艺术精神》，沈阳：春风文艺出版社 1987 年版，第 297 页。

首》其四）；嵇康诗："俯仰自得，游心太玄"（《赠秀才入军十八首》其十四）；潘安仁诗："仰睎归云，俯镜泉流"（《怀旧赋》）。由此可见，仰观俯察是古人常用的自然审美方式，这种欣赏方式既是对自然做全景式的鸟瞰，也是对自然整体气韵的把握与体验，"游目"于自然山水也是"畅神"于内心世界的过程。仰观俯察的审美方式，让审美主体领略了自然山水的勃勃生机，同时感受到了生命循环、天地无垠的生态图景。在这种审美范式中，人与自然虽保持适度距离，却是以多种感官与自然交流的，用西方当代环境美学家卡尔松的话来说，这是一种多感官介入体验的"审美参与"过程，欣赏者既能以视觉欣赏自然物象的优美形态，也能聆听自然界的声音，甚至还能感受到自然界的阴晴变化与气息流动等。

仰观俯察了自然界的万象，接下来就是"以玄对山水"了，"公雅好所托，常在尘垢之外，虽柔心应世，蠖屈其迹，而方寸湛然，固以玄对山水"（孙绰《庾亮碑文》）。"以玄对山水"是指欣赏者胸怀"玄理"面对自然山水，从自然山水中验应"玄学"的奥妙，感受天人一体的审美境界。这种审美范式的发生有两个前提：一是审美主体要有"玄心"，即玄远的精神境界；二是审美主体必须有玄学知识与素养。唯有此，方能体验宇宙的生机与活力，并在自然山水的欣赏中有所超越，悟得自然大道和人生至理，做到"理感则一，冥然玄会"（庾友《兰亭诗》）。"以玄对山水"的审美模式体现了自然之美与人格之美的互动关系：超然本真之心发现了自然之美，自然之美也塑造了和谐放达的健康人格。山水在这里虚灵化了，也拟人化、道德化了。这种审美模式也体现了中国道、玄思想与自然审美的关系，它是在形而上思想的预设前提下进行的，这迥异于西方自然审美以科技认知为前提，仅只关注自然对象的物理属性，从自然形式中探寻自然规律。中国的自然审美超越了具体的科学认知，是融合情感、精神、想象为一体的形而上的审美体验，用柳宗元在《始得西山宴游记》中的话说就是"心凝形释，与万化冥合"。这种审美状态不是徘徊于具体而现实的环境欣赏模式之内，而是将人与环境紧密地融合起来，在一种虚静无为、纯朴自由的精神状态之中，对自然之道进行审美观照，进而达到"物我同一"的大通境界。

如果说"仰观俯察"是"味象"、"以玄对山水"是"观气"的话，那么"心凝形释，与万化冥合"显然是"悟道"了。这一审美体验过程表明，中国古代自然美育是一种不断深化的"审美"过程，从这一过程可以看出，中国古代自然美育从激发人的感性起始，始终保持着感性的生动性与直接性，而在"悟道"阶段则渗入了情感与德性教育，它使主体在山水审美的观照中，游心太玄，找寻与恢复自我德性。"德性是人运用理智或智慧根据其谋求生存得更好的本性的根本要求并以生存得更好为指向培育的，以心理定势对人的活动发生作用，并使人的活动及其主体成为善的品质。"① 德性作为一种优良的善性品质，是与认知、审美、意志等活动联系在一起的，在尘世凡俗中，它有可能被遮蔽或侵蚀。西方社会是通过宗教的熏陶净化、教育或依靠法律制度等强制措施来维护的。与之不同，中国人的德性养成表现出一种顺物自然、任物自化的境界，它是在自然美育中悄然而生的。在中国古代山水美育模式中，主体由象入乎气，由气达于道，进而涤除心里挂碍，顺其本性自然而然地生活，这种自然的生活就是有德性的生活。"有德性的生活等于根据自然的实际过程中的经验而生活。我们每个人的本性都是整个宇宙的本性的一部分，因而目的就可定义为顺从自然而生活；换句话说，顺从我们每个人自己的本性以及宇宙的本性而生活。"②

二、 中国古代艺术美育模式

艺术作为人类的精神产品，在满足人们审美需要的同时，又净化人们的灵魂，并培养人类的审美能力。 "艺术对象创造出懂得艺术和能够欣赏美的大众——任何其他产品也都是这样。因此，生产不仅为主体生产对象，而且也为对象生产主体。"③ 正因为艺术教育具有如此重要的价值和意义，我国古代的《礼记·乐记》曰："乐也者，圣人之所乐也，而可以善民心，其感人深，其移风易俗，故先王著其教焉。"曾繁仁说："艺术教育所凭借的手段是不同于自然美与社会美的艺术美。这种艺术美具体地体现为艺术品。艺术品本身是艺术家创造性劳动的产物，是美的物化形态与集中表现，是人类高尚情感的结晶。它同自然美与社会美相比，在美的层次上更高。人们通过对于艺术品的欣赏，可以直接接触到无限丰富多样的美的对象，从而受到熏陶启迪。"④

中国古代艺术美育模式讲究味象、观气、悟道三个过程。"味象"之"味"指的是一种直觉感受，它是由纯生理感受慢慢跨入艺术审美领域。魏晋南北朝时期，"味"被用来品物论文，如刘勰的"情味"、钟嵘的"滋味"、宗炳的"澄怀味象"等。而"象"在中国传统文化中既指具体的感性艺术形象，也指自然山

---

① 江畅：《德性论》，北京：人民出版社 2011 年版，第 30 – 31 页。

② 苗力田：《古希腊哲学》，北京：中国人民大学出版社 1989 年版，第 602 页。

③ ［德］马克思著，中共中央马克思恩格斯列宁斯大林著作编译局译：《政治经济学批判》，北京：人民出版社 1976 年版，第 95 页。

④ 曾繁仁：《美育十五讲》，北京：北京大学出版社 2012 年版，第 108 – 109 页。

川之象。所谓"古者庖牺氏之王天下也，仰则观象于天，俯则观法于地，观鸟兽之文与地之宜，近取诸身，远取诸物，于是始作八卦，以通神明之德，以类万物之情"（《周易·系辞下》）。无论是感性的艺术形象，还是自然山川之象，均是可用视知觉感知的。在中国古典美学中，还有一种"象"则是"道"的表征与载体，所谓"道之为物，惟恍惟惚。惚兮恍兮，其中有象"（《老子》第二十一章）。它虽不能直接感知，但可以通过"涤除玄览""专气致柔"的方式领悟得到。由此可见，中国古人的"味象"是指用审美的眼光观照世间美景，以澄澈的心灵去感受大千世界，领略艺术或自然山水的灵魂与生命。它并非远距离"静观"，而是一个由表及里、深入领悟的过程，用宗炳在《画山水序》中的话说，有一个"应目会心"与"应会感神"的过程："夫以应目会心为理者，类之成巧，则目亦同应，心亦俱会，应会感神，神超理得，虽复虚求幽岩，何以加焉？"在这一审美过程中，外在物象主体化，同时审美主体也客体化，这是一种泯灭了主客体之间对立的审美，是一种独有的东方式生态现象学方法。不难想象，建立在这种审美范式上的"味象"，面对艺术品，审美主体一定是心悟神游，在审美中领会艺术的内在意蕴，完成对自身人格的改造；面对自然山川，审美主体一定将之视为生命体，对之呵护有加。所以，中国古人在"象"的品味过程中，在某种程度上是"纳生命情思、人格襟怀或本真于感性具象之中，在天地山川虫鱼鸟兽花草树木等感性世界中参赞化育，体味宇宙生命创化的内在节奏与生机"[1]。郭熙在《林泉高致·山水训》中说："学画花者，以一株花置深坑中，临其上而瞰之，则花之四面得矣。学画竹者，取一枝竹，因月夜照其影于素壁之上，则竹之真形出矣。学画山水者，何以异此？盖身即山川而取之，则山水之意度见矣。""身即山川而取之"并非走进山川，对境取景，描摹写生，而是首先"目接于形"，仔细品味自然审美对象的样态，即"味象"；其次则是"应会感神"，从自然山水的形质中感受其神韵，领悟自然审美对象的生命情调。

　　观气是由味象通往悟道的中介环节。"气"是中国古代哲学最基本的范畴之一，体现了中国古代的自然观，在中国古人看来，"气"是宇宙的本源、万物的根本。老子说："万物负阴而抱阳，冲气以为和。"（《老子》第四十二章）即在老子的道学中，"气"处于"道"与"万物"之间，是创化宇宙的中介。汉代王充视"元气"为天地万物的原始物质基础："天地，含气之自然也。"（《论衡·谈天》）魏晋南北朝时期，"气"开始进入美学与艺术品论领域。曹丕在《典

---

[1]　黄念然：《味象·观气·悟道：中国古代审美体验心路历程描述》，《广西社会科学》1998 年第 2 期。

论·论文》中说，"文以气为主"，这里的"气"是指作品的整体风格与气韵。钟嵘在《诗品·序》中曰："气之动物，物之感人，故摇荡性情，形诸舞咏。"即宇宙元气构成万物的生命，推动万物的变化，从而感发人的精神，产生了艺术。由此可见，天、地、人、文在"气"的统摄下具有全息同构的关系。在宇宙与艺术的创生中，"气"之所以居于中间地位，也是因为"气"具有兼容性、连续性与整体性特点。"从这种内在的依据出发，气的观照（观气）构成哲学玄思或生命体验的中介环节，连接着'味象'与'悟道'两个层面，亦即在'象之审美'的基础上引导生命体验向更高的层次（道之审美）提升。"①

"观气"作为一种中介审美过程方式，有如下两个特征：其一，"观气"是审美主体深层介入审美对象的过程，在这一过程中，主体之气与客体之气融通一体，审美主体洞见出审美对象的内在意蕴，从而体会出审美对象深层的生命内涵和内在生机活力。其二，"观气"是审美主体以节律感应的方式调节自身生命状态与审美对象的生态结构的过程。"节律作为事物特别是生命体的运动形式，不仅是生命体的生命状态的表征和体验机制，而且是事物之间作为对象性存在相互作用的十分重要的普遍中介。"② 在这里，审美对象的节律形式体现于色彩、声音、韵律与气势的张力结构或形体的运动状态上，优秀的艺术作品或优美的自然环境常以节律感应或激发的方式引导审美主体冲决自己生命的遮碍，与艺术或宇宙万物的生命节律融为一体。"观气"的审美过程昭示了节律形式的生命内涵，体现了审美活动的生态本性。总之，如果说"味象"是以审美的方式观照感性存在的自然之象或艺术意象的话，那么"观气"则体现了宇宙自然或艺术构成要素之间相异而又关联的一体化状态，它使审美主体从审美对象的感性形态深入审美对象的内在意蕴与生命结构，进而调适生命节律、启迪整体意识、优化生命状态。

宗白华先生在《中国艺术意境之诞生》中说："中国哲学是就'生命本身'体悟'道'的节奏。'道'具象于生活、礼乐制度。'道'尤表象于'艺'。灿烂的'艺'赋予'道'以形象和生命，'道'给予'艺'以深度和灵魂。"③ 由此可见，悟道是生态审美体验的最高层次和最后环节，它是"味象""观气"的必然归趋与逻辑要求。"道"在《道德经》中的原义即为世界的本源或本体。所

① 黄念然：《味象·观气·悟道：中国古代审美体验心路历程描述》，《广西社会科学》1998 年第 2 期。

② 曾永成：《营构审美教育的生态学化新境界》，见曾繁仁主编：《中西交流对话中的审美与艺术教育》，济南：山东大学出版社 2003 年版，第 466 页。

③ 宗白华：《美学散步》，上海：上海人民出版社 1981 年版，第 68 页。

谓"有物混成，先天地生，寂兮寥兮，独立不改，周行而不殆。可以为天下母。吾不知其名，字之曰道"（《老子》第二十五章）。"道"生万物，形见于自然、艺术、人文甚至于事理中。在山水画的审美中，"悟道"体现了形与道的融合："夫圣人以神法道，而贤者通；山水以形媚道，而仁者乐。"（宗炳《画山水序》）山水画美在"形"中蕴含着"道"，而"贤者""仁者"能在山水画的意象中悟出"道"，并与"道"融通合一，从而获得审美之乐。在中国古人看来，"艺术和审美不是谋生的手段，而是体认'道'和观照生命的一种方式，通过心斋、坐忘，离形去智，澄怀味象，以虚静之心求得主客合一的'心与物游''物我两忘'的自由境界，从而超越自然具象的束缚，求得心灵深处的精神本源"①。此外，悟道通过自我体验的方式与自然或艺术意象融合，进入与宇宙规律完全合一的绝对普遍的本体存在状态。"悟道"的自然审美方式，与佛学的"缘起心枢"模式有相似之处。"'缘起心枢'意谓身心世界皆为一定条件的集合体，诸条件中以主体心识的作用为主、为枢，乃至为本、为体，在身心世界的构成及生死流转与涅槃解脱中起着关键性作用，其基本原理和大前提是缘起法则。"② 由是观之，"悟道"作为一种形而上的审美体验会通了佛学意旨，启蒙与召唤着人的生态审美本性。

从"味象""观气"到"悟道"的审美过程看出，中国古典美育是一个不断深化的过程，是一种追问式的"深度审美"。在审美过程中，主客体由二元对立到渐次融合，即审美主体由象入乎气，由气达于道，最后在审美体验中超越了时空的限制，进入与宇宙万物同气相息的虚灵境界，在这种状态中，审美主体聆听到人与宇宙万物之间的心灵交响，从而陶冶心胸，接受一种关照生命教育。

三、"艺术参照"美育模式

以艺术为审美参照的美育模式是指在自然审美中以艺术美为自然美的尺度和准则。因为自然美有时是偶然的、不完美的，需要艺术美来补充与提升。德国哲学家谢林曾指出："远非纯粹偶然美的自然可以给艺术提供规则，毋宁说完美无缺的艺术所创造的东西才是评判自然美的原则与标准。"③ 中国古人在审美教育

---

① 卢政：《中国美育思想通史（魏晋南北朝卷）》，济南：山东人民出版社 2017 年版，第 323 – 324 页。
② 程相占：《文心三角文艺美学：中国古代文心论的现代转化》，济南：山东大学出版社 2002 年版，第 230 页。
③ ［德］谢林著，梁志学等译：《先验唯心论体系》，北京：商务印书馆 1976 年版，第 271 页。

实践中，归纳出的诸如体味、味象、观气、玄览、兴、品等审美范畴其实都是以艺术审美为参照而建构的。清人邹一桂在《小山画谱》中说："今以万物为师，以生机为运，见一花一萼，谛视而熟察之，以得其所以然，则韵致丰采，自然生动，而造化在我矣。"在这里，审美主体凭借对花萼图画的鉴赏，参赞出造化之真，领悟出万物互生之机趣。以艺术文本为参照来领会自然神秘造化之源，在中国古人看来，这也是一种审美教育方式，因其审美对象是优美的自然物象，我们仍将其视作自然美育的一种范式。因为传统山水画建基于画家对自然的观察与体验，作品的创造与鉴赏过程也是审美主体与自然交流、共鸣的过程，中国古代艺术家强调"身即山川而取之""搜尽奇峰打草稿"就突出体现了这一点，从这个意义上说，中国古代艺术教育会通了自然美育。

以艺术为参照的审美模式，最为经典的表述是柳宗元的"流若织文，响若操琴"，在这里，柳宗元将涧水的流淌比作为织品的纹路，将涧水的触激之音比作为优美的琴声，进而将自然山水视为艺术品，进行审美欣赏。这种自然欣赏模式，显然不同于对自然山水的远距离静观，但"这并不是消极意义上的一种公式，而是提供了一种方法模型，是接受能力的扩展和想象力与感受的觉醒——这其实就是有关日常生活的各种有意义关系的审美教育"①。换句话说，以艺术为参照来欣赏自然山水为审美教育提供了一种新鲜的视角，且不与其他审美教育模式相对立，更不阻碍其他审美体验方式的发生。

在中国传统艺术里，自然美是艺术美的根源，所谓"同自然之妙有""外师造化"等均是强调艺术对自然之美的仿效。而在审美实践中，艺术鉴赏却给自然审美以补充和启迪。宋朝画家郭熙在《林泉高致·山水训》中说："林泉之志，烟霞之侣，梦寐在焉，耳目断绝。今得妙手，郁然出之，不下堂筵，坐穷泉壑；猿声鸟啼，依约在耳，山光水色，滉漾夺目，此岂不快人意，实获我心哉！此世之所以贵夫画山水之本意也。"在郭熙看来，山水画的产生是为了满足人们对自然审美的需要。艾伦·卡尔松在《自然与景观》中阐明了如画性鉴赏对自然审美的积极意义，"（如画性的环境欣赏模式）仅仅将注意力放在环境中那些如图画般的属性——感性外观与形式构图，便可使得任何环境的审美体验变得容易起来"②。一方面，艺术图画微缩自然风景，使观赏者能发挥视觉与想象力的作用，整体把握风景的概貌与气韵；另一方面，以艺术为参照的审美模式可以抵制自然

---

① ［芬］约·瑟帕玛著，武小西等译：《环境之美》，长沙：湖南科学技术出版社2006年版，第58页。
② ［加］艾伦·卡尔松著，陈李波译：《自然与景观》，长沙：湖南科学技术出版社2006年版，第2页。

审美模式的消极影响，使审美主体与审美对象保持心理距离，避免将表面的、琐碎的、残损的自然形式观照混同于深层的自然审美欣赏。

以艺术为参照的自然审美模式在中国古典诗文中也较为常见，如宋代文人邓牧在《雪窦游志》中描述了这种鉴赏感受："越信宿，遂缘小溪，益出山左。涉溪水，四山回环，遥望白蛇蜿蜒下赴大壑，盖涧水尔。桑畦麦陇，高下联络，田家隐翳竹树，樵童牧竖相征逐，真行画图中！"在这里，诗人描述蜿蜒的溪流、上下连接的麦陇、隐隐约约的农家小舍以及追逐嬉笑的孩子们，这些景致结合在一起，仿佛是一幅构图完整、趣韵生动的水墨山水画，作者行走于自然山水之中，又如同在画中游，自然山水产生的美感与艺术美感在这里互相贯通，画卷间接地为诗人提供了欣赏自然山水的视角和方式，并提示诗人如何以艺术模式去欣赏自然山水。以艺术为参照的山水审美模式在明代造园家计成的《园冶·屋宇》也有所体现："奇亭巧榭，构分红紫之丛；层阁重楼，回出云霄之上；隐现无穷之态，招摇不尽之春。槛外行云，镜中流水，洗山色之不去，送鹤声之自来。境仿瀛壶，天然图画，意尽林泉之癖，乐余园圃之间。"在计成看来，亭榭楼阁的设计巧妙地利用自然中的风雨晨昏、春夏秋冬、飞鸟鸣禽，是为了塑造天然图画般的园林景观。这是一种非常典型的以艺术为参照的造园模式，其目的是让观者在尺幅之内尽享林泉之癖，乐园圃之美，在不知不觉中接受自然的洗涤与化育。

以艺术为参照的自然美育模式，兼具艺术美育范式和自然美育范式的双重特点。艺术图画赋予自然美育以宽度与灵魂，它犹如一眼清泉，浇灌审美者的心田。"通过艺术之泉的浇灌，人的情感就会结晶成美好的形式，这一美好的形式进一步对人的行为起规范作用，使之成为一种有道德的行为。"[①] 艺术美育范式契合中国古代儒家的"诗教""乐教"的宗旨，其核心在于培养人的道德德性，"使强制的社会伦理规范成为个体自觉的心理欲求，从而达到个体与社会的和谐统一"[②]。而自然美育范式较为契合道家的美育思想，它以人的本性的自然素朴为原型，以自然无为的"道"为"标本"。"道家美育的关键在于人的纯真素朴的本性自然（人）与宇宙本体的自然（天）的融合统一。"[③] 其目标在于培养人的自然德性。不难看出，以艺术为参照的自然美育模式是一种综合形态的美育模式，艺术审美与自然审美在这里相互渗透、相互促进，它既培养人的道德德性，又培养人的自然德性。比如在山水画与山水诗的鉴赏中，审美主体在艺术文本层

---

① 滕守尧：《回归生态的艺术教育》，南京：南京出版社 2008 年版，第 89 页。
② 李泽厚、刘纲纪主编：《中国美学史（第一卷）》，北京：中国社会科学出版社 1984 年版，第 135 页。
③ 祁海文：《中国美育思想通史（先秦卷）》，济南：山东人民出版社 2017 年版，第 274 页。

面上通过观照与体验、沟通与和洽、纾解与宣泄，陶冶了心灵，强化或完善了道德德性；而在自然审美层面上，审美主体将道德德性迁移于山水形态，在山水的形质中感受人的本体存在与宇宙自然存在的融合，彰显人的自然德性，这种自然德性包含并超越了儒家的道德德性，达到"与天地合德"的境界。

四、"自然言说"美育模式

言说作为思想情感的表达方式，其本身体现言说者的价值取向和情感态度。中国古代美学和艺术常以"自然"为言说载体，以隐喻性言说来表达中国古人的审美价值与审美理想。透过这种言说方式，我们能深刻地感受到古人的生态审美情怀。诸如晚唐诗论家司空图在《二十四诗品》中对文体风格的描述就充满诗情画意，通篇均以"自然"为言说载体。何谓"纤秾"？"采采流水，蓬蓬远春。窈窕深谷，时见美人。碧桃满树，风日水滨。柳阴路曲，流莺比邻。乘之愈往，识之愈真。如将不尽，与古为新。"诗品通过潺潺的流水、烂漫的繁花、幽静的山谷、争艳的桃花、掩映的柳荫以及群莺燕语等将诗歌细巧美艳的风格表现了出来。这种言说方式的本意在于突破语言自身的局限性，以迂回的方式来"尽意"，准确生动传达审美体验。但在客观上却建立了自然与艺术的意象关联，将自然之美与艺术之美有机统一起来，激发受众的审美想象力和生态审美意识。英国艺术理论家冈布里奇感叹道："中国人的方法关心的不是肖像的永恒，也不是似乎合情合理的叙述，而是某种也许尽量准确地被看作'诗意的觉醒'这样的东西。中国的艺术家似乎总是山、树或花的创作者。……他们这样做是要表现和唤起一种深深植根于中国人的宇宙自然观念之中的精神状态和情绪心理。"[1] 我国学者刘锋杰将这种情绪与精神状态称为"自然感性"。"自然感性是人对自然的感性经验所形成的感知自然的敏感性，与自然保持密切关联的感应能力、由生命深处所生发的对于自然的亲近感以及人对自然的皈依感。"[2] 自然感性的重建不仅能打开审美主体的自然审美视域，还使审美主体从"以我观物"转到"以物观物"。人一旦获得自然感性，就会打通天人障隔，将诗意化生存作为灵魂栖息方式。也就是说，中国古典美学以自然为言说媒介，通过自然审美与言说方式

---

① ［英］E. H. 冈布里奇著，卢晓华等译：《艺术与幻觉》，北京：工人出版社1988年版，第144 - 145页。

② 刘锋杰：《重建人的自然感性》，见曾繁仁编：《人与自然：当代生态文明视野中的美学与文学》，郑州：河南人民出版社2006年版，第84页。

所营构的艺术—自然—生命的关系模式，能培养士大夫的自然德性，达到建塑生态人格的目的。

中国古人以"自然"为言说载体还是为了在人与天地万物的审美关系中建构人的德性世界。"先秦儒家的自然生态对人的化育也在于以特殊自然景物来比喻人的德性，以自然的优美特性来参照人的道德修养，建构儒家的仁义忠信的德性论。"① 中国古人没有给"德"下过定义，而是在感知自然万物之本性中体认"德"的。自然界的一草一木，也只有具备了某种可比的德性之后，才会被人们格外看重。如中国古人喜欢松、竹、梅等自然物，是因为这几种植物的物性脱俗与君子人格有相似之处。后世的《荀子·法行》曰："夫玉者，君子比德焉。温润而泽，仁也；栗而理，知也；坚刚而不屈，义也；廉而不刿，行也；折而不挠，勇也；瑕适并见，情也；扣之，其声清扬而远闻，其止辍然，辞也。故虽有珉之雕雕，不若玉之章章。"在这里，荀子从仁、知、义、行、勇、情、辞七个方面直观形象地表达了对玉的认识和看法，显然是以君子的德行为参照的，在这种契合类比中，我们看到了玉与君子的共性，也感受到了人与自然的诗性交往和平等对话。董仲舒在《春秋繁露·山川颂》中也有类似比喻："水则源泉混混沄沄，昼夜不竭，既似力者；盈科后行，既似持平者；循微赴下，不遗小间，既似察者；循溪谷不迷，或奏万里而必至，既似知者；障防山而能清静，既似知命者；不清而入，洁清而出，既似善化者；赴千仞之壑，入而不疑，既似勇者；物皆困于火，而水独胜之，既似武者；咸得之而生，失之而死，既似有德者。"董仲舒形象地描述了流水的物性，通过比喻，我们也直观地看到了勇、武、德等人的德性，本体与喻体在这里是互通的，本体是喻体，喻体亦是本体，即自然的物性与人之德性是相互融通的，这也透显了中国古人对"君子"人格的要求：真正的君子应该是"与天地合德"的。

中国古人正是通过"比德"去发掘自然事物与人的品德类似的某种性质，通过审美主体的联想，建立起自然与人的精神联系，实现自然与人的和谐统一。也就是说，在以自然为言说载体的审美建构中，"人为自然立言，在自然中寻找人格、心灵、生命意识的投影，对人格、心灵、生命意识的完美追求外化到自然物象中去，涤荡内心、陶冶情致，实现内心的虚静与无欲"②。这种言说方式不仅有利于言说者构建整体的自然审美意识，而且能够使心灵涵泳万物，体察生命

① 李长泰：《论先秦儒家自然生态观对德性论的构建》，《管子学刊》2014 年第 1 期。

② 卢政等：《中国古典美学的生态智慧研究》，北京：人民出版社 2016 年版，第 138 页。

之微，达到天人一体、天人相通的人格境界。

　　冯友兰根据人对宇宙人生的觉解程度，将人生境界分为四个层次：自然境界、功利境界、道德境界和天地境界。自然境界与功利境界是凡俗尘世中人的生存状态，而道德境界和天地境界则是人所应该追求的境界。依上论述，以"自然"为言说载体的美育模式或以自然传达艺术体验，或以自然象征君子人格，在自然、艺术、人的本体存在之间回环比拟言说，使自然精神化、人生化，这种美育模式培养的不仅是道德人格，还将道德人格提升至艺术与审美的高度，这种人格与"道"合一，就是冯友兰先生所说的"天地境界"。

五、 中国古代美育的现代启示

　　当前我国正处于生态文明建设时期，人民生活日益美化，但同时面临着社会道德滑坡和生态环境污染等问题。这些问题的解决有待于德育、美育等相关学科的建设与发展，但德育等并不能取代美育，更不能无视自然美育。前已论述，自然美育作为人文教育的重要手段，具有培养人的世界观、促进德育实施的功能。

　　其一，自然美育能缓解生态危机之困。自近代以来，随着科技理性与工具理性的盛行，自然成为人类征服的对象，自然审美也逐渐淡出人类的审美视域，美育变成了单一的艺术教育，人类的自然德性因此被遮蔽。"'自然之死'使人们失去了生活的尺度和依归，自我无法按照自然的法则享受德性的生活，逐渐成为脱离自身本性的存在，自我与本性的断裂剥夺了自我成为德性存在的权利，自我逐渐失去了德性的维度。"① 在这种情势下，德国哲学家马克思·韦伯提出"世界返魅"的观点，主张恢复自然的神奇性、神圣性和潜在的审美性；当代环境伦理学家桑德勒倡导自然德性，将自然德性视为人的内在修养。中国古代自然美育的意义就在于建立和完善了人与自然的良性实践关系，培养了人的生态审美意识和生态伦理道德。挖掘中国古代自然美育资源，阐发自然美育的重要意义，无疑能纠偏西方"人类中心主义"的审美观与价值观，弥补人类自然德性的缺失。

　　其二，发挥自然美育与艺术美育的互融优势。从性质上来说，美育有两种手段：一种是情性的，它通过自然美育或社会美育的途径陶冶受教者的性情，使其情感导向崇高；另一种是智性的，它以艺术为教育手段，致力于开启受教对象的

---

① 徐国超：《审美教育的生态之维：生态本体论视域下的美育理论研究》，苏州大学博士学位论文，2009 年。

智慧，发展其创造力。当然，这两种手段并不割裂，而是相互包含、相互渗透。中国古代美育就兼有这两种范式，它总是将自然鉴赏与艺术创造、道德规训与人格完善有机结合起来。中国古代自然美育并不否定艺术美育，而是与艺术美育互补共生。艺术美育不仅能在自然美育中发挥参照作用，而且能构建社会伦理与道德秩序。鲁迅说："美术可以辅翼道德。美术之目的，虽与道德不尽符，然其力足以渊邃人之性情，崇高人之好尚，亦可辅道德为治。"[①] 在中国古代，美术教育是上层社会或文化人的博雅教育，其意在提升受教者的综合素质，而在实际操作中贯穿"美善合一"的原则。唐代张彦远提出绘画的功用是"成教化，助人伦"（《历代名画记》）。需要指出的是，中国古代艺术教育是不同于西方艺术教育的：西方艺术教育建立于"天人相分"的哲学基础之上，以"雕塑"为艺术范本，重在艺术结构自身的和谐，强调的是美与真的统一，有"人类中心主义"立场；而中国古代艺术教育建立在"天人合一"的哲学基础上，本身就是自然美育的一种范式，它持守"万物并育而不相害"的道德理念。中国古代艺术教育是一种"德性论"美育，其目标不在传授艺术技能，而在于培养"文质彬彬"的君子。这里的"文质彬彬"是一种不偏不倚的德性品质，也是道德修养的最高境界。从孔子的"志于道、据于德、依于仁，游于艺"可以看出，中国古代的德性教育不是外在的强加灌输，而是化为内在的心理要求，即道德只有转化为审美快感，到达"游于艺"的境界或层次，"道""德""仁"才最终成为人们发自内心的要求，从而成为高尚和完美人性的组成部分。

其三，传承中国古代的"诗教""乐教"传统。前已论述，"诗教""乐教"不仅是"成人"教育的重要途径，而且贯穿道德教育与社会伦理教育的始终，"教人也，则始于美育，终于美育"[②]。不仅如此，中国古典诗词蕴含着自然精神，这种自然精神并不拘泥于哪位诗人、哪首诗，而是内化成一种浸润于中国古典文学的神韵。从《诗经》《楚辞》《易经》《老子》《庄子》到王维、李白、苏轼等概莫能外。中国古典诗词中的自然是经过人情浸染的自然，也是隐喻化的自然，人情也是弥漫于自然中的人情。自然与人情交响、情与景交融是中国古典文学的主要特征，阅读中国古典诗词能陶冶人的情怀，给人以道德的教化。众所周知，《毛诗大序》对《诗经》作了"经夫妇，成孝敬，厚人伦，美教化，移风俗"的道德注解。汉儒借孔子之言指出，"温柔敦厚，诗教也"。中国古代虽没

---

① 鲁迅：《拟播布美术意见书》，见《鲁迅全集（第八卷）》，北京：人民文学出版社1981年版，第47页。
② 王国维：《孔子之美育主义》，见谢维扬、房鑫亮主编：《王国维全集（第十四卷）》，杭州：浙江教育出版社，广州：广东教育出版社2010年版，第16页。

有系统地研究德性伦理的著作，但"仁、义、礼、智、信"的道德纲常却蕴含在中国古典诗词中，并通过自然"比兴"的手法间接地表现出来的。中国古代的"乐教"与道德教化更为密切，所谓"礼乐教化"。"乐教"遵循"广博易良"的原则，担负起"知政""和敬""教民"和"和天"的美育功能。在某种程度上，它已超越了艺术教育的范围，是一种与政治、文化结合在一起的德性教育。无论是"诗教"的"温柔敦厚"还是"乐教"的"广博易良"，均含有天人与社会"相谐相和"的道德诉求。①

------

① 引言部分选自罗祖文：《中国古代自然美育的道德意蕴及其现代启示》，《湖北大学学报（哲学社会科学版）》2018年第2期。

上编

《长物志》生态审美智慧生成背景

　　《长物志》生态美学智慧的生成背景可以简单归纳为三个方面：经济上、政治上与文化上。

　　经济上，明代商品经济的飞速发展催生了资本主义萌芽，诞生了市民阶层，"世俗文化"繁盛起来，在追求时尚与奢靡的社会风潮中，文人阶层却怀思古之幽情，坚守传统的"雅"文化，在"雅"与"俗"的博弈中，中国传统美学的生态智慧显得愈益珍贵。中国传统的生态审美智慧在日益物质化、世俗化的明代社会，一方面传承自然造物观念，另一方面与明代"长物"之风融合，展现出明代文人独特的自然生存模式与价值观，彰显了中国古典生态美学智慧的归流、显现与蜕变。

　　政治上，专制体制的腐败让文人圈层的隐逸之风盛行。明代的隐逸大多并非居于山林，而是从黑暗的官场中暂时游离出来，寄情"长物"，通过文化的溯源来寻回自我。他们渴望回归本真自由，追求"天人合一"的生存理想。而中国传统美学的"天人感应""阴阳五行"观念到一系列"月令"的颁布，从"敬德保民"到"天人合一"哲学思维的形成，宏观地规约着"天"与"人"和谐共处的终极目标。

　　文化上，明代中晚期文化进入变革的阶段。在一系列思想解放、呼吁本性自由的声音中，文人开始重新审视内心，人的自然天性与生活中的平凡日常被充分肯定。在此基础上，传统的"尊生""养生"思想也被发掘出来。文人们借"长物"浇灌着自己的精神世界，也在日常中践行着"四时调摄"的闲赏起居生活。这些都为生态美学思想的展开奠定了文化根基。

　　从明代特殊的大环境到文人圈层的身份定位，再到作者文震亨个人的传奇经历，《长物志》如同一面时代的镜子，映照出古典生态美学的深层积淀，也映照出当下（明代）生态审美智慧在复杂时代激变中的柔韧发展。

第一章 经济成因

  《长物志》诞生于晚明时期，刊于崇祯七年（1634）。书中谈论的内容繁多，从室庐到园林，从服饰到器具，林林总总，记录了明代文人在日常生活中把玩、评鉴的"长物"风貌。在当时，清玩鉴赏是社会的普遍现象，也是文化风潮，体现了明代物质文化的繁荣景象以及商品经济飞速发展的时代盛况。也正是在商品经济发展、物质流通的市场环境中，催生了"长物"风尚与《长物志》的问世。

第一节 商品经济繁荣下的丰裕社会

  明代统治初期，执政者实行一系列鼓励农耕的措施。粮食产量的提高保障了人民的基本生活，也推动了手工业的发展，为商品丰富、流通及商业发展奠定了坚实基础。有研究资料表明：晚明时期，已大致形成统一的商品流通市场，许多商品已经迈入跨区域交易。据明嘉靖《河间府志》记载，河北直隶河间府的市场所集散的商品来自全国各地；从商品的种类来看，不仅有贵族消费的香料、宝石、玛瑙，还包括粮食、盐、棉花、棉布、丝、丝织品等。至万历年间，国内的贸易已经发展到具有区域分工的特点：东南沿海的江苏、浙江、福建、广东等省，以生产手工业制品与经济作物著称，其产品运往内地各省，而内地的湖广、江西等省则是提供粮食作交换。① 在国际贸易方面，嘉靖、万历年间，官方放松了对东南沿海地区贸易活动的管控，民间私人海上贸易趁势崛起。中国沿海商人与东亚国家进行贸易的商品中，中国输出的是纺织品、生丝、茶、瓷器以及其他制成品，输入的商品包括食品（鱼翅与燕窝等）、香料（苏木与胡椒等）、木材、

---

① 韩大成：《明代社会经济初探》，北京：人民出版社1986年版，第238－272页。

犀角与象牙等。

国内外市场商品的流通与商品经济的繁荣促进了城市的发展，有研究资料显示，晚明时期中国城市进程不断攀升，尤其是江南的城市化持续发展，从 17 世纪约 15%，到 18、19 世纪上升到 19% ~ 20%。如李伯重估计，明后期 1620 年时，江南城市人口比重为 15%，清代时则达 20%①；曹树基估计，明代后期江苏江南地区城市人口比重为 15%，推算清代则为 16.3%。② 城市人口的增长必然带来城市社会结构的变化，行走于江南城市的不仅有工匠和商人，还居住着绅商富民。成化、弘治以后，不仅有大量的农民放弃农业生产开始从商，还有不少士人弃举投商，如苏州、松江一带的文人墨客对经商趋之若鹜。如松江府地区以前"乡士大夫多有居城外者"，"今缙绅必城居"。③ 城市社会结构的变迁带来了一批消费大军，他们以所得的货币换取维生物品与奢侈商品。同时，城市的消费力也提供了许多就业机会，就像《名山藏》描述应天府溧阳县在正德、嘉靖年间的变化："当时人皆食力，市廛之民，布在田野……今人皆食人，田野之民，聚在市廛。奔竞无赖，张拳鼓舌，诡遇博货，诮肪胀为愚矣。"④

随着市民社会的发展与从商人数的增加，市场机能愈趋成熟，商品数量与种类日渐趋多。就像谢肇淛对北京市场的回忆："余弱冠至燕市上，百无所有，鸡、鹅、羊、豕之外，得一鱼，以为稀品矣。越二十年，鱼、蟹反贱于江南，蛤蜊、银鱼、蛏蚶（按：一种海产软体带壳动物）、黄甲，累累满市。此亦风气自南而北之证也。"⑤ 从这里可以见出，由于市场经济的发达，北方集市上的水产品反比南方更便宜。而在南方，由于手工作坊业的繁盛，普通百姓家的日常用品，不用亲历自制，而是可以轻易从市场上购得。明人顾起元在《客座赘语》中指出晚明南京城内市场变化的情形："迩来则又衣丝蹑缟者多，布服菲屦（按：应为扉屦，指粗陋的草鞋）者少，以是薪粲而下，百物皆仰给于贸居。"⑥ 也就是说，过去家庭自制的鞋袜，渐渐在市场店铺中都可以买到。万历《扬州府志》形容当地市场与商店所卖的各类"巾"式："郡城五方都会，所裹巾帻，意制相诡，

① 李伯重：《江南的早期工业化（1550—1850 年）》，北京：社会科学文献出版社 2000 年版，第 409 – 417 页。

② 曹树基：《中国移民史：明时期（第五卷）》，福州：福建人民出版社 1997 年版，第 424 – 425 页。

③ （明）方岳贡修，陈继儒纂：《（崇祯）松江府志》卷七，北京：书目文献出版社 1991 年版，第 56 – 57 页。

④ （明）何乔远撰，张德信、商传、王熹点校：《名山藏》卷一〇二《货殖记》，福州：福建人民出版社 2010 年版，第 18 页。

⑤ （明）谢肇淛撰，傅成校点：《五杂组》卷九《物部一》，上海：上海古籍出版社 2012 年版。

⑥ （明）顾起元撰，谭棣华、陈稼禾点校：《客座赘语》，北京：中华书局 1987 年版，第 67 页。

市肆所鬻，有晋唐巾、紫薇巾、逍遥巾、东坡巾，种种不一。"① 明人范濂在《云间据目抄》指出松江府内各式鞋袜店的兴起："郡中绝无鞋店与蒲鞋店，万历以来，始有男人制鞋，后渐轻俏精美，遂广设诸肆于郡东；……自宜兴史姓者客于松，以黄草结宕口鞋甚精，贵公子争以重价购之，谓之'史大蒲鞋'；此后宜兴业履者，率以五六人为群，列肆郡中，几百余家。……松江旧无暑袜店，暑月间穿毡袜者甚众，万历以来，用尤墩布为单暑袜，极轻美，远方争来购之，故郡治西郊，广开暑袜店百余家。"② 可见这样的供给关系与食品保障，让明代商业繁荣具备了市场前提与消费支持。此外，明代的北京店铺林立，商贩走卒串村过户吸引顾客。《北关夜市》描述杭州关外夜市景象道："北城晚集市如林，上国流传直至今。"明人冯梦龙在拟话本中写道："人烟凑集，合四山五岳之音；车马喧阗，尽六部九卿之辈。做买做卖，总四方土产奇珍；闲荡闲游，靠万岁太平洪福。"③ 如林的市集、奇特的珍宝展现出当时人民物质生活的丰富，明代都城的风俗画《皇都积胜图》展现的就是当时的商业盛况与发达的贸易。

　　商业的繁荣使明代中后期的社会物质生活日益丰裕。表现在饮食方面，是宴会讲究排场，竞相斗奢。嘉靖年间，时人何良俊形容明前期松江府宴会时，"只是果五色、肴五品而已。惟大宾或新亲过门，则添虾蟹蚬蛤三四物，亦岁中不一二次也"。但是到晚明就不同了，"今寻常燕会，动辄必用十肴，且水陆毕陈，或觅远方珍品，求以相胜"④。上层阶级宴会的奢侈消费更显突出，明人谢肇淛指出："今之富家巨室，穷山之珍，竭水之错，南方之蛎房，北方之熊掌，东海之鳆炙，西域之马嬭（按：马奶），真昔人所谓富有小四海者，一筵之费，竭中家之产，不能办也。"⑤ 宴会的食材除肉类外，珍贵的燕窝也出现了。"乃今太府而下，各伸款，四节推又各伸答。凡为盛筵者十，以一倍十，所费不赀。每送下程，用燕窝菜二斤一盘。郡中此菜甚少，至略节推门子市，出而成礼焉。"⑥ 更有一些宴会讲究饮食器皿与娱乐助兴节目，《名山藏》记嘉靖年间前后五十年来士大夫家宴会的变化："宾客往来，粗蔬四五品，加一肉，大烹矣；木席团坐，

---

① （明）杨洵修，陆君弼纂：《万历〈扬州府志〉》卷二〇《风俗·冠服》，北京：书目文献出版社据万历刻本影印 1988 年版，第 10 页。

② （明）范濂：《云间据目抄》，收入笔记小说大观编纂委员会编：《笔记小说大观》（二十二编五册，卷二《记风俗》），台北：新兴书局 1978 年版，第 4－5 页。

③ 商传：《明代文化史》，上海：东方出版中心 2007 年版，第 165 页。

④ （明）何良俊：《四友斋丛说》卷三四《正俗一》，北京：中华书局 1959 年版，第 314 页。

⑤ （明）谢肇淛：《五杂俎》卷十一《物部三》，台北：伟文图书出版社 1977 年版，第 275 页。

⑥ （明）李乐：《见闻杂记》卷八，上海：上海古籍出版社 1986 年版，第 690－691 页。

酹一陶，呼曰：'陶同知'……今士大夫家宾缋逾百物，金玉美器，舞姬骏儿，喧杂弦管矣。"① 在住宅方面，达官住宅宽敞奢华，回廊层台，重堂窈寝。《名山藏》记嘉靖年间的变化："当时人家房舍，富者不过工字八间，或窨圈四围十室而已。今重堂窈寝，廊层台，园亭池馆，金整碧相，不可名状矣。"② 一般缙绅士大夫在营治宅第的花费，少者约数十两白银，多者至数百两。园林的营造更为奢华，一园之设，少则白银千两，多则至有万金之誉。何良俊说："凡家累千金，垣屋稍治，必欲营治一园。若士大夫之家，其力稍赢，尤以此相胜。大略三吴城中，园苑棋置，侵市肆民居大半。"③ 在服饰方面，明代中后期富家子弟以之炫耀，款式布料都极度追求时尚。嘉靖《太平县志》说当地在明初时，"衣不过细布土缣，仕非宦达官员，领不得辄用笠丝；女子勤纺绩蚕桑，衣服视丈夫子；士人之妻，非受封，不得长衫束带。"但是至成化、弘治年间的风气大变，"丈夫衣文绣，袭以青绢青绸，谓之'衬衣'；履丝策肥，女子服五采，衣金珠、石山、虎魄、翠翟冠，嫁娶用长衫束带，资装缇帷竞道"④。

当奢靡消费蔚然成风时，下层民众也纷纷效仿。就像万历《重修昆山县志》所说的，"该地往昔人有恒产，多奢少俭……而今又非昔比矣"，"邸第从御之美，服饰珍馐之盛，古或无之。甚至储隶卖佣，亦泰然以侈靡相雄长，往往有僭礼逾分焉"⑤。松江府上海县的情形也是："市井轻佻，十五为群，家无担石，华衣鲜履。"⑥ 杭州府情形："毋论富豪贵介，纨绮相望，即贫乏者，强饰华丽，扬扬矜诩，为富贵容。"⑦ 也就是说，受奢靡之风的影响，杭州地区的市井小民，甚至贫民，都效仿上层社会，购买华丽的服饰，佯装富贵。李渔《闲情偶寄》就说："乃近世贫贱之家，往往效颦于富贵。见富贵者偶尚绮罗，则耻布帛为贱，必觅绮罗以肖之；见富贵者单崇珠翠，则鄙金玉为常，而假珠翠以代之。事事皆

① （明）何乔远：《名山藏》卷一〇二《货殖记》，收入明清史料丛编委员会编纂：《明清史料丛编》，北京：北京大学出版社据明崇祯刻本影印1993年版，第17页。
② （明）何乔远：《名山藏》卷一〇二《货殖记》，收入明清史料丛编委员会编纂：《明清史料丛编》，北京：北京大学出版社据明崇祯刻本影印1993年版，第23页。
③ （明）何良俊：《何翰林集》卷十二《西园雅会集序》，台北："中央图书馆"据明嘉靖四十四年何氏香严精舍刊本影印1971年版，第18页。
④ （明）曾才汉修，叶良佩纂：嘉靖《太平县志》，收入《天一阁藏明代方志选刊》，台北：新文丰出版社据明嘉靖十九年刻本影印1985年版，第六册第二卷，《舆地志下·风俗》，第41页。
⑤ （明）周世昌纂：《（万历）重修昆山县志》，收入中国史学丛书编纂委员会编：《中国史学丛书·华中地方·江苏省》，台北：台湾学生书局据明万历四年刊本影印1987年版，三编四辑，册四十二，卷二《疆域·风俗》，第12页。
⑥ （清）李文耀修，谈起行、叶承纂：《乾隆〈上海县志〉》卷一《风俗》，北京：中国书店据清乾隆十五年刻本影印1992年版，第37页。
⑦ （明）张瀚：《松窗梦语》卷七《风俗纪》，北京：中华书局1985年版，第139页。

然，习以成性，故因其崇旧而黜新，亦不觉生今而反古。"① 又例如宴会的奢侈风气，不但吹到了有钱人之家，使得富室请客宴会群起效尤，甚至中产之家也仿而效之。如明万历《嘉定县志》就说："若夫富室召客，颇以饮馔相高。水陆之珍，常至方丈。至于中人亦慕效之，一会之费，常耗数月之食。"② 再如住宅方面，就连一般百姓中产之家，只要稍有资财也会花钱营治宅第，如明人顾起元《客座赘语》中描写正德以前的南京，房屋矮小，厅堂多在后面；"或有好事者，画以罗木，皆朴素浑坚不淫"。但是到了嘉靖末年，"士大夫家不必言，至于百姓有三间客厅费千金者，金碧辉煌，高耸过倍，往往重檐兽脊如官衙然，园囿僭拟公侯。下至勾阑之中，亦多画屋矣"③。

社会物质财富的丰裕、奢靡生活风气的兴盛催生了大众文化与大众审美的诞生。它与传统的文人审美差距甚大，由此出现了明代文艺界的两大审美标准：雅与俗。以之为核心延伸出许多脍炙人口的作品，如《琵琶记》《鸣凤记》《水浒传》《太和记》《水浒叶子》《金瓶梅》等。而以文震亨为代表的"雅"文艺作品也经典层出，如《长物志》《遵生八笺》《园冶》《天工开物》《雅集》等，这些著作是文人审美趣味与雅兴的表达。不同群体的审美偏好催生出不同风格的文艺作品以及"长物"。而"雅"与"俗"之间本身并没有一个明确的标准与划分，它们的形成也非一蹴而就。《长物志》及其一系列的"雅"丛书正是推动这二者逐渐走向对立，划分不同审美价值的"助燃器"。审美价值的展现须通过一定的现实媒介得以实现，文震亨正是通过《长物志》来强调、明确、自证文人的精神追求与价值选取，是在市场混杂、商品丛生、审美多元、雅俗含混社会背景下的有力发声，也是对世俗文化思想的价值挑战。

自16世纪中叶起，明代知识分子对于商业发展带来的奢靡之风的批判从未停止。部分文人士大夫十分追忆简朴往昔。明代张瀚认为，百工之事，皆足为农贺，而不为农病。他肯定明代先祖的简朴德行，对于夸张繁复的装饰十分厌烦，认为"雕文刻镂，伤农事者也"④。这种观念虽有重农抑商的倾向，但反映了当时一些士人对于奢靡社会现状的担忧。居室雕梁画栋，饮食水陆珍馐，士大夫纷

---

① （明）李渔著，杜书瀛译注：《闲情偶寄》，北京：中华书局2014年版，第485页。

② （明）韩浚编：《（万历）嘉定县志》，收入《中国史学丛书·华中地方·江苏省》（三编四辑，卷二《疆域·风俗》），台北：台湾学生书局据明万历三十三年刊本影印1987年版，第15页。

③ （明）顾起元撰，孔一校点：《客座赘语》卷五《化俗未易》，上海：上海古籍出版社2012年版，第170页。

④ ［英］柯律格著，高昕丹、陈恒译，洪再新校：《长物：早期现代中国的物质文化与社会状况》，北京：生活·读书·新知三联书店2019年版，第128页。

纷感慨"风俗自享而趋于薄也,犹江河之走下,而不可返也"。艺术市场与相关交易活动在晚明商业风潮中也蓬勃发展,一些地方的集市专门设有艺术品、古玩交易,如位于杭州的昭庆寺。艺术作品的交易流通在当时极为常见,消费、交易、时尚充斥着人们的日常生活,引起了文人的担忧,官方也为此定制了各种禁令,"晚明中国的禁奢令前所未有的复杂,其所包罗的消费领域以及精细程度,欧洲都难以与之匹敌"[①]。在这样一个社会普遍商品化的情势中,具有社会反思性的《长物志》诞生了,随之产生了大量具有传统审美意味的文艺作品。

经济基础对上层文艺起着决定性作用。明代的物质发展、市民阶层壮大催生出大众喜爱的文化艺术。随之相伴的还有对其持怀疑、批判、抵制态度的"雅"艺术。即便在这种"雅"与"俗"的激烈对抗中,艺术发展还是受物质文化发展所制约。这种规律是普遍存在的,中国如此,西方也如此。我们可以援引15—16世纪北欧艺术的发展来证实,此时的欧洲出现了与明代中晚期极为相似的资本主义萌芽。15—16世纪的北欧地区,现今的法国、比利时北部,一个叫作佛兰德斯的地方凭借着优良的地理位置与抢手的毛皮货物交换成为当时商品交换的生产与贸易中心。"佛兰德斯除了商业比较发达以外,其本地的手工业也有一定的发展,佛兰德斯是生产羊毛纺织产品的重要地区,这种以色彩瑰丽、质地柔软的织品在欧洲市场颇受欢迎。再加上这时航运的发展为佛兰德斯的呢绒提供了新的销路,又促进了该产品的生产出现新的飞跃。"[②] 在物质生产迅猛、经济实力雄厚的佛兰德斯地区,市民艺术开始崭露头角,产生了一些深受市民阶层喜爱的艺术作品——风俗画。著名艺术家老彼得·勃鲁盖尔就是这时期具有代表性的艺术家,他又被人们亲切地称作"农民艺术家"。大众文化不断勃兴,不管是官方屡禁不止的民间舞蹈,还是表现市民阶层插科打诨日常生活的绘画作品,都展现了底层人们的精神风貌。在佛兰德斯北部,作为新兴资产阶级诞生的地方——荷兰更是出现了现在普遍意义上的市民阶级艺术。我们姑且把这种与文艺复兴之后艺术风格截然不同、面向更为广大阶层的新艺术称为"大众艺术"。支撑这种艺术繁荣的力量即是与明代中晚期十分相似的商品经济力量。"15世纪,东方和西方都处在这样一个历史时期:社会生产有了很大发展,农业和手工业都出现了专门的商品生产,从追求基本温饱的小生产转变为追求利润、为市场需求

① [英]柯律格著,高昕丹、陈恒译,洪再新校:《长物:早期现代中国的物质文化与社会状况》,北京:生活·读书·新知三联书店2019年版,第133页。

② 沈芝:《行会与市民社会》,北京:中国社会科学出版社2009年版,第68页。

而进行的社会化生产。"① 英国学者柯律格将明代中晚期繁荣的物质文化定义为"早期现代中国",当然并非承认当时出现我们现在广义上的"现代化",而是关注到了明代中晚期社会文化思想的急剧变革,以及这种"早期现代化"的发展轨迹。② 虽然在这之后的中国与西方走上了不同的发展道路,但无可置疑的是,正是在这样的经济基础上,时代对文艺风向做出了选择。这种选择是双向的,也是文艺发展的重要外因。

传统的文人们被裹挟在这样急剧动荡的社会洪流中,最终选择拿起了自己的文化武器与精神盔甲,开始抵御这种陌生且迅猛的价值侵入。

《长物志》正是在这样物质经济发展背景下出现的,携带着传统文化的深厚养分与文化基因。一种与市场流通、奢靡消费、时尚趋向相抗衡的——朴素的古典生态美学思想蕴含于《长物志》中。文震亨在文中表达的对雅物的体贴和珍重,主要是通过对俗物的贬斥展开的。英国学者柯律格敏锐地指出,在文震亨这里,"某物是否为'雅物',不仅在于它的材料、构造和装饰的形制,还在于其功能,即如何以及在何种情境中使用它"③。质言之,"雅"的价值意蕴很大程度是在人对物的使用过程中体现出来的,是在人与物构成的功能性关系中获得认证的。照此看,若某物在审美形式上合于雅制,却无法被正确地使用和品鉴,则雅物亦会堕落成俗物。按文震亨的看法,这种情况主要就是发生在那些到处搜刮珍玩却"出口便俗,入手便粗"的财富新贵身上。当然,有些物品本身即是俗制,充满俗味,尽管"俗"字本身已表达了价值上的否定,但文震亨仍旧要从功能机制来判定,于是,"俗"被阐释为"不可用""不宜""不入品"。这类表否定义的词组在评价俗物时反复出现,语气果断,不容辩说,使我们强烈感受到隐伏在文本背后的一种价值焦虑。"无论是雅向俗的堕落,还是俗对雅的侵害,晚明的世俗化浪潮使得对古典审美理想和道德精神的坚守变得异常艰难,但文震亨的立场是决绝的,只是现实的社会政治情势已不允许持续这样的坚守,所以,当重塑文化身份和道德理想的愿望随着明王朝的覆灭而烟消云散时,文震亨的决绝立场便只能带他走向殉道之路了。"④ 这是时代的困局,也是我们探讨当时与当下生态美学理论时所不能忽视的,须引以为戒的。

---

①　蒿峰:《故圃杂花》,济南:济南出版社 2019 年版,第 135 页。

②　[英] 柯律格著,高昕丹、陈恒译,洪再新校:《长物:早期现代中国的物质文化与社会状况》,北京:生活·读书·新知三联书店 2019 年版,第 130 页。

③　[英] 柯律格著,高昕丹、陈恒译,洪再新校:《长物:早期现代中国的物质文化与社会状况》,北京:生活·读书·新知三联书店,2019 年版,第 77 页。

④　潘黎勇:《中国美育思想通史(明代卷)》,济南:山东人民出版社 2017 年版,第 479 页。

除此外，《长物志》为我们在经济发展、消费膨胀的社会背景下提供了许多实施审美教育的新思路。我们可以在第二章中，具体看到这种生态美学观念是如何蕴藏其间、物化为文人雅士的衣食住行，并由此兴起"清玩"风尚的。

第二节　"物"的内涵延展与造物技术的成熟

众所周知，中国古典美学是儒道互补文化的结晶，它的发展遵循着阴阳相生相克的原理，体现着事物发展的"反→返"思维。如果说商品经济的发展与物质文化的繁荣是《长物志》生态审美智慧形成的反向力量，是"他律"的话，那么中国古代审美观念在明代特定文化背景下的嬗变则是"长物之风"大放异彩的内因，即艺术内容与艺术形式发展不平衡所带来的。"物"有多重含义，据西方海德格尔从词源上考证，"物"的原始意义为"聚集"——"天地人神四重整体的汇聚"[1]。故而，海德格尔将"物"分为三类：艺术作品、器具和纯粹的物。[2] 在海德格尔看来，"纯粹的物"指的就是无生命的自然物，从"纯粹的物"到"艺术作品"，是物逐渐人格化的过程。

在中国，"造物"一词最早源于《庄子》，其《大宗师》篇云："嗟乎！夫造物者又将以予为此拘拘也！"《应帝王》篇云："无名人曰……予方将与造物者为人，厌则又乘夫莽眇之鸟，以出六极之外，而游无何有之乡，以处圹埌之野。"陈鼓应释"造物者"为"道""造化"。[3] 在道家看来，万事万物都由"道"而生，其本性也由"道"规定，道家要求人们超越有形物质的局限与束缚，追求精神的放达与自由。而儒家将造物之功归于"圣人"，譬如《周易·系辞下》云："上古穴居而野处，后世圣人易之以宫室，上栋下宇，以待风雨，盖取诸大壮。"又云："黄帝、尧、舜，垂衣裳而天下治，盖取诸乾坤。"在儒家的经典之作《周易》中，"形而上者谓之道，形而下者谓之器"，器物最初是用来传递礼法，是载"道"的工具。但儒家认为，过分注重器物外在装饰与制作技巧往往导致"玩物丧志"，因为"奇技"会消磨人的志气，中国古人常把奇技叫作"淫巧"。《礼记·月令》中称："毋或作为淫巧，以荡上心。"《礼记·月令》反对这

① ［德］马丁·海德格尔著，孙周兴译：《演讲与论文集》，北京：生活·读书·新知三联书店2005年版，第172页。
② 陈嘉映注译：《海德格尔哲学概论》，北京：生活·读书·新知三联书店1995年版，第240页。
③ 陈鼓应注译：《庄子今注今译（上）》，北京：中华书局1983年版，第190页。

种会导致奢靡的制造观念与消费观念，认为应该"功致为上"，即强调"物"的功能与实用性。宋代文人苏轼也提到"君子可以寓意于物，而不可以留意于物"①。即是说，如果过于沉迷于"物"，会伤及身心，反被"物役"。但是到了明代，在一种强大且迅猛发展的世俗消费观念的影响下，传统的纲常伦理受到了冲击。明代文人文徵明，也就是文震亨的曾祖，与沈周、唐寅、仇英并称为明四家，他们居于明代富庶的苏州，对"物"格外关注，推崇并引领"玩物"之风。在文徵明看来，世人不去品赏"物"，就枉活于世。"玩物丧志"一言，遂为后学所诟病。在商品经济市场冲击下，明代学者们对"物"的重新审视与包容态度，让"物"焕发出鲜活的生命力。"器具"作为人类生产活动、物质发展的结晶，承载了人类的精神文明。

中国古人的自然审美，是一个"由'观物取象'到'游心造境'"②的过程。"物"包含了人类丰厚的情感与理想，既包括自然界，也包括人类所造之物。蒙昧时期，中国古人秉承"观物取象""法相天地""肇始自然"的审美价值理念，追求受命于天、天人合一的理想境界。老子曰："无名天地之始，有名天地之母。"自然之道，无象无形，中国古人却能够透过"物"生发出无限可能性。③"物"的这种非明晰、不确定的特征使其具有丰富的审美意蕴。由此可见，从旧石器时代开始，人类就一直不断地进行造物探索。造物艺术，顾名思义，即是运用一定的物质材料与手段，创造出兼具实用性与审美性的产品。美国学者赫伯特·A. 西蒙从人工科学的角度认为人造物的基本特征是：人工物是经由人综合而成的（虽然并不总是或通常不是周密计划的产物）；人工物可以模仿自然物的外表而不具备被模仿自然物的某一方面或许多方面的本质特征；人工物可以通过功能、目标、适应性三方面来表征；在讨论人工物时，尤其是设计人工物时，人们经常不仅着眼于描述性，也着眼于规范性。④ 因而，造物本质上是人类文明进步的标志，它一方面与人类文化的发展相随相生，相辅相成；另一方面，人类通过造物活动改造了自然，创造了一个异于自然界的文化世界。我国学者张道一先生在《造物的艺术论》中对"造物艺术"做了精要的概括："实用与审美"的统一体、"本元文化""科技与艺术"的统一体、"物质文明与精神文明"的统一

---

① （宋）苏轼著，孔凡礼点校：《苏轼文集》，北京：中华书局1986年版，第158页。
② 刘成纪：《中国古典美学中的物、光、风》，载叶朗主编：《观·物：哲学与艺术中的视觉问题》，北京：北京大学出版社2019年版，第87页。
③ 刘成纪：《中国古典美学中的物、光、风》，载叶朗主编：《观·物：哲学与艺术中的视觉问题》，北京：北京大学出版社2019年版，第89页。
④ ［美］赫伯特·A. 西蒙著，武夷山译：《人工科学》，北京：商务印书馆1987年版，第9页。

体等。①

晚明时期，随着手工业与商品经济的发展，与"物"相关的论著层出不穷，诸如漆工黄大成的《髹饰录》、高濂的《遵生八笺》、计成的《园冶》、宋应星的《天工开物》、张岱的《陶庵梦忆》、文震亨的《长物志》等。这里的"物"多指物件、器具、艺术品等，它们与当时的消费文化联系在一起，主要从两个角度展开论述：一是"物"的制作技术、工序以及造物制度，如张岱在《陶庵梦忆》中记载了吴中、杭州、南京等地的造物之盛："吴中绝技：陆子冈之治玉，鲍天成之治犀，周柱之治嵌镶，赵良璧之治梳，朱碧山之治金银，马勋、荷叶李之治扇，张寄修之治琴，范昆白之治三弦子，俱可上下百年，保无敌手。"② 另一类则是从阶层品评的角度，记叙物之情趣与雅俗等，这里的"物"多指艺术品。如文震亨的《长物志》经常谈到"舶来之物""古物""雅物""尤物"等，这些价值判断牵系士人的文化活动，传递着文化消费观与审美观。在晚明亡国之际，张岱对昔日奢靡的消费观做了救赎式反省："因思昔人生长王、谢，颇事豪华，今日罹此果报：以笠报颅，以篑报踵，仇簪履也；以衲报裘，以苎报绨，仇轻暖也；以藿报肉，以粝报粻，仇甘旨也；以荐报床，以石报枕，仇温柔也；以绳报枢，以瓮报牖，仇爽垲也；以烟报目，以粪报鼻，仇香艳也；以途报足，以囊报肩，仇舆从也。种种罪案，从种种果报中见之。"③

中晚明时期，文人嗜物，达到了非常痴迷的状态。"恋物"成为文人士大夫们独特的"雅"生活方式的最佳体现。"恋物"的途径之一是收藏，陆容在《菽园杂记》中称，那些收藏书画、器玩、盆景、花木之类的人被称为"爱清"，自明中叶后，收藏活动又被雅称"清娱""清玩""清赏""清欢"。④ 明代士大夫以收藏古今名家书画为风雅，可从严嵩那里得到印证。在他不计其数的家产中，有358 轴、册古今名家石刻法帖，如王羲之帖、赵孟頫帖、圣唐墨迹帖、颜鲁公书诰帖、祝枝山四体帖；名画手卷、册页计3 201 轴、卷、册，如阎立本《十八学士图》、王维《圆光小景》、董源山水、宋徽宗《秋鹰》、晋顾恺之卫索像、晋人画《女史箴图》、明宣宗御制白骢紫芥、明宪宗御制判字、明武宗御制仙图、吴小仙白描神仙、吕纪翎文、文徵明祓禊、仇英《子虚上林图》等。⑤ 据沈德符

① 张道一：《造物的艺术论（上卷）》，合肥：安徽教育出版社1999年版，第150－158页。
② （明）张岱著，栾保群编：《陶庵梦忆》，杭州：浙江古籍出版社2012年版，第14页
③ （明）张岱著，栾保群编：《陶庵梦忆》，杭州：浙江古籍出版社2012年版，第368页。
④ （明）陆容著，佚之点校：《菽园杂记》，北京：中华书局1985年版，第62页。
⑤ （清）吴允嘉：《天水冰山录》，见（清）毛奇龄：《明武宗外纪》，上海：上海书店1982年版，第136－157页。

称，从严嵩家中籍没的资产在穆宗初年"出以充武官岁禄，每卷轴作价不盈数缗，即唐宋名迹亦然"①。其他官员的藏品数量或许无法与严嵩相媲美，但其艺术价值并不逊色，如姚汝循所藏宋拓《淳化阁帖》、黄山谷《法华经》七卷。②这些精美的作品会被收藏家们作为装饰物置于厅堂书斋中。文人雅士对于物的审美日益文雅化与尚古化，使一些具有时代特色的审美概念被提炼出来，诸如"奇""古""雅""旧"等。"长物"成为寄托个人生命情思、展现个人生命情调、传达思想观念的符号。这是"物"意蕴发展的轨迹，也是人类情感丰富完善的呈现，"物"在发展过程中透露着朴素造物观念、美学思想与人文情怀，这一点明晰地呈现在《长物志》的文字中。《长物志》表面是对不同"物"的刻画描绘，实则是当时文人生存状态、价值追求的物化展现。这其中有着生态美学的精神流露，承载了中国传统文化中朴素的生态智慧，更有着当时文人对明代市场经济环境中"造物"观念的重新审视。

在市场背景的刺激下，明代"清雅"的造物观以温和的方式渗透在古董珍玩、文房用具与书画作品等领域。比如在文化产业领域，雕版印刷术大为盛行，据统计，明代雕版印书的数量上与品种都远远超过了宋元两代。嘉靖、万历时期，也就是作者文震亨生活的年代，北京、苏州、南京、杭州等地的刻书业更是盛极一时。在传统工艺方面，明代官方制定了匠人的轮班、坐住制度，工匠们在规定时间内为官府服务即可。永乐时期，全国工匠已经达到了三十万人。在陶瓷领域，景德镇为瓷都，宜兴为陶都。景德镇青花瓷以其胎釉洁润，色泽浓淡相间，层次丰富，极富中国水墨画情趣，成为中国古代瓷器的主流。明代不仅在造物技术上日渐成熟，与造物相关的理论也巨篇累牍，诸如邓玉涵的《测天约说》、徐光启的《农政全书》等。建筑上，随着地区经济发展、城镇化的扩张，造园之风盛行，明代知识分子将"道法自然"的园林设计思想张扬到极致，形成了计成在《园冶》中所说的"虽由人作，宛自天开"。富裕商贾们在扬州、苏州一带大肆造园，园林在数量、质量、规模上都超越前代，《顺天府记》《游金陵诸园记》等都记载了其时的造园盛况。家具制造行业，以宋应星的《天工开物》为代表总结了手工业者许多重要的发现与发明，是一部广泛论述手工艺的专业性著述。在这本书中涉及了"造物"与"自然"的关系，特别是"天工"与"开物"的思想。《天工开物》认为，自然界靠人力开发出有用之"物"，"天

① （明）沈德符撰：《万历野获编（上）》，北京：中华书局1959年版，第223页。
② （明）顾起元撰，谭棣华、陈稼禾点校：《客座赘语》，北京：中华书局1987年版，第252页。

工"与"开物"相顺承亦相转化，是人力与自然之奥妙和谐关系的展现。在家具造型上，"明式家具"声名远播，其风格简约、节用适材、崇尚天然等都体现出中国古代造物思想的生态审美智慧。在更为广泛的民间审美活动与艺术形式上，如"'立春'的迎春和鞭春劝农，'元宵'的祭神灯火、灯彩游艺，'二月二'的接青龙、添仓打囤，'端午'的除虫去毒、驱邪避瘟，'仲秋'的秋社报赛、拜月赏月，'年节'的祭祀祈年、辞旧迎新等民俗活动与自然信仰崇拜有关，意在敬天祈年、避除灾祸，祈求自然周期的合理运转和自然生态的和谐"①。

我们可以看到，中国古代生态审美智慧从未离开传统文化的脉络，即使在商品经济市场的剧烈动荡的背景下，其"幽灵"仍然存在。在这一时期，物质与技术的发展成熟，推动了"物"自身的内部升级，古典生态审美智慧以新的方式呈现在人们面前，如在《长物志》《格古要论》《遵生八笺》《考槃馀事》《园冶》中，既有对传统造物思想的坚守，也有对晚明造物理念的批判与纠偏。究其原因可以清晰地看出，明代的商品经济的发展与贸易促成了造物之风的盛行，也促进了中西造物文化的交流，明代造物理念是在与西方造物思想的比较中生成的，它在造物过程中对西方文化有一个筛选、"西为中用"的过程，与其说是创新，倒不如说是对传统审美智慧的归流与深化。

---

① 唐家路：《民间艺术的文化生态论》，北京：清华大学出版社2006年版，第56－57页。

第二章 政治成因

晚明政治腐败、皇帝昏庸、各党派纷争、宦官专权等问题使得士大夫阶层惶惶不安，时有大祸临头之感，常常为生命安全绞尽脑汁。据明史记载，嘉靖三年（1524），"群臣争大礼，廷杖丰熙等百三十四人，死者十六人。中年刑法益峻，虽大臣不免笞辱"①。嘉靖在位四十余年间"杖杀朝士，倍蓰前代"②。面对如此恶劣的政治生态，底层知识分子放弃科考，布巾终身；而士绅阶层不得不疏离于现实的统治政治体制之外，"当政治上陷入无可为时，强烈的政治热情也就失去了指向，不仅是那些不得志的小官，名官大僚也常常面临退隐的诱惑与选择"③。他们或归隐山野，或参禅访道。"在明代士大夫群体中，普遍存在着一种归田心态与息隐意识。"④ 另一部分家境优渥的士绅如文震亨者，开始背叛"程朱理学"营造的禁欲社会，转向奢靡的享乐与个性自由，沉迷于古玩中。据《万历野获编》对晚明社会的观察，"嘉靖末年，海内晏安。士大夫富厚者，以治园亭、教歌舞之隙，间及古玩"⑤。在晚明市场经济的影响下，士绅阶层或建造园林，歌舞升平，或沉迷于古玩，放松享乐。文震亨在《长物志》中将士大夫日常生活的起居生活和审美鉴赏所能接触的各种物事均纳入关注范围。

第一节 晚明科举道路的壅塞与知识圈层向下流动

众所周知，自隋代采用科举制度以来，"朝为田舍郎，暮登天子堂"成为无

---

① （清）张廷玉等撰：《明史》，北京：中华书局1980年版，第2330页。
② （清）张廷玉等撰：《明史》，北京：中华书局1980年版，第2330页。
③ 姚旭峰：《"忙处"与"闲处"：晚明官场形态与江南"园林声伎"风习之兴起》，《福建师范大学学报（哲学社会科学版）》2008年第1期。
④ 陈宝良：《明代士大夫的精神世界》，北京：北京师范大学出版社2017年版，第56页。
⑤ （明）沈德符撰：《万历野获编》，北京：中华书局1959年版，第654页。

数读书人的梦想。科举时代，知识分子进入官场的途径大致有三种：学校、科目和荐举。"明制，科目为盛，卿相皆由此出，学校则储才以应科目者也。其径由学校通籍者，亦科目之亚也，外此则杂流矣。"① 但从明代科举制的实际运作看，平民向上垂直流动令人失望，据统计，明代洪武二十六年（1393）录取进士在总人口的比重约为一百八十万分之一，对于绝大多数士子来说，科举中式犹如水中之月，可望而不可即。"然进士、举贡、杂流三途并用，虽有畸重，无偏废也。荐举盛于国初，后因专用科目而罢。铨选则入官之始，舍此蔑由焉。"② 所以，很多读书人老于场屋也未必能获得成功。例如，"泰和曾状元彦，老于举场，成化戊戌，年且六十，乃魁天下"③。这件事是明人以惊叹的语调作为神仙相助的例证写进笔记的。有学者对明代会试录取率进行过统计和分析，其研究结果表明，随着应试人数累积式的上升导致会试的录取比率日渐降低，科举体制本身所承受的压力也日渐增强，科举供求关系严重失衡。作为科举社会中最主要的社会流通渠道，科举道路的壅塞及造成的消极作用使广大士子的出路问题更为严峻。在明代，大部分生员在科举无望的情况下，采取了"布巾终身"的做法，也有的生员铤而走险，采用怀挟、传递、拟题、冒考、关节、冒籍、割卷等手段舞弊。更有绝望的生员，断然弃巾，连生员身份也不要了。迨至万历年间，生员弃巾已成为一种风气。入仕之路如此逼仄，但穿衣吃饭还是需要的。古人云："君子谋道不谋食。耕也，馁在其中矣；学也，禄在其中矣。"圣人们的理论是君子应当先谋道，但如果连最基本的吃饭穿衣问题都无法解决，又当如何谋道？晚明时期，随着商业经济的发展，传统思想观念开始慢慢松动，不能入仕的知识分子们开始寻求另一种生存方式：教授、幕宾、经商、方术、耕读等。

教授是知识分子最常见的一种谋生方式，这里所说的教授不同于今日高校教师的正高职称，而是平民儒生通过传授他人知识与技能，以获取劳动报酬的社会活动。如饱学大儒隐居讲学、一些儒生为人子弟启蒙等。有学者将教授之士细分为"学者型""科举型""启蒙型"三类④，颇为妥当。"学者型"的教授多为社会公众人物，他们拥有学术话语权，其社会活动不仅仅是为了谋生，更多的是为了教化人心，传播统治阶级的意识形态。"科举型"教授无论社会地位还是知识

① （清）张廷玉等撰：《明史》卷六九《选举一》，北京：中华书局 1974 年版，第 1675 页。
② （清）张廷玉等撰：《明史》卷六九《选举一》，北京：中华书局 1974 年版，第 1675 页。
③ （明）陆粲撰，谭棣华、陈稼禾点校：《庚巳编》卷九《曾状元》，北京：中华书局 1987 年版，第 104 页。
④ 刘晓东：《明代士人生存状态研究》，长春：吉林文史出版社 2002 年版，第 17 页。

水平都低于"学者型"教授，他们大部分来自底层人民，必须通过科举考试才能获得一定的社会职位。"科举型"教授所有的教授活动是为科考这场持久战提供必要的物质准备与财力支持，其社会角色相当于今日高考培训学校的教师，其教授内容多为科举常考的"四书五经""八股程式""制艺时文"等课程。"启蒙型"教授就是中国古代乡村社会的私塾教师，他们大多是科举落第之士，为了养家糊口，对乡村少年进行文化启蒙活动，所教内容无非是《三字经》《幼学琼林》《千字文》等蒙学读物，他们的地位在教师群体中是最低的。如著名史学家顾祖禹，科考失意，由于生活所迫，不得不担任里中塾师，"岁得脩脯止六金，以半与妇，俾就养妇翁家，余尽市纸笔灯油"①。著名天文历算家王锡阐，明亡后绝食七日，后在父母强迫下复食，但从此放弃科举，隐居乡间以教书为业。②

入幕为宾作为知识分子的一种谋生途径，古已有之，明清之际尤为兴盛。在明代，生员是入幕的主流，他们作为地方官学中的学生，经济较为贫困，仕进之途比较狭窄，但又有以经学为本参与社会治理的理想，因而在中举、中进士为官之外，入幕是他们可以选择的所有出路中较为适宜的一条。才华横溢的书画家徐渭就是个典型的例子。早在学生时代，他就享有盛名。"总督胡宗宪招致幕府，与歙余寅、鄞沈明臣同管书记。"③ 他在文字上的功夫和军事上的谋略为他在胡府赢得了尊重和宠礼。生员之外，经济困难的举人也有入幕者。陈宝良先生以何龄修教授对史可法幕府100名成员科举身份的考察为例，对明代举人入幕情况的存在做了证实。④ 除此之外，入幕者中还有山人、术士等。幕宾的职责大致有四类：一是典文章、主文牍，具体地讲，就是代幕主写上奏、贺启，抄录信札，并代拟回函等；二是备咨询、当参谋；三是佐治民事；四则是帮闲，参与缙绅们的休闲生活。

在古人所谓的四民（士、农、工、商）中，商人的社会地位是最低的，他们往往被视为重利轻义的暴发户，为读书人所不齿，但明代中后期，随着苏杭一带资本主义萌芽，巨额的利润让商业活动如火如荼起来。中下层知识分子因生活

---

① （清）裴大中、倪咸生修，（清）秦缃业等纂：《光绪无锡金匮县志》卷四〇《杂识》，南京：江苏古籍出版社1991年影印本，第846页。

② 王思治主编：《清代人物传稿·王锡阐》，北京：中华书局1984年版，第411页。

③ （清）张廷玉等撰：《明史》卷二八八《文苑四》，北京：中华书局1974年版，第7387页。

④ 何龄修：《史可法扬州督师期间的幕府人物（上）（下）》，《燕京学报》1997年新3期、1998年新4期。该文称这100人中，已知科举状况的有66人，其中举人出身者12人。

所迫，以商业"作为一种资生的手段来满足自身生存及文化追求的需要"①，毋庸置疑的是，他们从事商业活动的根本原因还是士人猥众和科举名额受限。余英时先生曾就明代士子"弃儒就贾"与科举名额受限的因果关系提供了许多佐证材料，揭示了明代士子从事商业活动的必然性："开国百有五十年，承平日久，人才日多，生徒日盛，学校廪增正额之外，所谓附学者不啻数倍。此皆选自有司，非通经能文者不与。虽有一二幸进，然亦鲜矣，略以吾苏一郡八州县言之，大约千有五百人。合三年所贡，不及二十，乡试所举不及三十。"② 仕进之途如此坎坷，弃儒经商是很自然的事了。即便不愿弃儒，经商谋生，以资学业，也是不得已而为之。弃儒经商另一个原因则是明代价值观念的转变。随着王阳明心学的冲击，儒家伦理在治生、人欲、义利等方面发生了不少有趣的变化。人们日益清醒地认识到，只有确保经济生活的独立自足，才有可能维持个人在其他方面的真正独立。

卖文亦可算是商业活动的一种，即知识分子以自己的本业为商品换取生活所需的活动。在中国古代知识分子坚守"君子固穷"的精神里，卖文总被视为一种不光彩的行为，但明代中后期士子们为生活所迫，卖文活动还是时有发生。比如明代风流才子唐寅，工于文学、绘画与书法，科场被黜后，妻子离异，无奈只得借卖诗文、书画谋生。同时代的祝允明喜欢奢靡的生活，其来财的路径就是卖文，"求文及书者踵至，多贿妓掩得之。恶礼法士，亦不问生产，有所入，辄召客豪饮，费尽乃已，或分与持去，不留一钱。晚益困，每出，追呼索逋者相随于后，允明益自喜"③。正如余英时先生所论，传统儒家的价值意识在此时面临着严峻的挑战，思想上的躁动自然会有行动上的践履相应和。④ 名士如此，广大的下层知识分子当然也不例外，他们声望自然不如名士，但代人造假族谱、鬻画资生也是谋生的手段。据学者考察，明末北京阜门内，天库前代人作赝谱的士人已经"聚众为之，姓各一谱，谱各分支，欲认某支，则捏造附之。……以为若辈衣食"⑤。好慕虚荣的人买得赝谱，查阅得知自己是"华胄"之后，则沾沾自喜。卖画的收入取决于卖者的社会知名度，像唐寅、祝允明等名流，其收入当然可

---

① 刘晓东：《明代士人生存状态研究》，长春：吉林文史出版社2002年版，第43页。在该书中，作者对士与工、商之间的渗透现象分为两种：以儒营商与弃儒从商。

② （明）文徵明著，周道振辑校：《文徵明集》（增订本），上海：上海古籍出版社2014年版，第18页。

③ （清）张廷玉等撰：《明史》卷二八六《文苑二》，北京：中华书局1974年版，第7352页。

④ 余英时：《士与中国文化》，上海：上海人民出版社2003年版，第537页。

⑤ 刘晓东：《明代士人生存状态研究》，长春：吉林文史出版社2002年版，第29页。

观，但下层文士靠简单的造假或抄写活动，其收入相当微薄。"……有书贾在利考朋友家住来，钞得灯窗下课数十篇，每篇誊写二三十纸，到余家塾，拣其几篇，每篇酬钱或二文或三文。"①

明代士子向下流动的第四种职业则是从事医术、占卜、堪舆等"技术型"劳动。不幸的是，在伦理道德至上的封建社会，以"技术"谋生的士子社会地位并不高，他们大多亦是科举制度的失意者。预言家张中，年少时因应进士举不第而弃儒，据说他在放情山水时遇到异人传授术数，自此成名。而另外一些人，则是世业相传，并以此为生。明代政府编制的民户中，阴阳籍和医籍被当作世袭户籍。倪维德的祖父和父亲行医出身，他子承父业。葛乾孙的父亲也是位名医，他年轻时从事击剑、兵法、阴阳、律历、星命之术，后因屡试不第，才传承父业。② 从官方记载来看，这些有编制的技艺劳动者收入不菲，按照洪武二十年（1387）更定的百官俸禄，正五品技术官员每月可以领到 15 石俸米，而官品最低者仅 5 石。③ 但这群人的社会形象不堪，"今天下治方术者多矣，大都以乡曲庸师，指授陈言，得古人糟粕，未解其神理。间有精诣卓识，不遇异人之传，亦揣摩臆度"④。由此见出，收入高的技术谋生者都是技术精湛、社会声誉高的劳动者。

明代士子弃儒的第五种途径则是"耕读"。在中国古代文学或文艺作品里，"耕读传家"或"昼耕夜读"的生活方式令人神往，其实"耕读"生活并非如此诗情画意。据刘晓东先生考察：在整个耕读之士中，拥有百亩以下土地，基本属于自耕农士人，在这一群体内部，又可视其占有土地的多少分为上、中、下三等。占有土地 40~100 亩者为上等，他们除自己耕作外，还雇佣少量雇工经营，收入较为丰裕；占有 10~40 亩土地者为中等，他们年收入只能满足自身及家庭生活需求，几乎无盈余，或盈余极少；占有 10 亩以下土地者为下等，他们的经济状况可用入不敷出来形容，一般要依靠其他资治方式来补贴家用。⑤ 由此见出耕读生活的艰辛。不过即便如此，仍有士子认为，"耕"比"读"重要。"风俗方日坏，可忧者非一事。吾幸老且死矣，若使未遽死，亦决不复出仕，唯顾念子

---

① （明）李诩著，魏连科点校：《戒庵老人漫笔》卷八《时艺坊刻》，北京：中华书局 1982 年版，第 334 页。

② （清）张廷玉等撰：《明史》卷二九九《方伎》，北京：中华书局 1974 年版，第 7635 页。

③ （清）张廷玉等撰：《明史》卷七四《职官三》，北京：中华书局 1974 年版，第 1810 - 1812 页。

④ （明）张瀚著，盛冬铃点校：《松窗梦语》卷六《方术纪》，北京：中华书局 1985 年版，第 108 页。

⑤ 刘晓东：《明代士人生存状态研究》，长春：吉林文史出版社 2002 年版，第 37 页。

孙，不能无老妪态。吾家本农也，复能为农，策之上也。杜门穷经，不应举，不求仕，策之中也。安于小官，不慕荣达，策之下也。舍此三者，则无策矣。"①何良俊是一位饱学之士，他重"耕"是看到"世风日下"，期望儿孙能自食其力，应对变局之社会，这比皓首穷经、死啃八股的生活方式更为明智。在帝制时代，知识分子的命运掌握在皇帝手中，有时可能因为一时不恰当的奏疏，或遇到神经质的皇帝，都会带来杀身之祸。何良俊站在明代历史的转折点，命子孙以耕读为业，可以看出明代科举制度已现颓势。

第二节　高压政权之下的逃避与隐逸

明代统治者建立政权后，进一步加强了中央集权制度，废除了行省中枢制，设立三司分管地方要务。三司分立，地方政府直接听命于中央。一系列的集权手段，让封建体制走向完善，但也使思想自由受到钳制。我们可以从明代经济的繁荣发展看到社会丰裕的空前盛况，然而在盛况之下有着种种隐患。"由于文明时代的基础是一个阶级对另一个阶级的剥削，所以它的全部发展都是在经常的矛盾中进行的。生产的每一进步，同时也是被压迫阶级即大多数人的生活状况的一个退步。"② 对于阶级隐患问题具有预见性的马克思，揭示了社会发展的悖论，以及它所引发的思想矛盾。

明代官场外部藩王割据，大地主阶级斗争激烈，宗室醉生梦死，百姓水深火热。随着经济发展，封建统治者更加贪婪地追求财富。他们搜刮百姓，兼并土地，破坏商业，加速贫富阶级的分划与对立。农民与地主阶级之间的争夺田产、抗租的斗争比比皆是。"有明一代，可以说没有一个藩王不侵夺民田的"③，这种行径在当时招致了许多士大夫的不满，新兴市民阶层与统治阶层的斗争也越来越激烈。在阶级斗争影响下，明代封建地主阶层内部酝酿着尖锐、复杂的矛盾。比如嘉靖时期，四川、湖广、江西、山西等许多地方的人民由于服采木之役而劳苦万状，人民以集体反抗的方式发泄不满。当时有一个叫郭弘化的御史，看到了问

---

① （明）何良俊：《四友斋丛说》卷十八《杂记》，北京：中华书局1959年版，第161页。

② ［德］马克思、恩格斯著，中共中央马克思恩格斯列宁斯大林著作编译局编译：《马克思恩格斯选集（第四卷）》，北京：人民出版社1972年版，第173－174页。

③ 陈宝良：《飘摇的传统：明代城市生活长卷》，长沙：湖南出版社1996年版，第252页。

题的严重性，上疏请求罢役。结果，役没能罢，反而被罢了官。① 晚明的另一个社会矛盾就是王朝内部党争激烈，官场结纳之风日趋严重。明朝自万历年间起，党派林立，党争迭起。万历三十三年（1605），以顾宪成、高攀龙、钱一本、薛敷教为代表的东林党人，讽议朝政，品评人物，抨击当权派。一时"士大夫抱道忤时者，率退处林野，闻风响附"②。而另一批官吏士绅又组成浙、齐、楚、宣、昆各党派，"务以攻东林，排异己为事"③。党争让大批民间知识分子和民众卷入内斗，一方面促进了民众思想意识的独立，另一方面也慢慢演变成了一项风雅运动，"清谈"之风盛行。朱一是慨叹："今日之事，尤多骇异，朝之党，援社为重，下之社，丐党为荣。官人儒生忘年释分，口言声气，刺列社盟。公卿及处士连交，有司与部民接袂，横议朝政，要誉贵人，喧哗竞逐，逝波无砥，颠倒燫乱，蹶张滋甚。"④ 学者顾炎武批判道："近日同姓通谱最为滥杂，其实皆植党营私，为蠹国害民之事，宜严为之禁。"⑤ 士大夫进入这样一个秽浊的官场后，常常不能摆正权力与利益的关系，在复杂的政治关系网中成为任人摆布的棋子。他们借助党派势力，行贿受贿，滥用职权。"嘉靖十八年六月，都察院左都御史王廷相应诏陈言道，今日'大率廉靖之节仅见，贪污之风大行。一得任事之权，即为营私之计。贿赂大开，私门货积。'"⑥ 王廷相指出了当时官场的歪风邪气，皆以权谋私，且贪念愈演愈烈，远超之前。王守仁感慨："今夫天下之不治，由于士风衰薄。"因而，张居正在位时的一系列举措就是一次整治腐败程度最强、规模最大的改革。但在他死后，反改革势力再一次掌控朝政，被压制很久的情绪和言论爆发，党论大兴。先是国本之争，言官们以祖制和传统打败了顽固的万历皇帝。随后，万历二十一年（1593），京察又引发一场争斗，主持大计的赵南星因为力求公正而遭到弹劾并被削职为民，为其求情者均遭贬谪。沈一贯和沈鲤之间的私人恩怨在楚宗案上又掀一轮党论，同时发生的妖书案再次被沈一贯利用，以此作为打击沈鲤独揽阁权的工具。崇祯皇帝即位后，党争并未结束，从崇祯朝的50 个宰相看，有三个系统：东林，如文震孟、钱龙锡、孙承宗等；周延儒一派，

① （清）张廷玉等撰：《明史》卷二〇七《郭弘化传》，北京：中华书局1974 年版，第7235 页。
② （清）张廷玉等撰：《明史》卷二三一《顾宪成传》，北京：中华书局1974 年版，第7535 页。
③ （清）张廷玉等撰：《明史》卷二三六《夏嘉遇传》，北京：中华书局1974 年版，第8635 页。
④ （清）朱一是撰：《为可堂初集》，见张永刚：《东林党议视野下晚明文学观念的演进》，《湖州师范学院学报》2008 年第5 期。
⑤ （明）顾炎武著，（清）黄汝成集释，乐保群校注：《日知录集释》卷二三《通谱》，杭州：浙江古籍出版社2013 年版，第1556 页。
⑥ （明）顾炎武著，（清）黄汝成集释，乐保群校注：《日知录集释》卷一二五《通谱》，杭州：浙江古籍出版社2013 年版，第1976 页。

后来归入东林；温体仁一派。① 在如此晦暗的政治环境中，士大夫阶层的地位屡屡遭受冲击，郁郁不得志，而且人身安全也受到威胁。

让明代知识分子归隐的另一个原因则是文字狱。嘉靖四年（1525），巡抚应天右都御史吴廷举，上疏请辞，其中引用白居易诗句："月俸百千官二品，朝廷雇我作闲人。"又引张咏诗："可幸太平无一事，江南闲杀老尚书。"疏末又用"呜呼"二字，明显有牢骚之意。世宗怒，令其致仕，"以廷举怨望，无人臣礼"②。晚明世宗朝诗祸颇多，时人又记："嘉靖间，又有锦衣经历沈炼以劾严嵩编置保安，亦作诗讥督臣杨顺，被诬勾，坐斩。至穆宗初昭雪，加恤翰林院编修。赵祖鹏罢官居家，被宗人赵驯讦其作诗讪上，下诏狱论死。亦至隆庆元年始得释。二人俱浙产。其人虽薰莸，然以诗得祸则一也。"③ 据明朝人记述："古来人主多拘避忌，而我朝世宗更甚。当辛巳登极，御袍偶长，上屡挽而视之，意殊不惬。首揆杨新都进曰：'此陛下垂衣裳而天下治。'天颜顿怡。晚年在西苑，召太医院使徐伟察脉。上坐小榻，衮衣曳地。伟避不前。上问故。伟答曰：'皇上龙袍在地上，臣不敢进。'上始引衣出腕。诊毕，手诏在直阁臣曰：'伟顷呼地上，具见忠爱。地上，人也；地下，鬼也。'伟至是始悟，喜惧若再生。"④ 专制君主的忌讳是造成诗文案的直接原因，而诗文因含义丰富含混经不起推敲，这也给那些以陷构为业的小人们提供了机会。比如明末天启年间，太监魏忠贤专权，有知府刘铎因诗致祸。"铎，庐陵人。由刑部郎中为扬州知府。愤忠贤乱政，作诗书僧扇，有'阴霾国事非'句。侦者得之，闻于忠贤。倪文焕者，扬州人也，素衔铎，遂嗾忠贤逮治之。"⑤ 明代的文字狱让文人的神经高度紧张，为保全性命，大量文人选择归隐。以文震亨为代表的一批文人圈层开启了自己的闲居生活。大量出现的明代文人笔记内容繁杂、包罗万象，展现出丰富的精神天地。中晚明时期，江南地区开始出现"弃巾之风"，士人放弃以巾为代表的科举生涯、政治仕途，搁置建功立业之心，从黑暗的政治中游离出来，转而寻求归隐田园、诗词歌赋、闲情雅趣，通过文化来重新找到自己的身份定位。

促使明代文人士子逃避现实、归隐山林的另一个因素则是宗教的兴盛与发展。宗教给文人的隐居提供了精神支撑。明朝中后期，西方的宗教流派诸如佛

① 谢国桢：《明清之际党社运动考》，上海：上海书店出版社 2006 年版，第 64－68 页。
② （清）张廷玉等撰：《明史·吴廷举传》，北京：中华书局 1974 年版，第 4234 页。
③ （明）沈德符撰：《万历野获编》卷二五《诗祸》，北京：中华书局 1959 年版，第 534 页。
④ （明）沈德符撰：《万历野获编》卷二《触忌》，北京：中华书局 1959 年版，第 178 页。
⑤ （清）张廷玉等撰：《明史·刘铎传》，北京：中华书局 1974 年版，第 3274 页。

教、伊斯兰教、天主教以及民间秘密宗教遍及全国各地，尤其是伊斯兰教形成大分散、小集中的区域分布格局。明朝中期以后，中国伊斯兰教十个民族（维吾尔族、哈萨克族、乌孜别克族、塔吉克族、柯尔克孜族、塔塔尔族、回族、撒拉族、东乡族、保安族）形式和两大系统（回族等族系统、维吾尔等族系统）成型，伊斯兰教提倡经堂教育，在中国培养穆斯林势力，还有一些穆斯林学者用汉文译述伊斯兰教著作，让伊斯兰教教义融入中华文明。据史料记载，至崇祯末年，"传教十三省（当时全国止十五省，惟云、贵未传到），教友约十五六万，内有大官十四员，进士十人，举人十一名，秀才生监数百计"①。宗教的兴盛反映出这一时期思想的开放与兼收并蓄，明朝"是一个传统与创新交织、保守与开放并存，表现出明显的转型趋向的时代"②。宗教的兴盛与发展也离不开最高统治者的支持，诸如宪宗兼崇佛、道，武宗迷恋藏传佛教，世宗极度崇奉道教。统治者的提倡、思想的开放以及民间疾苦致使明朝出家人数激增。正统年间，"男女出家，累千百万"③。对文人士子而言，宗教反映了他们对现状的不满以及对未来生活的向往，成为他们安身立命的精神寄托，也激发了他们的隐逸思想。

隐逸思想的抬头让古代自然审美文化得以复兴，文震亨及其代表的文化圈层大都醉心"长物"，就是例证。曾祖父文徵明屡试不第，短暂入仕后又于嘉靖六年乘舟南归，在家中建造了玉磬山房，此后便文墨自娱，不问世事；明代文人高濂，曾在北京任鸿胪寺官，后隐居西湖。晚明士大夫多以清高自居，不愿同流合污，他们将注意力转向吟诗作画、游山玩水之中。这种隐逸精神是道家思想的出世风范，是一种饱含生态美学意蕴的价值观。

其一，隐逸文化实际上是在追求"天人合一"的理想生存模式，追求人与自然的和谐，文人士大夫们远避名利，在自然天地间寻求身心寄托。其二，隐逸文人对现实始终抱有怀疑或解剖态度，自带疏离感与主流意识形态保持距离，往往成为现实的批判者。其三，他们有着一种回归本性、回归自由、回归自然的内在驱动力。他们在自然中舒展人格，回归简朴，达到"游心于淡，合气于漠，顺物自然而无容私焉"的境界。（《庄子·应帝王》）魏晋名士陶渊明隐于"野"，他在《归去来兮辞》中吟诵道："归去来兮，田园将芜胡不归？"到了明代，许多文人归隐并不需要隐居于山野，他们往往隐于"市"，借助庭院园林、一杯一

---

① 萧若瑟：《天主教传行中国考》卷四《中国天主教史籍汇编》，新北：台湾辅仁大学出版社 2003 年版，第 326 页。

② 郭培贵：《明代的历史特点及其经验教训》，《河南师范大学学报》2005 年第 6 期。

③ 黄彰健校勘：《明英宗实录》卷一八三，北京：中华书局 2016 年版，第 569 页。

盏、清玩笔墨寄托情志。他们让心灵回归本真状态，将简朴素雅、平淡自然贯穿在日常的衣食住行中。《长物志》便是用质朴的文字传递出高压政治环境中重返精神家园、注重内在生命涵养的文人风骨。作为长期饱受传统文化教育的知识分子群体，他们充满了对自我身份的认可与坚持。文震亨官场受挫，醉心"长物"，但在崇祯十七年（1644）明亡之时，却避入阳澄湖剃发自尽而亡，获救后再次绝世而亡。可见他虽过着闲适生活，依旧满怀经世济民之心。但事既不可为，便只有暂时远离世事，洁身自保，继续用自己的文化、教育、道德参与到当时的文化构建中去。因而，寄情志于"长物"，闲赏惬意的精神规避同身居山野的隐逸拥有同样的生存价值与美学追求。

第三节　基于"天人合一"执政理念的传承

中国古代的政治理念建立在"天人合一"的哲学思想上，所谓"天"，有多种解释："惟天地万物父母"（《尚书·泰誓》）。孔子说："巍巍乎！唯天为大，唯尧则之"（《论语·泰伯》）。东汉许慎《说文解字》把天解释为"天，颠也，至高无上"。任继愈先生认为，中国哲学史上关于"天"的含义大约有五种：主宰之天、命运之天、义理之天、人格之天和自然之天。[1]在任继愈先生看来，"天"主要有两方面的含义：一是自然之天，二是神灵、精神、人格、意志之天。"天人合一"不是"天"和"人"简单的叠加，而是超越于"天"与"人"二元对立关系的、充满活力的、富于生机的"和"。[2]

作为政治合法性理念的"天人合一"思想，在中国古代包含"君权天授"的思想。在古人看来，"天"具有超自然、超人间的神秘力量，它是世间万物的创造者、最后的决定者，因而天令人敬畏。《诗经·周颂·我将》中写道："畏天之威，于时保之。"圣人乐行天道，如天无不盖也，故保天下，汤、文是也；智者量时畏天，故保其国，比如齐宣王、勾践立国就是这样。自汉代董仲舒向汉武帝呈上《天人三策》，标志着儒家政治化的"天人合一"观念正式进入统治者的视域，董仲舒"天人合一"的思想具体体现为天人感应，这种学说以天与人相互感应认定，自然世界之法则与规范人类行为的法则本是一致的。在董仲舒看

---

① 任继愈：《试论"天人合一"》，《传统文化与现代化》1996 年第 1 期。
② 徐春根：《"天人合一"思想及其当代启示》，《西南师范大学学报（人文社会科学版）》2003 年第 3 期。

来，皇帝是天之子，他受命于天，代表上天来统治人民。董仲舒的"君权神授论"与"天人感应论"互证互释，为"罢黜百家，独尊儒术"提供了哲学基础，也为后世皇权的合法化提供了依据。"君权神授是贯通整个古代社会意识的核心命题之一，也是君主合理性的最高依据。"① 也就是说，"天人合一"的思想为"君权神授"提供了哲学依据。因而，在古人看来，君王的权力不是与生俱来的、固有的，正如陈胜吴广起义所诘问的那样："王侯将相宁有种乎？"而是上天授予的，君王的职责在于协助上天领导人民，以保证宇内和谐安宁，实现上天的意志。因此，中国古代皇帝自命为"天子"，替天主宰宇宙万物，为了达到呼风唤雨和造福于民的目的，在冕服上绘制十二章图纹，以求沟通天地。《尚书·益稷》中这样记载："帝曰：予欲观古人之象，日、月、星辰、山、龙、华虫，作会（同绘）；宗彝、藻、火、粉米、黼、黻，絺绣，以五采彰施于五色，作服，汝明。"据考证，这里的"帝"为舜帝，也就是说，最晚自舜帝始，帝王们的冕服就已经采用十二章纹饰了。很显然，十二章纹饰体现了中华民族"天人合一"的自然观、生存观与政治理想。

那么中国君王如何做到顺乎民意、得乎民心呢？唯一的做法就是"法天而治"，即效法"天道"，遵循自然规律，并按照"天人合一"的哲学理念将自然规律内化为治国之道，以求实现自然秩序与社会秩序的统一。这里的"天"指自然之天，也指自然规律。《尧典》在叙述帝尧的第一件大事情时写道："乃命羲和，钦若昊天，历象日月星辰，敬授人时。"② 意思是说，尧帝严谨地遵循天数，推算日月星辰运行的规律，制定出历法，把天时节令告诉人们，让天时成为人民日常活动的行为准则。尧帝曾命令羲氏去东海边叫作旸谷的地方观察太阳升起的规律与万物萌动的景象，以指导百姓们生产耕作。春分之时，日夜均分，正南方朱雀七星闪耀，此时耕种繁育为佳。在许多古代典籍中，我们都可以看到古人关于日月星辰的记载。如西周时期的《夏小正》，记载了许多物候与自然现象。《论语·尧典》中说："天之历数在尔躬。允执其中。四海困穷，天禄永终。"③ 告诫执政者顺应天时。周代的人们更是从夏、商的覆灭中感悟到了，上天不会持续保护某一个王朝，只有敬德保民，遵天意才能"祈祷永命"。当中"敬德保民"说的就是顺应自然、以人为本的生态观念，它传递出天人关系并非单项的顺从，而是双向互动的，肯定了人们在主观能动性下探索天与地的关系，

---

① 刘泽华：《中国政治思想史集（第三卷）》，北京：人民出版社2008年版，第64页。

② （清）孙星衍著，陈杭、盛冬铃点校：《尚书今古文注疏》，北京：中华书局1986年版，第123页。

③ 杨伯峻译注：《论语译注》，北京：中华书局1980年版，第134页。

才能获得更为长久的"天命"。如果统治者"上逆天道,下绝地理"(《管子·形势解》),不顾自然法则,必然受到上苍的惩罚。比如汉代董仲舒也提出类似观点:"灾者,天之谴也;异者,天之威也。谴之而不知,乃畏之以威。"①

"天人合一"的政治理念体现在自然审美上,就是坚持"和而不同"的"共生"思想。孔子说:"君子和而不同,小人同而不和。"② 所谓"和"即为异质事物间的和谐共生,而"同"即为异种事物的完全一致。无论自然界还是人类社会,和谐必须建立在求同存异上。《左传》中所说,"和则相生,同则不继",揭示的是中国古代的"共生"思想:只有多种生物相杂,自然才能繁盛;相反,只有同一种生物则不能维持生态繁盛。"天人合一"的执政理念体现在农业上就是不违农时,即按照四时节气之自然生态规律来安排农业生产。《礼记·月令》十分详细地记载了春夏秋冬四季当政者与人民如何按照农时进行农业活动及相关活动的情形。以春季为例,《月令》认为立春是"天气下降,地气上腾,天地和同,草木萌动"③。因而,立春之日,天子带领王公贵族在神坛上祭天拜地,引领人民从事农业活动仪式。所谓"立春之日,天子亲帅三公、九卿、诸侯、大夫以迎春于东郊"④;其次就是"开播之典",所谓"乃择元辰,天子亲载耒耜,措之于参保介之御间,帅三公、九卿、诸侯、大夫躬耕帝籍。天子三推,三公五推,卿、诸侯九推"⑤;再就是为了保证农业生产进行必要的生态保护,所谓"乃修祭典,命祀山林川泽,牺牲不用牝。禁止伐木。毋覆巢,毋杀孩虫、胎、夭、飞鸟,毋麑,毋卵"⑥ 等。当然,孔子也在《论语》中讲到了相应的"生态保护"思想,就是十分著名的"钓而不纲,弋不射宿"⑦ 的观念,说明中国自古以来就有比较自觉的生态保护意识。

中国自古以农业为立国之本,而农业生产与天时的关系最为密切,一旦错过某个种植节点,可能会导致减产甚至颗粒无收,因此古人格外重视天气的变化规律。关于农耕政策的制定也无不体现出朴素的生态观念。中央专门颁布一系列的政令,提倡四时耕种,应顺应天时。《国语·齐语》管仲言:"无夺民时,则百

---

① (清)苏舆撰,钟哲点校:《春秋繁露义证》,北京:中华书局1992年版,第259页。
② 杨伯峻译注:《论语译注》,北京:中华书局1980年版,第139页。
③ 胡平生、张萌译注:《礼记·月令》,北京:中华书局2017年版,第254页。
④ 胡平生、张萌译注:《礼记·月令》,北京:中华书局2017年版,第256页。
⑤ 胡平生、张萌译注:《礼记·月令》,北京:中华书局2017年版,第264页。
⑥ 胡平生、张萌译注:《礼记·月令》,北京:中华书局2017年版,第268页。
⑦ 杨伯峻译注:《论语译注》,北京:中华书局1980年版,第198页。

姓富。"① 根据观测天象，将一年之中太阳在黄道上的位置变化引起的地面气候变化分为二十四段，分配在阴历的十二个月份中，月首成为"节气"。而执政者据此颁布的政令又称作"月令"，所谓"天子居明堂，以颁月令"。"节"与"令"发挥了"指时器"与"政治教化"的不同作用，体现出古人敬守天时、顺应自然的农业思维与行为模式，也派生了饮食宴会、车马出行、建筑服装、商业郊游等形式内容。在认识到自然地位及重要性后，一系列保护自然生态的制度相继被提出。尧舜时代，就设立了专门负责生态事务的官员，通过一系列的政令赏罚引导人们保护生态资源。比如春秋时期，齐相管仲提出："敬山泽，林薮积草，天财之所出"；《管子·侈靡》："王不守山林，不可立为王"；《管子·地数》："苟山之见荣者，谨封而为禁。有动封山者，罪死而不赦。"② 通过市场监管与文化思想教化民众：《礼记·王制》"五谷不实，果实未熟，不鬻于市；木不中伐，不鬻于市；禽兽鱼鳖不中杀，不鬻于市。"③ 上到王公贵族，下至黎民百姓，从市场监管到思想教育，保护山林成为一项重要的政治举措，生态政治思想融入百姓的日常生活当中。

　　中国古代生态政治思想，涉及角度之广、涵盖范围之大令人惊叹。比如中国古代建筑的"象天法地"，强调王权中心，将王权归结为天命；中国古代服饰图纹体现了对"自然神"的崇拜，其色彩与五行、五方相对应，彰显了中华民族的自然观与天地观；中国古代衣裳在形制上袂圆袼矩，体现了"天人合一"的哲学观与"天圆地方"的宇宙观念。中国古人对天的信仰甚至体现出宗教的意味。"其宗教性靠社会意识、礼俗和思想来维持。这种宗教不像有组织的宗教形成一个有组织的群体，而是充塞于整个社会，是一种弥散性的宗教。它的无形胜有形，无声胜有声。几乎每个人都是天然的教徒。"④ 正是"天人合一"的哲学理念，让中国古代的政治思想无不应和着"天道"、遵循着自然法则，并由此深入人心，形成"天人相应相求"的思维方式。由此可见，中国古代先哲将自然生态思维转化为治理天下的政治思维，统治者由此建立了一套系统的政治措施，然后，政治思维凝结为生生不息的生态文化，普及民众，形成了中国独有的生态审美观。

　　当诗人们吟诵"好雨知时节，当春乃发生"的诗句时，中国人都能产生精

①　上海师范大学古籍整理研究所校点：《国语》（上卷），上海：上海古籍出版社1988年版，第60页。
②　中华文化学院编：《中华文化与生态文明》，北京：知识产权出版社2015年版，第46页。
③　胡平生、张萌译注：《礼记·王制》，北京：中华书局2017年版，第256页。
④　刘泽华：《中国政治思想史集（第三卷）》，北京：人民出版社2008年版，第51-52页。

神的共鸣，与其说是对春雨滋润大地的欣愉，倒不如说，对于节令自然的认同已积淀为民族集体无意识，也成了制度的依据与文化的烙印。在《长物志》中，许多章节都展现出人们对天、时、节气的敏感与观照。《观鱼》一章中，强调观鱼应该早起，或在太阳未升起时，或在月夜碧波荡漾之时，或在细雨池涨时。"宜早起，日未出时，不论陂池、盆盎，鱼皆荡漾于清泉碧沼之间。又宜凉天夜月，倒影插波，时时惊鳞泼刺，耳目为醒。至如微风披拂，琮琮成韵，雨过新涨，縠纹皱绿，皆观鱼之佳境也。"①又如《藏画》一节中指出，在四、五月份展开晾晒为佳，平时三到五天张挂，可避免湿气。"平时张挂，须三五日一易，则不厌观，不惹尘湿，收起时，先拂去两面尘垢，则质地不损。"②在《琴》一节中，提到夏季抚琴最好在早上或晚上，不可在太阳暴晒处。"挂琴不可近风露日色，琴囊须以旧锦为之，轸上不可用红绿流苏，抱琴勿横。夏月弹琴，但宜早晚，午则汗易污，且太燥，脆弦。"③在《悬画月令》一节中，更是详细介绍了在不同节令中应该悬挂在家中的绘画题材。从正月初一到年末，根据一年中的节令以及其派生出的农业、娱乐、宗教等丰富活动，展现相应的绘画题材。在中国的时空观念里，"春夏秋冬配合着东南西北……时间的节奏（一岁十二月二十四节）率领着空间方位（东南西北等）以构成我们的宇宙。所以我们的空间感觉随着我们的时间感觉而节奏化了、音乐化了"④。中国人常将节气约定俗成为节日，在当中感受烟火气与现世生活的欢愉，这也是自然生态向社会生态的一种转化。中国古人的社会生态观与自然生态观其实是相通的，他们力求将自然、艺术、社会以及政治等问题融合在一起，让它们互鉴互撑，有机协调地发展。"生态文明视阈中的和谐社会就是人与自然、人与社会及人与人之间和谐相处，良性互动，协调发展的实现以及生态文化占主导地位的理想社会形式。"⑤总之，在古代"天人合一"的政治理念下，"自然""生命""和谐"等审美范畴渗透于社会生活的方方面面。这些审美范畴打破主客二元对立，是一种主体间性关系。天、地、神、人四方和谐、共生共荣的审美理想是老祖宗留给我们最宝贵的生态智慧。

明朝的中央政治制度渊源春秋《周易》，近学唐宋治国理念，采用以皇权为中心的政治体制。在这种体制中，皇帝具有无可置疑的最高地位，皇帝是

---

① （明）文震亨著，李瑞豪译注：《长物志》，北京：中华书局2021年版，第132页。
② （明）文震亨著，李瑞豪译注：《长物志》，北京：中华书局2021年版，第193页。
③ （明）文震亨著，李瑞豪译注：《长物志》，北京：中华书局2021年版，第300页。
④ 宗白华：《美学散步》，上海：上海人民出版社1981年版，第106页。
⑤ 王浩斌：《生态文明视阈中的和谐社会建构》，《新疆社会科学》2006年第2期。

"天"，代"天"统驭万民。《明史·太祖本纪》里记载，朱元璋生母陈氏在生他的时候"梦神授药一丸，置掌中有光，吞之寤，口余香气"，"红光满室，自是，夜数有光起"。不难理解，这是典型的感日而孕的神话。从这一神话可以看出，明代帝王为了论证自己统治的合法性，把自己打造成人间的太阳。与此对应，皇帝也将森严的封建等级制度与神秘莫测的宇宙自然思想结合在一起，追求天上的秩序与人间秩序的合一。据《万历野获编》里记载，朱元璋登基前祷告上天时说："如臣可为民主，告祭之日，伏望……天朗气清、惠风和畅……至日，日光皎洁……上即位于南郊。"[①] 意思是说，朱元璋登基之日，天气晴好，和风俊朗，这意味着朱天子的上位得到了上天的认可。

这种"天人合一"的思想在明朝服饰中也有所体现。比如明朝的官服补子上，鸟兽在太阳下，寓意文武百官要臣服于帝王的统治。更有意思的是，明朝官员的等级用补子的禽兽图像来呈现，即根据自然生物链中禽兽的等级来对应官员官衔等级，比如飞禽象征文臣文采的华美，走兽象征武将的勇猛。文官等级排列为：一品仙鹤、二品锦鸡、三品孔雀、四品云雁、五品白鹇、六品鹭鸶、七品鸂鶒、八品黄鹂、九品鹌鹑；武官兽类补子等级排列为：一品麒麟，二品狮子，三、四品虎、豹，五品熊，六、七品彪，八品犀牛，九品海马。[②] 皇帝自身则以十二章纹象征着君权天授、君权的崇高与英明。比如1958年，在北京定陵发掘的万历皇帝棺椁，棺椁内的衮服上绣有十二章纹。每章纹理都有象征意义：日、月、星辰象征帝王气象光芒万丈，福荫万民；龙象征帝王身份；山、藻、火、黼、宗彝、华虫、粉米均象征皇帝的优良品质，即皇帝既忠孝又公正，既明辨是非又爱护人民等。明朝服饰的象征意味，体现了"天人合一"的执政理念，阐发了君主德才兼济、体察民情、明辨是非的内涵。

---

① （明）沈德符撰：《万历野获编》，北京：中华书局1959年版，第165页。
② 沈从文、王㐨：《中国服饰史》，西安：陕西师范大学出版社2004年版，第198页。

第三章　文化成因

明代自嘉靖以来，随着农业、手工业和城市经济的发展，江南苏杭一带产生资本主义生产方式的萌芽，新的市民意识兴起。按照马克思政治经济学观点，经济基础决定上层建筑，也决定人们的思想意识。中华大地掀起了肯定个性、重视个性，到解放个性、发展个性的文化思潮。李贽曾说："夫天生一人，自有一人之用，不待取给于孔子而后足也。若必待取足于孔子，则千古以前无孔子，终不得为人乎？"① 李贽公然挑战封建礼教，反对孔子的儒学思想。以三袁为代表的公安派，强调"独抒性灵"，追求艺术的真情至情，把代表市民欣赏情趣的小说、戏曲引入艺术的殿堂。"吾谓今之诗文不传矣。其万一传者，或今间阎妇人孺子所唱《擘破玉》《打草竿》之类，犹是无闻无识真人所作，故多真声。"②

文化思想的解放动摇了程朱理学的基础，打破了束缚人们身心的各种教条，由此形成了奢靡的社会风气。明代官员张瀚说："人情以放荡为快，世风以侈靡相高。"③ 晚明士人王士性在《广志绎》中批评过这种"物"的沉迷之风："几成'物妖'，亦为俗蠹。"④ 也就是说，晚明世风对奢靡享乐的推崇并不局限于感官享受，而将"物"的追求视为一种癖好。以文震亨为代表的士绅不屑与世俗为伍，刻意固守文人身份，对市井气息极为排斥与抗拒，追求雅致闲适的生活。文震亨对园林风格的追求正是明代文人审美情趣的缩影。园林的幽风雅意乃是造园者及园主的人格志趣的一种投射，是文人士大夫不合流俗、清高自适的超迈精神的体现。在文震亨看来，晚明奢靡浮华、附庸风雅的社会风气是对中国传统文化精神和道德品格的污辱，而挽救明朝堕落社会风气的根本措施在于将真正的高雅趣味及其所关联的政道品节从俗流中拯救出来。而且，趣味的拯救须从生活本

---

① （明）张建业主编：《李贽全集注》，北京：社会科学文献出版社 2010 年版，第 1785 页。
② （明）袁宏道著，钱伯城笺校：《袁宏道集笺校》，上海：上海古籍出版社 1981 年版，第 1246 页。
③ （明）张瀚撰，萧国亮点校：《松窗梦语》，上海：上海古籍出版 1986 年版，第 139 页。
④ （明）王士性撰，吕景琳点校：《广志绎》，北京：中华书局 1997 年版，第 33 页。

身入手，包括生活环境的营构、生活物品的选择和使用。文震亨好友沈春泽在《长物志》序言中阐发文震亨写作此书的本意："夫标榜林壑，品题酒茗，收藏位置图史、杯铛之属，于世为闲事，于身为长物，而品人者，于此观韵焉，才与情焉，何也？挹古今清华美妙之气于耳目之前，供我呼吸，罗天地琐杂碎细之物于几席之上，听我指挥，挟日用寒不可衣、饥不可食之器，尊逾拱璧，享轻千金，以寄我之慷慨不平，非有真韵、真才与真情以胜之，其调弗同也。"①

第一节　文化思想激变中的内心审视

明代文化产业的发展得益于此时商品经济的繁荣以及中国传统文化的积淀与复兴。此时的文化产业，特别是民间文化产业迅速兴起。从刻书这一最基本的文化产业就能看出，"其后的万历时期（1573—1620）标志着数量印刷全盛期的开始"②。嘉靖以后，明代文集迎来了发展的高峰期，内容之丰富，数量之浩繁，令人惊叹。对地方风俗的记述与文人笔记的数量迅速上升，各种文集出版物的增多加速了文化思想的传播。在这一时期，书籍作为赠礼的风气也颇为盛行，其中以苏州地区为中心的文风愈盛。明代中叶，在科举制度的刺激与社会文化风尚的熏陶下，能诗擅文者不胜枚举，文人的教育程度也普遍提升。文化思想的自由与繁荣还展现在各处学堂、书院的兴起，明代书院（包括创建、重建的）多达六百余处，遍布在全国各地，如河南、陕西、甘肃、江西、湖广、浙江等地的书院如雨后春笋般兴起。书院无固定的师生，多为儒学名士慕名而来。书院的山长都是当时名流，如江西白鹿洞书院胡居仁、刘定昌、蔡宗兖等，湖广岳麓书院的张凤山、张元忭、吴道行等。文化的蓬勃发展带来的是思想上的自由与社会文化的启蒙。

万历年间，在资本主义生产关系催生下，社会文化、习俗等发生了翻天覆地的变化，儒家"温柔敦厚"的美学思想受到冲击，这种冲击来自两个方面的力量：一方面是以陈子龙、贺贻孙、廖燕为代表，他们反映社会矛盾与动荡，痛斥传统"中和"美学思想的弊端。陈子龙在《诗论》一文中，对"温柔敦厚"的

---

① （明）沈春泽：《长物志序》，见（明）文震亨著，陈植校注：《长物志校注》，南京：江苏科学技术出版社1984年版，第10页。

② ［日］井上进：《中国出版文化史：书物世界と知の風景》，名古屋：名古屋大学出版社2002年版，第78–79页。

教条表示了极大的愤慨。他说："居今之世，为颂则伤其行，为讥则杀其身，岂能复如古之诗人哉！虽然，颂可已也。事有所不获于心，何能终郁郁耶？我观于《诗》，虽颂皆刺也，时衰而思古之盛王，《嵩高》之美申，《生民》之誉甫，皆宣王之衰也。至于寄之离人思妇，必有甚深之思而过情之怨甚于后世者，故曰：'皆圣贤发愤之所为作也。'后之儒者则曰'忠厚'，又曰'居下位不言上之非'，以自文其缩。然自儒者之言出，而小人以文章杀人也日益甚。"（《陈忠裕公全集》卷二十一《诗论》）在陈子龙看来，"温柔敦厚"的教条实际上已成为反动统治者镇压知识分子的理论根据。廖燕认为，"天下之最能愤者莫如山水"①，山水就是"天地之愤气"所结撰而成的。所以，诗人应该把山水"收罗于胸中而为怪奇之文章"，借山水发泄自己"幽忧之愤"②。从陈子龙、贺贻孙、廖燕等人的议论和主张见出，晚明社会矛盾与变动给文人士子们造成了激烈的精神风暴，他们在反思、抗议"温柔敦厚"的美学原则。

　　另一方面是来自以李贽、汤显祖为代表的个性解放思想。李贽的哲学是程朱理学的异端哲学，带有强烈的思想解放和人文主义的色彩。他反对"以孔子之是非为是非"③，反对人人效法孔子。他说："夫天生一人，自有一人之用，不待取给于孔子而后足也。若必待取足于孔子，则千古以前无孔子，终不得为人乎？"④意思是说，天生我材必有用，每一个个体都有自己独立的价值，其思想与行为不必依傍于外在的权威。李贽反对孔孟之道与"四书五经"，也反对朱程理学的"天理"说教，倡导个性自由与世俗的民本思想。他说："穿衣吃饭即是人伦物理，除却穿衣吃饭，无伦物矣。世间种种，皆衣与饭类耳。故举衣与饭，而世间种种自然在其中；非衣饭之外，更有所谓种种绝与百姓不相同者也。"⑤ 也就是说，老百姓"穿衣吃饭"的日常的物质生活就是最基本的自然法则和社会法则。李贽反对用封建礼教、封建道德的统一规范来扼杀每个人的个性特点。他说："盖声色之来，发乎情性，由乎自然，是可以牵合矫强而致乎？故自然发乎情性，则自然止乎礼义，非情性之外复有礼义可止也。……莫不有情，莫不有性，而可

　　① （清）廖燕著，屠友祥校注：《二十七松堂文集》卷四《刘五原诗集序》，上海：上海远东出版社1999 年版，第 586 页。
　　② （清）廖燕著，屠友祥校注：《二十七松堂文集》卷四《刘五原诗集序》，上海：上海远东出版社1999 年版，第 586 页。
　　③ （明）张建业主编：《李贽全集注》，北京：社会科学文献出版社 2010 年版，第 162 页。
　　④ （明）张建业主编：《李贽全集注》，北京：社会科学文献出版社 2010 年版，第 568 页。
　　⑤ （明）张建业主编：《李贽全集注》，北京：社会科学文献出版社 2010 年版，第 585 页。

以一律求之哉!"① 汤显祖是明代大戏剧家,他提倡思想解放,强调"情"与"趣",强调艺术的独创性,抬高小说、戏剧的地位。在汤显祖看来,文学艺术"因情成梦,因梦成戏","生可以死,死可以生"。汤显祖的这种唯情主义、理想主义美学观,表现在创作上是突破常规,追求浪漫主义。陈子龙、贺贻孙等对封建礼教的痛斥也罢,李贽、汤显祖的个性解放也罢,他们都将矛头指向封建礼教和整个正统思想。传统的"君子固穷"思想被"君子爱财,取之有道"所代替。这表明在晚明初级的资本经济市场中,商业文化已被人们所接受,士大夫们开始以合理的手段谋求物质财富。

新型文化的兴起必然会引起相应的潮流。大量富裕起来的城市商贾们则开始追逐风尚,提升自己的文化品位与社会地位。"晚明时期,那些家资巨万的商贾们受到的社会认同程度远远低于通过科举入仕的文化人……他们更期望在文化品位和社会地位上也同于仕宦,他们结纳文士名流,热衷书画消费,归根结底是为了寻求这种身份认同。"② 商人们开始进入收藏界,以强大的物质财富积累了大量的文化精品,他们结交士人,举办雅集,品鉴书画。士人与商人的密切交往成为当时突出的社会现象,他们在许多方面是志趣相投的。当时以"儒商"身份立足的很多,商人对于士大夫品味的模仿与跟风亦是相当普遍。"客居外地的徽商或徽商后人,由于长期不回故乡,回首梓桑,徒萦归梦。因为希望有绘画好手,摹写家山家水,'以供卧游'。"③ 究竟是哪一种原因占主导不重要,但我们可以看到,商贾富绅与士大夫的密切关系促进了文化产业的兴盛。当然这种现象也引起一部分文人的警觉,石守谦这样描述士阶层的自我标榜:"对于中国社会精英阶层的成员而言,大众文化虽然存在,却不值得认同……精英分子一方面在积极地创造他们的精英性,刻意拉大他们与大众间的距离;但是另一个方面则是在进行一种面对大众文化包围的被动防御,在他们激烈的批评语言中,还透露着他们无法完全抗拒大众文化的焦虑。担心他们会沉溺在生活周遭的需求与诱惑中,与大众的区别,日益难以维持。"④ 一部分文人在社会急剧变革、世俗文化繁荣的环境中感受到了自我身份的迷失,于是重新拾起传统文化,以明确自己的身份。

而文震亨就是这个文化圈层中的代表人物之一。文氏家族居住在苏州地区,

---

① (明)张建业主编:《李贽全集注》,北京:社会科学文献出版社 2010 年版,第 1567 页。
② 李安源主编:《与造物游:晚明艺术史研究(贰)》,长沙:湖南美术出版社 2017 年版,第 75 页。
③ 石守谦:《风格与世变:中国绘画十论》,北京:北京大学出版社 2008 年版,第 150 页。
④ 李安源主编:《与造物游:晚明艺术史研究(贰)》,长沙:湖南美术出版社 2017 年版,第 83–84 页。

文震亨的曾祖文徵明是当时名流，"吾文氏自庐陵徙衡山，再徙苏，占数长洲。高祖而上，世以武胄相承"①。《文徵明集》中《王隐君墓志铭》里也有记叙："长洲之野，有隐君王处士，讳涞，字浚之，茗醉其别号也。家世耕读，因其所居，称荻溪王氏。三吴缙绅，咸与交游，宅邻于湖中，蓄图书万卷，竹炉茶灶。日与白石翁、祝京兆名流咏吟其中，遂隐终身。"② 文氏一族人才辈出，是名副其实的书香门第，他们重义轻利，德艺双馨。文震亨的哥哥文震孟将自己的宅院取名为"药圃"，表达出不愿同流合污的清高志向。文氏家族坚持着文人的独立与操守，在当地声望很高，具有文化引领作用。文震亨的《长物志》就是当时文人风雅生活的真实写照，是品鉴"物"的审美手册，也是以之为核心文化圈层的精神书写，书中流露出的闲赏真趣为我们揭开了晚明文人日常生活的风雅之韵。

明代中晚期整个文人圈层乃至社会盛行着一种风雅的生活，兴造园林、收藏书画、聚会雅集、焚香品茗、吟诗弈棋等活动融入了文人生活的日常。士人在较好的物质环境中崇尚闲适，多有声色犬马之好，结成酒舍、茶舍的不在少数。晚明时期还出现了亦儒亦侠、亦禅亦狂的群体，他们喜好游历、思想叛逆、行为放纵，被称作"山人"。他们恃才傲物，追求特立独行与"真"性情，徐渭就是其中的一个典型代表。徐渭性格放达，是晚明著名的"才子"。沈炼曾夸奖他说："关起城门，只有这一个（徐渭）。"徐渭诗文书画俱佳，尤其在绘画领域独树一帜，被称为"青藤画派"之鼻祖，其画作构图奇特，离形得似，气势不凡，是中国"泼墨大写意画派"创始人；他精通书法，喜狂草，开启了明代晚期的"尚态"书风。他洒脱又充满个性的绘画风格对清代"扬州八怪"的人格与画风产生了深远的影响。他才高八斗，但为人离经叛道。陶望龄描绘徐渭说："性纵诞，而所与处者颇引礼法，久之，心不乐。"明代许多文人都深受这种思想的影响，董其昌说："不颠不狂，其名不彰。"徐渭的个性与叛逆是时代的一个缩影，晚明时期封建文化的转捩则是其文化个性生成的内因。

思想文化出现的激烈变革与解放促进着个体意识的觉醒，展现出一种新的人文主义精神，这种人文主义有别于儒生对功名利禄的追求，而更多地体现于对个体生命的关照与意义的探索。人们开始对自身生命内在的需求与审美进行更深的思考，这种思考侧重于对物欲与生命本体快感的追求。有明一代，两种学术思想

---

① ［英］柯律格著，刘宇珍等译：《雅债·文徵明的社交性艺术》，北京：生活·读书·新知三联书店 2012 年版，第 125 页。

② （明）文徵明著，周道振辑校：《文徵明集》，上海：上海古籍出版社 1987 年版，第 1503 页。

针锋相对，一种是朱程理学，他们讲"存天理，灭人欲"。所谓"理学"又称"道学"，它认为世界的本源是"理"，"理"赋予人性便是"善"，"理"赋予社会，便是"礼"。在朱程理学看来，社会要想良性循环，就必须"存天理"，同时，个体须通过格物致知，归返、伸展上天赋予的本性，"以天合天"，达乎社会的伦理规范，即个体生命通过道德自觉达到理想人格的建树。如张载的"为天地立心，为生民立命，为往圣继绝学，为万世开太平"；顾炎武的"天下兴亡，匹夫有责"等无不浸润了理学的精神价值与道德理想。另一种则是王阳明"心学"，其精髓在于"心即理""知行合一"和"致良知"，他认为事物的道理或规律离不开心或意识。受其影响，晚明文人的关注点开始由外部世界转向了自己内心。李贽提出的"童心"，倡导回归自然率真的本我状态。袁宏道提出"灵性说"，提倡"独抒灵性，不拘格套，非从自己胸臆流出，不肯下笔"①，表明了内心情感抒发的重要性。对"情"的提倡也成为明代后期文艺理论中重要特点。汤显祖提出"至情说"，袁宏道提出"快活论"，将人性舒展与快活作为生活的重要目标。在此影响下，更多的审美观念被提出，如"奇""怪""情""趣""俗"成为一种时代风尚，展现的是饱受压抑的个体生命力的爆发与释放，这是自然人性的觉醒。与此对应，王艮从"万物一体"落实到"百姓日用"，将圣人之道落实在了百姓最平凡普通的生活中。这样的审美风尚反过来又推动了对生活、生命本体的关注。对于日常生活的关注让平凡琐碎的小事、小物的价值意义凸显，也为文震亨的《长物志》奠定了美学基础——在日常生活中体现审美情趣。

在文化思想的剧烈变革中，资本主义人文思潮的萌芽自下而上地影响文人士子的圈层，从而影响着整个晚明的审美走向。文人们一方面无法摆脱封建专制主义的桎梏，另一方面又无法抵制市井社会的物质诱惑，两难境地迫使文人士大夫们重新审视内心，定位自身，成为自己生命与生活的主人。由此产生了两种极具时代性的精神特质：一种桀骜不驯、性情乖张，另一种内敛沉静、雅致闲隐。文人们将自己的精神寄托在"清玩"之上，与"物"进行心灵对话，追求心灵内外的通达与和谐。他们在"壶中天地"获得心理的平衡与精神上的享受，面对复杂的内外局势，他们在"长物"中灌注着自己的人格理想。而中国古代的生态审美智慧，作为对生命本体的观照也展现在其中。

---

① （明）袁宏道著，钱伯城笺校：《袁宏道集笺校》卷四《叙小修诗》，上海：上海古籍出版社1981年版，第187页。

第二节 审美的"真情"与本色意趣

在中国古典美学中，"情"是一个关键词，它与审美总是相辅相成的。"夫人之情，目欲綦色，耳欲綦声，口欲綦味，鼻欲綦臭，心欲綦佚。此五綦者，人情之所必不免也。"① 在儒家看来，人的七情六欲是客观存在的，如果不受控制，情欲就会变成魔鬼，所以，儒家主张以"礼"节"情"，"欲虽不可去，求可节也"②。"礼者养也"，"养人之欲，给人以求"③。也就是说，在合"礼"的范围内，"情""欲"不仅是正当的，而且具有动人的美。先秦儒家这种"节情"为美思想在汉儒手中得到延续，如董仲舒说："故圣人之制民，使之有欲，不得过节"④；"人欲谓之情，情非度制不节，是故王者……正法度之宜，别上下之序，以防欲也。"⑤

魏晋南北朝时期，名士们将"情"从礼教规范中独立出来，直接以自然之"情"为美。王戎说："最下不及情"；"情之所钟，正在我辈"。⑥ 阮籍更是离经叛道地指出，"礼岂为我辈设也"⑦，这些主张揭示了一种全新的人生坐标，张扬着"人情"之美，当然这种"人情"为自然情感。故而，文艺美学出现了以"情"为美的口号。如陆机在《文赋》中提出"诗缘情而绮靡"；《文心雕龙》中有"物以情观，故词必巧丽"；挚虞在《文章流别论》提出"以情志为本""以情义为主"。⑧ 这些都可算是魏晋六朝诗文领域情感美学的组成部分。但一味地放纵情感，放浪形骸，如阮籍的"常从妇饮""醉便眠其妇侧"，也会带来伤风败俗的社会乱象；在文艺学领域，一味追求诗歌的声韵，玩物丧志，也使文艺脱离社会，矫揉造作。

从隋唐至宋末明初，统治者开始在政治上整顿六朝情欲失范带来的社会问

---

① （清）王先谦：《荀子集解》，台北：华正书局1982年版，第235页。

② （清）王先谦：《荀子集解》，台北：华正书局1982年版，第152页。

③ （清）王先谦：《荀子集解》，台北：华正书局1982年版，第365页。

④ 赖炎元注译：《春秋繁露今注今译》，台北：台湾商务印书馆1984年版，第245页。

⑤ 赖炎元注译：《春秋繁露今注今译》，台北：台湾商务印书馆1984年版，第254页。

⑥ （南朝宋）刘义庆著，（南朝梁）刘孝标注，余嘉锡笺疏：《世说新语笺疏》，北京：中华书局2011年版，第268页。

⑦ （南朝宋）刘义庆著，（南朝梁）刘孝标注，余嘉锡笺疏：《世说新语笺疏》，北京：中华书局2011年版，第321页。

⑧ （清）严可均校辑：《全上古三代秦汉三国六朝文》，北京：商务印书馆1999年版，第2235页。

题，重新开启儒家的道统。如隋朝治书侍御史李谔上书隋文帝，要求整顿轻薄的社会风气以及华而不实的文风。隋朝儒家学者王通作《中说》，对"六朝"灭"道"的文风给予狠狠的批判。唐初，唐代宗为了恢复先秦道统，一方面命孔颖达负责收集以往的五经权威解释统一加以注疏，并作为士子科举考试的必读书目；另一方面令魏徵重编南朝史书，总结政治兴衰的得失，印证儒家经典的重要性。中晚唐时期，韩愈、柳宗元发起的"古文运动"反对六朝骈文，对六朝以"矫情"为美的审美原则给予沉重打击。宋代文人基本延续着"文以载道"的文学主张，当然朱熹、二程、陆九渊有点矫枉过正，提出"存天理，灭人欲"的理学。于是，以"道"制"欲"、以"理"节"情"或者说以符合天理规范的情感为美，成为隋朝初年至明初的主导思想。这种思想发展到极致就是"饿死事小，失节事大"。据美国学者郑麒研究，明代有 619 名女子为了救治丈夫或长辈的病情，曾"割肉"以表忠诚或孝道，走向了"无情为美"或"以理杀人"的极端。正因此，明末清初，对隋、唐、宋的"唯理论""无情论"展开了激烈批判，于是"以情为美"思想又跃出时代审美的前沿。

　　为了肯定"情"在现实生活中的重要性，明代士子们把"情"提升到宇宙本体论的高度。嘉靖年间戏曲家陆采指出："宇宙，一大奇观也，一大情史也。"① 冯梦龙《情史》云："生生而情在焉"；"生生而不灭，由情不灭故"；"天地若无情，不生一切物，一切物无情，不能环相生"；"万物如撒钱，一情为线牵"。众所周知，人是一种情感动物，人高于动物之处，还在于他是有情感的，明代文艺家们认识到这一点，把"情感"提高到人生本体高度。曲论家张琦在《衡曲麈谭·情痴寐语》中说："人，情种也；人而无情，不至于人矣，曷望其至人乎？"屠隆评王骥德《题红记》云："夫生者，情也。有生则有情，有情则有结。"② 在屠隆看来，"情"是社会的纽带。冯梦龙说："草木之生意，动而为芽。情亦人之生意也，谁能不芽者？"③ 人有情则有生命，若无情便如行尸走肉，"虽曰生人，吾直谓之死矣"④。需要指出的是，晚明士子所赞美的"情"不是极端伦理道德所规范的"伪情"，而是出自肺腑的"真情"。汤显祖称："人生而有情，思欢怒愁，感于幽微，流乎啸歌，形诸动摇。或一往而尽，或积日而不能自

---

① （明）情痴子：《明珠记序》，见蔡毅编著：《中国古代戏曲序跋汇编》卷十，济南：齐鲁书社1989 年版。

② （明）屠隆：《题红记序》，见蔡毅编著：《中国古代戏曲序跋汇编》卷十，济南：齐鲁书社 1989 年版。

③ 高洪钧编著：《冯梦龙集笺注》，天津：天津古籍出版社 2006 年版，第 564 页。

④ 高洪钧编著：《冯梦龙集笺注》，天津：天津古籍出版社 2006 年版，第 623 页。

休。盖自凤凰鸟兽以至巴渝夷鬼，无不能舞能歌，以灵机自相转活，而况吾人!"① 由此看出，汤显祖赞赏的是源自生物本性的自然人情。袁宏道感叹："嗟嗟! 卓氏琴心，宫人题叶，诸凡传诗寄柬，迄今犹自动人，而不删郑卫，即尼父犹然，何必如槁木死灰，乃称'名教'也?"② 晚明文人推崇自然真情，反对封建礼教纲常的束缚，他们从"自然即当然"的观念出发，认为人世间的一切文化及人伦道德，均来自自然的内化，应保持自然的本色。李贽说："盖声色之来，发乎性情，由于自然，是可以牵合矫强而致乎? 故自然发乎情性，则自然止乎礼义，非情性之外复有礼义可止也。"③ 冯梦龙说："世儒但知理为情之范，孰知情为理之维乎?""自来忠孝节烈之事，从道理上做者必勉强，从至情上出者必真切。夫妇其最近者也。无情之夫，必不能为义夫；无情之妇，必不能为节妇。"④ 金圣叹断不同意时人指责《西厢记》为"淫书"，理由是："试想天地间何人一日无此事?"既然人人天天做此事，描写此事的《西厢记》有什么可非议的呢?

既然情感具有天然的合理性，那么艺术中的情感就为美感的建立奠定了基础，因而，情感往往被人们视作审美与艺术的特质，艺术必须以情动人。焦竑说："情不深则无以惊心动魄。"⑤ 袁宏道说："大概情至之语，自能感人。"⑥ 章学诚说："凡文不足以入人，所以入人者，情也。"⑦ 正因如此，文学作品的美也源于真切、深厚的情感。钟惺、谭元春所著《诗归》卷三十云："文之行止，视乎情耳。"关于诗本乎真情，徐渭认为，没有真情实感就不要"设情"作诗。《肖甫诗序》云："古人之诗本乎情，非设以为之也，是以有诗而无诗人。迨于后世，则有诗人矣。乞诗之目，多至不可胜应；而诗之格，亦多至不可胜品；然其于诗，类皆本无是情，而设情以为之。夫设情以为之，其趋在于干诗之名。干诗之名，其势必至于袭诗之格而剿其华词。审如是，则诗之实亡矣。是之谓有诗人而无诗。"⑧ 在徐渭看来，诗发乎真情未必非要"止乎礼义"。他为此高度评价

① （明）汤显祖著，徐朔方笺校注：《汤显祖诗文集（下册）》，上海：上海古籍出版社 1982 年版，第 348 页。

② （明）佚名：《〈花阵绮言〉题辞》，上海：上海古籍出版社 1985 年"古本小说集成"影印明刊本。

③ （明）张建业主编：《李贽全集注》，北京：社会科学文献出版社 2010 年版，第 563 页。

④ （明）冯梦龙著，吴书荫校注：《三言·警世通言》，北京：中华书局 2014 年版，第 535 页。

⑤ （明）焦竑著，李剑雄点校：《澹园集》卷十五，北京：中华书局 1999 年版，第 365 页。

⑥ （明）袁宏道著，钱伯城笺校：《袁宏道集笺校》卷四《叙小修诗》，上海：上海古籍出版社 1981 年版，第 537 页。

⑦ （清）章学诚：《文史通义·史德》，北京：中华书局 1985 年版，第 532 页。

⑧ （明）徐渭：《徐渭集》，北京：中华书局 1983 年版，第 376 页。

叶子肃的诗:"其情坦以直,故语无晦;其情散以博,故语无拘;其情多喜少忧,故语虽苦而能遣其情;其情好高而耻下,故语虽俭而实丰。盖所谓出于己之所自得,而不窃人之所尝言者也。"① 陈廷焯在《白雨斋词话》卷七说:"李后主、晏叔原皆非词中正声,而其词则无人不爱,以其情胜也。情不深而为词,虽雅不韵,何足感人?"在明代艺术家看来,凡是至美的文艺作品,都是饱含情感之作。正是在这种认识的指导下,明代文学家有意识地创造了许多"至情人"艺术形象。比如汤显祖的《牡丹亭》中的杜丽娘,"情不知所起,一往而深。生者可以死,死可以生"②。因为"生而不可与死,死而不可复生者,皆非情之至也"③,为了写出杜丽娘乃"情之至"者,所以作者设计了杜丽娘"生而死,死复生"的情节。

中国古代文人常爱登临山水,所谓"登山则情满于山,观海则意溢于海"④。刘勰在这里谈的是"文学创作"感受,意为作家创作时要与自己所描写的对象相互动,使物移入于心,又使心移情于物,营造出一种物我不分的对话情境。但从这个比喻可以看出,登临山水可以起到"畅神"作用,沈复在《浮生六记》卷四中记述了雪中登黄鹤楼的感受:"余与琢堂冒雪登焉。俯视长空,琼花风舞,遥指银山玉树,恍如身在瑶台。江中往来小艇,纵横掀播,如浪卷残叶,名利之心,至此一冷。"在明净的山水世界里,中国古代文人墨客常常忘怀世俗,涤除玄览,融于自然。那么,自然山水何以有如此魅力呢?袁宏道说:"东南山水,秀媚不可言,如少年时花,婉约可爱。"⑤ 山水之"秀媚"如少女一样可爱。王思任说:"夫游之情在高旷,而游之理在自然。山川与性情一见而洽,斯彼我之趣通。"⑥ 由于情景交融,山水成了鉴赏者的朋友。也正因为明代士子放逐自我,归隐山水,才能看到山水的"趣灵"。

文震亨在《长物志》中阐发园林之美时,抒发了自己的"幽人之致"与"旷世之怀"。《室庐》云:"居山水间者为上,村居次之,郊居又次之。吾侪纵不能栖岩止谷,追绮园之踪,而混迹廛市,要须门庭雅洁,室庐清靓,亭台具旷士之怀,斋阁有幽人之致。又当种佳木怪箨,陈金石图书,令居之者忘老,寓之

① (明)徐渭:《徐渭集》,北京:中华书局1983年版,第432页。

② (明)汤显祖著,徐朔方、杨笑梅校注:《牡丹亭》,北京:人民文学出版社1963年版,第2页。

③ (明)汤显祖著,陈良中整理:《玉茗堂书经讲意》,北京:人民出版社2016年版,第753页。

④ (南朝梁)刘勰著,范文澜校注:《文心雕龙注》,北京:人民文学出版社1958年版,第124页。

⑤ (明)袁宏道著,钱伯城笺校:《袁宏道集笺校》卷四《叙小修诗》,上海:上海古籍出版社1981年版,第734页。

⑥ (明)王思任著,任远点校:《王季重十种·石门》,杭州:浙江古籍出版社2010年版,第323页。

者忘归，游之者忘倦。"① 园林不仅可观，亦可居。文震亨认为，最好居住在山谷间，其次居住在村野中，实在不得已在闹市中筑园，亦须"门庭雅洁""室庐清靓"，营造一些具有"旷士之怀"的"亭台"，"幽人之致"的"斋阁"，并在室外栽种一些佳木异卉，室内陈列一些金石图书。因此，《长物志》所论"室庐"，包括"楼阁""山斋""茶寮""琴室""佛堂""台"；《长物志》所论造园范围，不仅包括花木蔬果、水石禽鱼，还扩展到书画香茗、几榻器具这些园林软装饰中，所有这些装饰都是在涵养"幽人之致"与"旷士之怀"。如《花木》云："第繁花杂木，宜以亩计。乃若庭除槛畔，必以虬枝古干，异种奇名，枝叶扶疏，位置疏密。或水边石际，横偃斜披；或一望成林；或孤枝独秀。草木不可繁杂，随处植之，取其四时不断，皆入图画。"《水石》云："石令人古，水令人远，园林水石，最不可无。"《禽鱼》云："语鸟拂阁以低飞，游鱼排荇而径度，幽人会心，辄令竟日忘倦。"《香茗》云："香茗之用，其利最溥。物外高隐，坐语道德，可以清心悦神。"《长物志》拓展了计成的造园思想，让园林成为造园者的情感寄托。

如果说汤显祖是"主情派"的话，那么何良俊、徐渭、沈璟等则是"本色派"。所谓"本色"，其一，明代曲词没有经过文人的修饰与提炼，比较接近日常生活，通俗易懂；其二，明代曲词较多用方言创作，有原汁原味的地域特色。譬如何良俊以"本色语"反对《西厢记》的"脂粉气"、《琵琶记》的"专弄学问"。"金、元人呼北戏为杂剧，南戏为戏文。近代人杂剧以王实甫之《西厢记》，戏文以高则成之《琵琶记》为绝唱，大不然。夫诗变而为词，词变而为歌曲，则歌曲乃诗之流别。……而《西厢》《琵琶记》传刻偶多，世皆快睹。故其所知者，独此二家。余家所藏杂剧本几三百种，旧戏文虽无刻本，然每见于词家之书，乃知今元人之词，往往有出于二家之上者。盖《西厢》全带脂粉，《琵琶》专弄学问，其本色语少。盖填词须用本色语，方是作家。"② 徐渭曲学理论的"本色"思想与人的真情实感相联系。"人生堕地，便为情使。聚沙作戏，拈叶止啼，情昉此已。迨终身涉境触事，夷拂悲愉，发为诗文骚赋，璀璨伟丽，令人读之喜而颐解，愤而眦裂，哀而鼻酸，恍若与其人即席挥麈，嬉笑悼唁于数千百载之上者，无他，摹情弥真则动人弥易，传世亦弥远，而南北剧为甚。……情之所钟，宁独在我辈！……情之于人甚矣哉！颠毛种种，尚作有情痴，大方之家

---

① （明）文震亨著，李瑞豪译注：《长物志》，北京：中华书局2021年版，第12页。

② （明）何良俊著，王岚注解，李剑雄校点：《四友斋丛说》，上海：上海古籍出版社2012年版，第642页。

能无揶揄?"① "本色"的第二个含义是针对"协律"而言的。"宁叶律而词不工,读之不成句,而讴之始叶,是曲中之工巧。"②

"本色派"不仅体现在戏曲理论上,晚明士大夫的日常生活中也有体现。比如《长物志》在"禅椅"的制作上,提倡自然古雅,"以天台藤为之,或得古树根,如虬龙诘曲臃肿,槎牙四出,可挂瓢笠及数珠、瓶钵等器,更须莹滑如玉,不露斧斤者为佳"③。"琴"的制作推崇厚质无文,"以古琴历年既久,漆光退尽,纹如梅花,黯如乌木,弹之声不沉者为贵。琴轸犀角,象牙者雅。以蚌珠为徽,不贵金玉。弦用白色柘丝,古人虽有朱弦清越等语,不如素质有天然之妙"④。街径、庭除设计中的自然古色,"驰道广庭,以武康石皮砌者最华整。花间岸侧,以石子砌成,或以碎瓦片斜砌者,雨久生苔,自然古色。"⑤《长物志》的"本色派"设计思想体现了晚明士大夫对市井气息的排斥以及传统文人身份的固守与坚持。

第三节　闲赏生活中的养生智慧

晚明时期,受商品经济的刺激,买官卖爵现象非常严重,致使科举取士之路日益壅塞。士大夫群体中生员增多,根据明儒顾炎武的估计,明代全国生员约50万人,进士三年一试也只录取两三百人,即使在30年后也只有两三千名进士⑥,在当时中国总人口一亿数千万人中实在是少数中的少数。科考的录取率又以考举人的乡试录取率最低,也是竞争最激烈的阶段。根据宫崎市定的估计,明清由生员到举人的乡试录取率,只有百分之一左右;举人考上进士的比率,约是三十取一。由生员成为进士的可能性是三千分之一,其中乡试的录取率最低。⑦为此60%~70%的生员只能以生员的身份终结其生涯。生员出路受限,只得独善其身,回归清贫的书斋生活,著书立学,研究养生之道。

① (明)徐渭:《徐渭集》,北京:中华书局1983年版,第654页。

② (明)吕天成:《曲品》,中国戏曲研究院编:《中国古典戏曲论著集成(第六集)》,北京:中国戏剧出版社1959年版。

③ (明)文震亨著,李瑞豪译注:《长物志》,北京:中华书局2021年版,第231页。

④ (明)文震亨著,李瑞豪译注:《长物志》,北京:中华书局2021年版,第299页。

⑤ (明)文震亨著,李瑞豪译注:《长物志》,北京:中华书局2021年版,第30页。

⑥ (明)顾炎武:《顾亭林诗文集》卷一《生员论上》,北京:中华书局1959年版,第21-22页。

⑦ [日]宫崎市定:《科举:中国の试验地狱》,见《宫崎市定全集》,东京:岩波书店1992年版,第424页。

据统计，明代的养生类书籍明显要比宋元时期的多，学者陈秀芬曾指出："以大陆现存宋元明养生通论的善本书为例，其中宋人著作有十种，元人有六种，明人却多达七十二种，且其中有一半以上出自明朝最后的百年内，即晚明时期。并且养生文本的作者包括了不少官员、书商、藏书者、出版者等，当中不乏知名的文坛名人与知识领袖。"① 晚明，无疑是经济、政治、思想最为激烈动荡、社会矛盾最严峻的时期。而面对现实的无力，面对思想的解放，不少文人们选择回归生命本体，将"养生"列为日常生活的重中之重。

在古代中国，所谓"养生"，是指合理选用养精神、调饮食、练形体、慎房事、适寒温等保健方法，通过长期的锻炼和修习，达到保养身体、减少疾病、增进健康、延年益寿目的的技术和方法。② "养生"的观念在中国由来已久。《周易》曰"天地之大德曰生"，"生生谓之易"，"生"就是对万物生长、生命力量与人生存的阐述，宇宙天地都在一个有机流变的整体中依存、转变、化生。"生"为产生、出生、生成，为一种自然创新的发生和生长。《说文解字》解释"生"为"生，进也。象草木生出土上"。可以说，"生"是《周易》美学的第一根本要义，正因为对"生命"的重视，《周易》当中也发散出了许多关于"养生"的朴素观念。"颐"卦中说："颐，贞吉。养正则吉也；观颐，观其所养也；自求口实，观其自养也。"③ 第一卦"乾"卦，意为元、亨、利、贞。元为始也，亨为通顺，利为和也，贞为正也。此卦说的是自然以阳气使得万物初生，通达顺畅，和谐发展。"言圣人亦当法此卦而行善道，以长万物，物得以生存而为'元'也。"④ 从"生"出发，展现了中国美学的存在论思想的内核。这种万物通达和谐、具备高度整体观视角的美学理论即是古典生态美学思想的源流。《周易》的生命精神立足于整个宇宙的融通，具有非凡的超越性与德合天地的力量。它作为中华传统文化的大道之源，群经之首，深深影响着后世的思想典籍。中国道家讲"天大，地大，王亦大。域中有四大，而王居其一焉。人法地，地法天，天法道。道法自然"⑤，即道家将人与天、地、道，并列，认为人的行为应与道相符，

---

① 陈秀芬：《养生与修身：晚明文人的身体书写与摄生技术》，台北：稻乡出版社2009年版，第2-5页。

② 王旭东主编：《中医养生康复学》（第一版），北京：中国中医药出版社2004年版，第1页。

③ （魏）王弼、（晋）韩康伯注，（唐）孔颖达正义：《周易正义》，北京：中国致公出版社2009年版，第124页。

④ （魏）王弼、（晋）韩康伯注，（唐）孔颖达正义：《周易正义》，北京：中国致公出版社2009年版，第9-10页。

⑤ 陈鼓应注译：《老子今注今译》，北京：商务印书馆2007年版，第169页。

人只有精神和形体处于和谐统一的状态，才能获得长久的生命力。《吕氏春秋》曰"天生阴阳寒暑燥湿，四时之化，万物之变，莫不为利，莫不危害。圣人察阴阳之宜，辨万物之利以便生，故精神安乎形，而年寿得长焉"①，即养生之术应顺应天地规律。《内经》中认为人与自然界的万物一样是自然界的产物。《素问·宝命全形论》说："人以天地之气生，四时之法成。"且与天一样是受阴阳二气而生，故而，养生要求顺应自然，保养精神要和四季相应。佛家讲众生平等，"所谓一切法无相故平等，无体故平等，无生故平等，无成故平等，本来清净故平等，无戏论故平等，无取舍故平等，寂静故平等，如幻、如梦、如影、如响、如水中月、如镜中相、如焰、如化故平等，有无不二故平等"②。这里所说的"无体""无生""无成""无取舍"等均是佛性"无相"的基本特征，佛家的养生之道重在"养心""无欲"。儒道佛的养生智慧各有千秋，归结为一点：万物由天地所生，养生须效法自然、遵循自然规律。这一点在《长物志》中有所体现，《长物志》强调，衣食住行都遵照一定的天时地利，其养生智慧渗透在饮食、起居、运动、中医、服饰、建筑、农业、艺术等方面。又比如，"兑"卦中说道"未宁，介疾有喜"，说的是，及时将身体的小病治愈也是不错的。所谓养护生命，要防微杜渐，注重日常调理。

讲养生之道的还有何良俊、高濂等。何良俊在《四友斋丛说·养生》指出，对生命的保养能够带来生活的安乐。明代医家龚廷贤更是指出："人知饮食所以养生，不知饮食失调亦以害生。"③ 然而最有代表性的还是明代文人高濂所著的《遵生八笺》。《遵生八笺》曰："神依于形，形依于气，气存则荣。"这是对"养生""遵生"理论的深刻总结。其中一系列核心思想，如修德养神，恬寂清虚；顺应自然，顺应天时；尚简求适，起居安乐；服食养生，务尚淡薄等都影响深远。

晚明士大夫养生的另一种途径是精神养生：蓄伎与"禅悦"。蓄伎之"伎"与"妓女"之"妓"不一回事，前者是具有文化修养的艺伎，她们懂声律，通戏曲，能在宴席上以舞蹈、乐曲等表演助兴。明朝中后期，士大夫可在自己家中蓄养声伎，培养自己的戏曲爱好。张岱在《陶庵梦忆》中描述了江南的蓄伎之风，"西湖三船之楼，实包副使涵所创为之。大小三号：头号置歌筵，储歌童；次载书画；再次偫美人。涵老声伎非侍妾比，仿石季伦、宋子京家法，都令见

① 刘亦工校译：《吕氏春秋》，武汉：崇文书局2023年版，第268页。
② 张新民等注译：《华严经今译》，北京：中国社会科学出版社2003年版，第273页。
③ 蒲郸：《向〈周易〉学养生》，《中国宗教》2012年第6期。

客。靓妆走马，嫛姗勃窣，穿柳过之，以为笑乐。明槛绮疏，曼讴其下，撇篥弹筝，声如莺试。客至，则歌童演剧，队舞鼓吹，无不绝伦"①。由此看出歌伎的演奏水平。歌伎们精湛的舞台表演不仅让士大夫们赏心悦目，还刺激了他们的创作热情，以致明朝中后期产生了一大批优秀的剧作家，诸如王世贞、汪道昆、汤显祖、陆采、张凤翼、屠隆、李玉、阮大铖等。明代戏曲的创作者多是文人达官。即便不是达官，也是下层士人，即一些布衣文人。② 据俞为民先生对明代文人参与戏曲创作的情况分析，洪武至成化年间为戏曲作家文人化的初始阶段，这一时期，戏曲被视为小道末技；嘉靖至隆庆年间为戏曲作家文人化的发展阶段；自万历之后，戏曲创作颇为繁盛，戏曲文学已被上流社会认同并接受。③ 从戏曲的价值与功能看，它能陶冶性情，是一种精神养生的方式。在明朝中后期的戏曲热潮中，下层知识分子更多扮演着观众或"演员"角色。"论文章在舞台，赴考试在花街，束修钱统馒似使将来。把《西厢记》注解，演乐厅捏下个酸丁怪。教学堂赊下些勤儿债，看书帏苦下个女裙衩，是一个风流秀才。"④ 这里描述了一群科考学子考试结束后在花街柳巷招伎置酒、唱曲作乐的情形。作为下层听众，生员们可能并不认为戏曲可以陶冶性情，他们只是在放肆的表演中寻求刺激而已。事实上，大多数人也仅仅把戏曲当作打发无聊时光的消遣方式。

喜禅悦是晚明士大夫的风尚。明人陈弘绪指出："今之仕宦罢归者，或陶情于声伎，或肆意于山水，或学仙谭禅，或求田问舍，总之为排遣不平。"陈垣先生也指出："万历而后，禅风寝盛，士大夫无不谈禅，僧亦无不欲与士大夫结纳。"⑤ 士大夫与僧人的接触不同于普通民众的宗教信仰，而是为了体验参禅、礼佛、饭僧的生活乐趣。为了表明自己确实对禅学颇有兴趣和造诣，不少士大夫在聚会时谈禅说法，讲点禅机或玄理。⑥ 某些士林名流如焦竑、冯梦祯、陈继儒等都好佛喜禅，甚至对佛学还有比较独到的研究。这一点我们可以从《明史·艺文志》中看出，例如陆树声《禅林馀藻》、王肯堂《参禅要诀》、袁宏道《宗镜摄录》、袁中道《禅宗正统》、钟惺《楞严经如说》等都有体现。

此外，晚明文人的颐养身心还出现了一个比较明显的特征，就是将"养生之

① （明）张岱著，淮茗注评：《陶庵梦忆（卷三）》，武汉：长江文艺出版社2015年版，第77页。
② 陈宝良：《明代社会生活史》，北京：中国社会科学出版社2004年版，第89页。
③ 俞为民：《论明代戏曲的文人化特征（上）（下）》，《东南大学学报（哲学社会科学版）》2002年第1期、2002年第2期。
④ 谢伯阳编：《全明散曲》，济南：齐鲁书社1994年版，第4498页。
⑤ 陈垣：《明季滇黔佛教考》，北京：中华书局1962年版，第129页。
⑥ （明）袁宗道著，钱伯城标点：《白苏斋类集》，上海：上海古籍出版社2007年版，第209页。

道"与"宴闲清赏"相结合，使"养生"更有依托，更加现实。在明代的众多书籍中，虽然有些不是专门的养生类书籍，但都或多或少地体现出"遵生"思想。文震亨的《长物志》就是其中代表之一。如"山斋"篇中的"明净可爽心神，太敞则费目力"；"杖"篇中的"鸠杖最古，盖老人多咽，鸠能治咽故也"；"生梨"篇中的"出山东，有大如瓜者，味绝脆，入口即化，能消痰疾"等。①由此看出，明代的"养生"观念呈现出多元化的面貌，通常在日常生活中展开审美实践。中国古人的"遵生"观包含了对自然万象的尊重与敬畏，他们在养生过程中尤其注重对不同季节、年岁、时辰的变化把握，总是将四时宇宙的流变与生命的周律相对应。因此，顺应四时的更迭，亲近自然，与万物共生成为中国古人的"养生"之道。在《长物志》中，文震亨流露出的许多"养生"思想，是历代"遵生"思想的积淀，体现出中国传统美学思想的生态智慧。

---

① （明）文震亨著，李瑞豪编著：《长物志》，北京：中华书局 2012 年版，第 251 页。

中编

身外"长物"的生态美学内涵

　　"长物"一词本指"多余之物"，典出《世说新语》："王恭从会稽还，王大看之。见其坐六尺簟，因语恭：'卿东来，故应有此物，可以一领及我。'恭无言。大去后，即举所坐者送之。既无余席，便坐荐上。后大闻之，甚惊，曰：'吾本谓卿多，故求耳。'对曰：'丈人不悉恭，恭作人无长物。'"在《长物志》中，文震亨反其道而用之，用"长物"指称"必需之物"，包括各种工艺品在内。这些"物"有的是普通生活日用品，有的则并非必需品，也不在日常生活范畴，被统称为"长物"。

　　"器"在《长物志》中指文人雅士的休闲用品，也隶属于"长物"，包括琴棋书画、奇石古玩，以及品酒烹茶、说佛谈禅所用之物和园林中物。"古人制具尚用，不惜所费，故制作极备，非若后人苟且，上至钟、鼎、刀、剑、盘、匜之属，下至陶糜、侧理，皆以精良为乐，匪徒铭金石、尚款识而已。今人见闻不广，又习见时世所尚，遂致雅俗莫辨。更有专事绚丽，目不识古，轩窗几案，毫无韵物，而侈言陈设，未之敢轻许也。"① 文震亨要求"器"的制作必须"精良"，并以此批判当时器物制作之敷衍、收藏之混乱。《易·系辞上》曰："形而上者谓之道，形而下者谓之器。"在古人眼中，"器"是"道"的载体，君子不应该成器，即不能成为官僚机构中可以更换的齿轮，而应该以"器"去追求"道"。反过来，通过"器"可以看出时代的印痕与追求，文震亨正是通过对器具的鉴赏才知"今人见闻不广，又习见时世所尚，遂致雅俗莫辨"，"器""物"都投射了文人审美偏好与精神追求。因而透过"物"能清晰管窥晚明士绅阶层的情感世界与价值判断，同时能发掘出蕴含于"长物"中的生态审美智慧。具体说来，这种智慧更突出体现在"自然"、古与旧、雅与俗、用与玩几个关键词中。

　　"自然"在中国传统文化中有两种含义：一是指自然界或世界上一切非人造事物，相当于西语中的 nature；二则是指一切事物自然而然、自在天成的一种内在本性。这两种含义在《长物志》中均有所体现，如"花间岸侧，以石子砌成，或以碎瓦片斜砌者，雨久生苔，自然古色"②，"天台藤更有自然屈曲者，一作龙头诸式，断不可用"③。这里的"自然"是"天然"的意思，倾向于外在的自然。而"余谓有禽癖者，当觅茂林高树，听其自然弄声，尤觉可爱"④，"几榻有度，

　① （明）文震亨著，李瑞豪译注：《长物志》，北京：中华书局 2021 年版，第 249 页。
　② （明）文震亨著，李瑞豪校注：《长物志》，北京：中华书局 2021 年版，第 31 页。
　③ （明）文震亨著，李瑞豪译注：《长物志》，北京：中华书局 2021 年版，第 290 页。
　④ （明）文震亨著，李瑞豪译注：《长物志》，北京：中华书局 2021 年版，第 128 页。

器具有式，位置有定，贵其精而便、简而裁、巧而自然也"①。这两处的"自然"则倾向于内在的自然，是"自然而然"的意思。但有意思的是，处处追求自然古雅的文震亨却提出了训练野鹤的办法：食化。"欲教以舞，俟其饥，置食于空野，使童子拊掌顿足以诱之。习之既熟，一闻拊掌，即便起舞，谓之食化。"②饥饿的野鹤在食物的诱惑下起舞，美是美矣，但违背了自然规律。"处处可见文震亨对俗制的抵制，也处处见他对俗制的熟悉。"③ 对此，《四库全书总目提要》中对《长物志》也做如下评语："然矫言雅尚，反增俗态者有焉。"概而言之，文震亨将流行元素视为品位之俗，是在表达自己对世俗的反感，在标榜清高的同时，显摆自己的文人优越感。

古和旧的关系。"古"字，意为"远古的""古时的"。在《长物志》中，"古"并不仅仅意味着"年代学上的古老"，而且暗示了"德行上的高贵"。晚明时期，社会上流行着好"古"倾向，文震亨也不例外。他认为，如果往昔制作的某物样式合宜，符合某种标准，就能被认作是"古物"。例如，把一两件瓷器或葫芦器与珍贵的金属餐具搭配在一起，就会使宴席产生一种"古意"。因而在《长物志》中，我们常能见到"古雅""古简""古朴"等字眼。"用朱、黑漆，须极华整，而无脂粉气。有内府雕花者，有古漆断纹者，有日本制者，俱自然古雅。"④"旧者有李文甫所制，中雕花鸟竹石，略以古简为贵。"⑤ "旧漆者最佳，须取极方大古朴，列坐可十数人者，以供展玩书画。"⑥ 晚明还有一个与"古老"相近的字，即"旧"，用来形容各种相对朴素的领域，如"旧衫"。但在用于鉴定时，"旧"有时也可作为"古"的同义字。比如《长物志》在论述"大理石"时，将"古"与"旧"视为同义语。"近京口一种，与大理相似，但花色不清，用药填之为山云泉石，亦可得高价。然真伪亦易辨，真者更以旧为贵。"⑦文震亨对"古雅"的推崇，隐含着"厚古薄今"的倾向，即今是俗、古是雅，今不如古，俗不及雅。

雅和俗的关系。在明代精英看待物品世界的方式中，"古/今"是一组关键的对立标准，与之平行的是"雅/俗"。何谓"雅"？郑玄在《周礼注》中释

① （明）文震亨著，李瑞豪译注：《长物志》，北京：中华书局2021年版，第6页。
② （明）文震亨著，李瑞豪译注：《长物志》，北京：中华书局2021年版，第124页。
③ （明）文震亨著，李瑞豪译注：《长物志·前言》，北京：中华书局2021年版，第5页。
④ （明）文震亨著，李瑞豪译注：《长物志》，北京：中华书局2021年版，第258页。
⑤ （明）文震亨著，李瑞豪译注：《长物志》，北京：中华书局2021年版，第258页。
⑥ （明）文震亨著，李瑞豪译注：《长物志》，北京：中华书局2021年版，第235页。
⑦ （明）文震亨著，李瑞豪译注：《长物志》，北京：中华书局2021年版，第119页。

"雅"曰:"雅,正也,古今之正者,以为后世法。"所谓"正"主要是指一种社会政治规范,更引申为道德之正、人格之正。就艺术上来说,是指那种符合政教规范的审美风格,如《大雅》《小雅》,故言"雅",必内含着道德之"正"的立场诉求。文震亨作为正统文人,其在《长物志》中肯定"雅",嘉许"雅物",将"非雅物"视为"俗"。如"顶用柿顶,朱饰,中用荷叶宝瓶,绿饰。'卍'字者宜闺阁中,不甚古雅"①。"中心取阔大,四周镶边,阔仅半寸许,足稍矮而细,则其制自古。凡狭长混角诸俗式,俱不可用,漆者尤俗。"② 之所以有雅俗之辩,在于有社会标尺在起作用,因为判断某物是否为"雅物",不仅要看其材料、构造与装饰形制,还要看其功能与使用场域。沈春泽在为《长物志》所作的序言中声言:"遂使真韵、真才、真情之士,相戒不谈风雅。"物品的"雅俗"或价值判断是社会性角色反映,文震亨在《长物志》中所推许的"高雅"带有他自身社会圈层的特点,有时是站不住脚的,例如他告诉读者"贵铜瓦,贱金银",显然是在标榜士绅阶层的"清高"。还有一个字,即"韵",似乎为"雅"的同义字,尽管不那么常用,原意为"和谐的",但引申为"雅致的"或"敏感的"。好古为"文人韵事",而"韵士"一词则是文震亨《长物志》所针对的理想人物的代称。文震亨最爱用的贬义字恰好是"雅"的反义字——"俗","俗"除有"庸俗"之意外,还意为"习俗""流行"以及"大众化"等。"古亦有螺钿朱黑漆者,竹杌及绦环诸俗式,不可用。"③ "杌"作为一种休息时的普通坐具,为了携带方便,习俗上流行用竹制或绳编织。

在本编中,我们将具体剖析《长物志》中不同门类的"长物"所包含的生态审美智慧,以七个具有代表性的"长物"门类展开论述:建筑——作为古人的庇护之所、栖身之地、游玩之处,展现出古人的幽人之志,表达了他们对山水的热爱与向往;饮食——提倡儒素雅洁的饮食习惯,在颐养遵生中展现对生命的关怀;服饰——衣取象乾,裳取象坤,顺时守礼,襟带天地;家具——讲究实用与便适,简洁与雅致,重视材料本质的特点与美;器具——物以载"道",注重"天道"与"人道"的和谐统一,流露出"天人合一"的造物哲学;书画——凝结着古人的精神追求,象法天地,意趣天成,以自然为佳;香茗——提神醒脑、精神养生。总之,在中国传统文化生活当中,生态审美智慧渗透在各个门类"造物"的创造观念、物质媒介、制作目标、审美追求上,这一点是无可厚非的。

---

① (明)文震亨著,李瑞豪译注:《长物志》,北京:中华书局2021年版,第19页。
② (明)文震亨著,李瑞豪译注:《长物志》,北京:中华书局2021年版,第233页。
③ (明)文震亨著,李瑞豪译注:《长物志》,北京:中华书局2021年版,第237页。

第四章 中国传统建筑的生态审美智慧

中国古人的宇宙观，最早是从建筑物的造型中衍生而来的。《淮南鸿烈·览冥训》中高诱注："宇，屋檐也；宙，栋梁也。"在古人看来，"宇"是"宙"的空间存在方式，"宙"又是"宇"的存在依托，二者相辅相成，不可分离。这正如一座房子，单有"宇"还不能成为屋，只有同时有"宙"，才有屋的现实存在；如果抽调了"宙"（栋梁），房屋就会轰然坍塌。正是在此意义上，人们把宇宙等同于建筑，建筑也即为宇宙。在中国古典文化典籍《周易》中，建筑意为"大壮"卦，该卦下方四个阳爻相叠，象征房屋柱墙雄伟，上方两个阴爻相叠，象征房屋茅草荫蔽，整个卦象意为坚固的房屋立于苍穹大地之间，供人们避雨纳凉。《周易》对建筑（宇宙）图式及其意义的"道说"深刻地影响着后世，后世先民们在建筑活动中，常将《周易》所描绘的宇宙图式作为自己规划设计、构图布局的重要依据。中国传统建筑对宇宙图式的模拟与象征，"是要在建筑与自然之间建立同构联系，以表达人们期望与天地和谐共存、获得美好生活的文化理念与祈愿"[1]。

中国传统建筑的形式多种多样，或皇家宫殿，或民间庭院，或寺观庙宇，或园林陵墓，但在这众多建筑样式中，我们总能找到一种"宇宙的图案"。这种图案具体而言是对《易经》八卦图式的演绎与象征。在《易经》的先天八卦图式中，天（乾卦）在南，地（坤卦）在北，日（离卦）在东，月（坎卦）在西。为了追求天人和谐，国泰民安，中国古代都城及民居建筑都遵循八卦图式。例如，秦国都城咸阳，从城市布局到宫苑结构都有意仿照天象，整个城市规划看上去就是天地运行的一个缩影。又如明清北京城的规划就带有先天八卦的烙印，它以皇城为中心，南设天安门，北设地安门；中央设紫禁城，紫禁城东为日精门，西为月华门，南为"午门"（属阳），北为"玄武门"（属阴），以对应八卦图式

---

① 徐怡涛：《中国建筑》，北京：高等教育出版社 2010 年版，第 105 页。

中乾、坤、离、坎卦。中国民居建筑亦是如此，它们遵循的是后天八卦方位：离南坎北、震东兑西、巽东南坤西南、艮东北乾西北。故儿子住所在东（震为雷），女儿住所在西（兑为泽）；按照中国传统建筑的"中轴"理念，四合院大门本应处于外墙的中间位置，但古人常将它设于东南隅，这是因为巽位处东南，离火而雷震，是吉位，如此可以预兆家族的兴旺发达。

中国传统建筑除在布局、方位、名称等方面遵照"宇宙图案"外，还以"象""数"的方式象征宇宙。"象"是中国传统艺术的一种表达方式，"子曰：书不尽言，言不尽意……圣人立象以尽意"（《周易·系辞上》）。为了达到对宇宙玄机的体悟，中国古人以建筑的造型（象）来象征宇宙。比如，北京天坛的祈年殿、圜丘、皇穹宇的外墙平面均为方形，内墙为圆形，这是对"天圆地方"宇宙观念的一种表达。"数"也是中国古人"象法宇宙"的一种方式，他们将一、三、五、七、九等奇数视为阳数（天数），二、四、六、八、十等偶数视为阴数（地数）。中国古塔多为奇数层、偶数边，其构思正出自对阴阳宇宙观的理解。天在上，地在下，故古塔向高空发展用"天数"（奇数），在地面展开用"地数"（偶数）。这种数字模拟充分体现了天生地成、天地合一的宇宙观念，也反映了先民对"博厚配地，高明配天，悠久无疆"（《中庸》）境界的追求。又如"九五"，在《周易·乾卦》中是最美妙、最吉利的帝王卦位，所谓"九五：飞龙在天，利见大人"。古代帝王为了彰显"九五之尊"，其祭祀、居住的建筑均遵循"九"数的规律。如北京天坛的"太极石"周围由九扇石板组成，外围依次是十八块、二十七块……最后直到八十一块。明清北京城从外城南门到紫禁城太和殿，一共要经过九座高大的门楼，其中五座为皇城和紫禁城的门楼，这也是为了符合乾卦的"九五"之义。

五行说由后天八卦图式演化而来，它将世界所有事物都归属到木、火、土、金、水的五行之中。在天上，木、火、土、金、水分别对应着木星、火星、土星、金星、水星；在地上，它们分别对应着东、南、中、西、北五种方位；同时，它们还对应着人的"肝、心、脾、肺、肾"五种器官以及"怒、喜、思、悲、恐"五种情志，由此形成了一个天、地、人三者合一的宇宙图景。在古人看来，这种宇宙景观既是对自然界运行规律的总结，同时也是社会人事行为的指示。故"夫大人者，与天地合其德，与日月合其明，与四时合其序，与鬼神合其吉凶，先天而天不违，后天而奉天时，天且弗违，而况乎人乎？"[①] 既如此，作

---

① （唐）李鼎祚著，李一忻校注：《周易集解（上）》，北京：中央编译出版社 2020 年版，第 235 页。

为人类栖居之所的建筑就应该顺乎天意、象天法地了。几千年来，中国传统建筑一般依照五行图式进行选址、规划和营造。如中国理想的建造之地是后有主山，左右有护山，前有池河之水与案山，这是为了与南方的朱雀火、北方的玄武水、东方的青龙木和西方的白虎金相对应。对此，英国学者李约瑟不无感慨地说："作为这一东方民族群体的'人'，无论宫殿、寺庙，或是作为建筑群体的城市、村镇，或分散于乡野田园中的民居，也一律常常体现出一种关于'宇宙图景'的感觉，以及作为方位、时令、风向和星宿的象征主义。"①

"自然"对于人类的意义，中西方文化都有所认识，但西方文化在主客二分哲学思维的影响下，一般将自然视为独立于人之外的客体，对之采取俯视、征服的态度，而中国传统文化在"天人合一"哲学思维的影响下，将自然视为一个与人同气相吸、和谐共生的生命体。这种不同的自然观在中西传统建筑中均有所体现。西方传统建筑在平面设计、空间安排时并非不考虑自然环境对人类及建筑空间质量的影响，但它常把自然环境分割为不同的成分要素予以考虑，当周边自然环境与建筑设计发生矛盾冲突时，自然必须为建筑让路。而中国传统建筑将自然视为一个有机生命体，它以融入自然为前提。对此，《黄帝宅经》做了这样一个形象的比喻："宅以形势为身体，以泉水为血脉，以土地为皮肉，以草木为毛发，以舍屋为衣服，以门户为冠带。"从这可以看出，中国传统建筑的美学价值不仅在于它是一个供人居住的场所，更在于它是自然生命体的有机组成部分。在中国古人看来，房屋不是人与自然的屏障，而是人与自然同命共生的有机体。因此，建筑的功能与意义要服从维护良好生态环境的需要，所谓"工不曰人而曰天，务全其自然之势，期无违于环护之妙而止耳"②。

中国传统建筑为了做到与自然相融相洽，一般会迎合山川体势、立足于山水之宜。"凡立国都，非于大山之下，必于广川之上，高毋近旱而水用足，下毋近水而沟防省，因天材，就地利。"（《管子·乘马篇》）鉴于中国地形西高东低，山脉众多、河流呈东西走向的格局，中国传统建筑在基址选择上坚持"负阴抱阳，背山面水"的原则。负阴抱阳，即基址后面，有主峰"来龙山"，左右有次峰或岗阜"左辅右弼山"，山上要保持丰茂的植被；前面要有月牙形的池塘（宅、村的情况下）或弯曲的水流（村镇、城市）；水的对面还要有一个对景"山案山"；轴线方向最好坐北朝南，地势平坦而且具备一定的坡度。像这样就

①　Joseph Needham. *Science & Civilization in China*. Cambridge：Cambridge University Press，1971，p. 15.
②　（三国·魏）管辂著，余格格点校：《管氏地理指蒙（外十五种）》，杭州：浙江大学出版社 2022 年版，第 458 页。

形成了一个背山面水的基本格局。符合这样条件的自然环境和空间的确有利于藏风聚气，形成良好的生态与小气候。

在建筑的平面布局上，中国传统的民居建筑以四合院为主体，院子是露天的，植有花草树木，四周的房子以一扇大面积的门窗隔扇相通联。可以想见，在这种格局中，生活在庭院中的每一个人，即使不出户门，也能感受到四季花木的更迭、晴雨晨昏的变化。这一点迥异于西方历史上的内庭式建筑，西方内庭式建筑也植有花草树木，但花草树木多为人工盆景，其在庭院中只是附属的点缀；从结构看，内庭式建筑均围绕内庭的中心点而展开，四周房屋单一连续，是一个围合的封闭空间，外部自然完全被割离开来。这种结构实是西方人类中心主义的反映，它体现了人对自然的排挤与凌驾。中国古典建筑的庭院化组合布局虽相似于西方的内庭式布局，但在宇宙图式上有所区别，正如王蔚所说："西方建筑中的宇宙图式突出了一个内部性的几何空间中心或端点，人类要占据这个中心或趋向端点；中国建筑的场所性质，则表达人类随时处于宇宙图式化的自然关系与作用之中。"① 再从空间界面看，西方内庭式建筑是一个完整的几何体，而中国的庭院式建筑由许多相对独立的建筑单体构成，这些单体之间错落有致，或高或低，似断非断，这种间断性界面有利于外部自然之气的灌注，有利于外部美景的映入，有利于人与自然的亲和"对话"。

在对待自然这一问题上，中西方园林艺术亦有很大的差异。西方园林艺术在理性主义思维的影响下，往往通过人为的几何形式来整饬自然要素的形态，其园内的植坛被整理成绣花式样，园林中的树木被修剪成动物或器物的各种形状，园内的水流被造成人工喷泉或人工瀑布等。而中国的园林在"道法自然"哲学的影响下，其园内的山石灵泉、花草树木，一如自然中所见所是，它"虽由人作"，但"宛自天开"。在西方园林中，高大的宫殿往往位于园林轴线尽端或起点，控制着园林，园林中的林荫大道排列得整齐有致。而中国的园林艺术，一般有"三分水、二分竹（泛指花草树木）、一分屋"之说，它常把亭台楼榭融于山水之中，使人工之美与自然之美呈现浑然一体的状态。

在中国古典文化中，"中"原为古代的一种测天仪。卜辞有"立中，允亡风"② 之说。从"中"字的象形看，一根垂直长杆立于一个方框的中央便成为"中"，意谓为了求得观测日影与风向之准确性，必须将长杆放在一个相对中正

<hr />

① 王蔚：《不同自然观下的建筑场所艺术：中西传统建筑文化比较》，天津：天津大学出版社2004年版，第173页。

② 罗振玉：《殷虚书契后编》，北京：中国青年出版社1994年版，第4页。

的位置上。由此可见，"中"字的原义与天地方位相关。后来，这种尚"中"的空间意识渗入中华文化的灵魂之中，成为中国人惯常的审美倾向。《周易》有所谓"在师中，吉，无咎""中行独复""中行，告公从，利用为依迁国""丰其蔀，日中见斗，遇其夷主，吉"等蕴含"中"之意识的爻辞。《周易大传》提出了"中正""时中""中道""中行""中节"等范畴，并对之进行了详细的阐释。据统计，《周易》六十四卦中有过半数的"传部"内容涉及"中"字。春秋战国时期，孔孟之学将之发展为"中庸""中和"的美学思想，"中也者，天下之大本也；和也者，天下之达道也。致中和，天地位焉，万物育焉"①。在中国先民看来，"天文""地文""人文"都不能离"中"而"立"，只有牢牢把握了"中"，"天""地""人"三者才能合而为一。

持"中"而"立"的文化审美意识渗透到中国传统建筑中，便是中国传统建筑在平面布局上严格持守"中轴"观念。这一点在中国皇宫殿堂、民间庭院、佛家坛庙上均可见出。据考证，我国晚夏时期的建筑文化就已渗透了中轴线的文化观念，如河南二里头晚夏时期的一座宫殿台基遗址就已具备了中轴意识。该遗址平面呈长方形，一圈柱洞围于基座四周，其柱洞数南北两边各九，东西两边各四，间距3.8米，呈东西、南北对称排列之势。其"中轴线"处在南北两边第五柱洞上，且与宫殿遗址东西两侧为四的柱洞线平行。它的布局严谨，基本具备了后世宫殿建筑的一些特点。又如明清时期的北京城，其主体建筑沿着一条长达7.5公里的中轴线而展开，南端为永定门，北端为地安门和钟鼓楼，其间的重要建筑午门、太和门、太和殿、中和殿、保和殿等均穿越中轴线而呈纵直排列，东西六宫、东西五所等众多辅助性院落则沿"中轴线"呈两两对称之势。皇家宫殿如此，民间庭院亦然。中国民间四合院的平面布局一般为矩形，四周围以高墙，群体组合大致对称。无论是"庭院深深深几许"还是"侯门深似海"，中国四合院的主体建筑正房、厅、垂花门必须在同一条中轴线上。更为有趣的是，寺庙这种外来文化建筑进入中国后，也被中国人改造得具有了中轴意识。梁思成说："我国寺庙建筑，无论在平面上、布置上或殿屋之结构上，与宫殿住宅等素无显异之区别。盖均以一正两厢，前朝后寝，缀以廊屋为其基本之配置方式也。其设计以前后中轴线为主干，而对左右交轴线，则往往忽略。……故宫殿寺庙，规模之大者，胥在中轴线之上增加庭院进数，其平面成为前后极长而东西狭小之状。其左右若有所增进，则往往另加中轴线一道与原中轴线平行，而两者之间，

---

① 王国轩译注：《大学·中庸》，北京：中华书局2016年版，第165页。

并无图案上之关系，可各不相关焉。"①

中国传统建筑以"中"为轴是封建伦理礼序的一种反映。在皇家宫殿中，以"中"为轴的平面布局是朝廷为前，宫寝于后，文华卫左，武英护右；而在四合院的布局中，则是北屋处正中，两厢次之，倒座为宾。这两种平面布局有一个共同的特点是王者或家长居中，他们居中，是因为"中"是空间中的最佳方位，有利于实现"和"的审美理想。在中国古典哲学中，"中"与"和"是两个紧密相关的概念："和"是矛盾各方的对立统一，它是一种形态与机制，而"中"则是实现"和"的一种正确原则与方法，所谓"理善莫过于中，中则无不正者"②。在皇家宫苑中，王宫居中，意味着正对天极，替天行道，在"王者"看来，居于东西南北之中方能显示自己的至尊之位，也有利于自己"以绥四方"；在"被治者"看来，"王者"居中必能光明正大，"中立不倚"。于是，君王与臣民之间各安其位、和谐相处。而在四合院住宅中，家长住"中"北屋，晚辈住东西厢房，则既能体现家长的权威，也有利于实现父慈子孝、弟兄悌睦的家庭伦理。因此，以"中"为轴的中国传统建筑，无论是皇家宫殿还是民间庭院均能满足封建礼制的需要，实现君臣、血亲家族之间的伦理和谐。"中轴线"的建筑布局模式具有一种视觉上的和谐节奏感。在通常情况下，"中轴线"两边房屋、门窗、廊柱呈对称之势，如按一柱一窗的对称排列法，这恰似音乐韵律中的2/4拍；若是一柱二窗的排列法，这就是圆舞曲中3/4拍了；若是一柱三窗的排列法，那就是4/4拍了。和谐的视觉节奏能给审美主体带来优美宁静的情感愉悦，陶冶出"中行""中节"的君子。

关于中国传统建筑何以用木为结构一直是一个有争议的学术问题。建筑学家刘致平在《中国建筑类型及结构》一书中说："我国最早的发祥地区——中原等黄土地区，多木材而少佳石，所以石建筑甚少。"③ 这一观点值得商榷。因为中国南方多山石，却仍以木结构建筑为主体，况且对于这种木石分布不均的情况，皇权政府可以组织人力搬运。如阿房宫在陕西咸阳，建筑材料却是从四川运去的。有的学者从社会经济状况的角度去解释，建筑师徐敬直在他的英文著作《中国建筑史》中说："因为人民的生计基本上依靠农业，经济水平很低，因此尽管木结构房屋很易燃烧，二十多个世纪来仍然极力保留作为普遍使用的建筑方

---

① 梁思成：《梁思成文集（三）》，北京：中国建筑工业出版社1985年版，第239页。
② （宋）程颢、程颐著，王孝鱼点校：《二程集·粹言》，北京：中华书局1981年版，第89页。
③ 刘致平：《中国建筑类型及结构》，北京：建筑工程出版社1957年版，第22页。

法。"① 这一观点也难以服人。唐宋时期的中国经济状况处于世界领先水平，但木结构建筑仍一统天下。英国学者李约瑟则从社会制度的层面来探讨土木结构的成因，他认为中国古代采用木结构是因为缺少可以随意驱动的自由民。这一观点也与历史事实不符。因为巍峨的万里长城及秦国都城雍城采用的就是砖石结构。然而，在漫长的建筑历史实践中，中国人最终还是选择了木结构，这一点我们只能从民族文化的审美意识上去探寻。

众所周知，中西文化有一个根本的不同在于，一个以"神"为中心，另一个以"人"为中心。"神"是西方人的膜拜对象，但它在遥远的天国彼岸。为了表达对神的虔诚与敬意，西方的教堂与神庙就只有两种选择：一则追求建筑的永恒性，一则追求建筑体量的高大性。而在土、木、石这三种建材中，石头最为质硬、耐久，它既可满足西方人对建筑永恒性的追求，又能解决建筑向高空发展的技术难题。正因此，早在新石器时代后期，在非洲、亚洲的印度以及欧洲，产生了一些诸如金字塔之类的"巨石建筑"。而中国文化是以"人"为本的文化，它追求世俗理性精神。中国古人从没把建筑视为永恒的东西。梁思成说："中国结构既以木材为主，宫室之寿命固乃限于木质结构之未能耐久，但更深究其故，实缘于不着意于原物长存之观念。"② 故房屋旧了可以重修，城市毁了可以重建，而木材质轻、短小，便于加工，可在极短时间内完成建造计划。其次，木结构房屋体量较小，匍匐于大地，与人体比例适宜，也契合中国人的生命美学精神。因为"高台多阳，广室多阴，远天地之和也，故圣人弗为，适中而已矣"③。在古人看来，适形的中国传统建筑有利于自然生气的运行，有利于居住者身体的健康。

如从民族的审美心理来考究，也能找到中国使用木结构的缘由。首先，石材一般是青色，为冷色调，明度低而显得生硬，它契合西方人尚崇高、重理性的审美倾向，而木材为灰色，为暖色调，明度高，能给人熟软温暖的感觉，它契合中国人崇尚优美的审美情趣。如建一座亭子，用石材建造，显得冷峻典雅，如用木材建造，则显得温情脉脉。其次，中国古人对"木材"的眷恋还是对大地生命之气的钟爱与执着。中华民族是一个尊重生命、亲和自然的民族，所谓"天地之大德曰生""生生之谓易"。而在中国阴阳五行理论中，木气象征着东方，东方是太阳升起的方位，东为苍龙，其代表植物生长的青色；木气又象征着春天，这

---

① Gin Djih Su. *Chinese Architecture*, *Past and Contemporary*. Hong Kong: Hong Kong Press, 1964, p. 47.
② 梁思成：《梁思成文集（三）》，北京：中国建筑工业出版社 1985 年版，第 11 页。
③ （西汉）董仲舒著，陈东辉主编：《春秋繁露》，杭州：浙江大学出版社 2021 年版，第 265 页。

是一年四季的初始，生命开始萌发；木气还象征光辉灿烂、朝气蓬勃的清晨。那么，用木头盖房子就比用石头盖房子更能体现生命的阳光之气与力量。中国古代哲学认为，人为天地造化之首、万物之灵，其所居之所用木作为建筑材质，当然是融入自然造化的最直接手段了。最后，木材具有一定的弹性，木结构房屋的构件之间有榫卯联结，榫卯开合有一定的伸缩余地，当遇外力或地震时，能缓冲部分破坏力，保障室内生命的安全，所谓"墙倒屋不倒"。这正是中国古人"贵柔"审美心理的一种反映，中国道家把"柔"作为一种生命的体征和力量，如《道德经》第四十二章曰："人之生也柔弱""天下之至柔，驰骋天下之至坚"；而在儒家看来，"柔"就是"儒"的意思。

再从建筑的结构上看，中国传统建筑以"木"为构材，体量较轻，便于自由地开设门窗，而门窗可以通风、采光，把外界的阳光、新鲜的空气引进室内，这既有利于人与自然交流，也有利于居住者生理的健康。如果说中国古代建筑是有生命的有机体，那么门窗就是有机体的"呼吸器官"，天地的阴阳之气在这里循环生化、生生不息。透过门窗，居住者可以感受四时之浪漫、节气之变化；通过门窗，阴阳之气的循环迭至又让居住者呼吸到生命自由的气息。因而，门窗的开设，不仅为通风、采光，满足生理上对于"明"的需求，而且，尤其是窗棂的开设，更大程度上寄寓着心理上的"建筑意"，重在将自然意趣引向室内，更以窗为审美凭借与框架，眺览窗外的自然美景。①

第一节　室庐：山水之情，幽人之志

"室庐"为古人栖身之居所，也是古人安身立命之所。"古代宗法社会把住宅看作人生所依托的根本所在。东汉刘熙《释名》：'宅，择也；择吉处而营之也。'"②《说文解字》云："宅，所托也，市居曰舍。"

《长物志》一书无不体现着室居之所与自然生态的丰富内涵。开篇即点明"居山水间者为上，村居次之，郊居又次之"③，与自然山野相伴而居，一直是古人心中理想的生活模式，居于山水天地之中，优于村居，更优于郊居。南朝

---

① 该章节选自罗祖文：《论中国传统建筑艺术中所蕴涵的生态审美智慧》，《山东社会科学》2012 年第 4 期。
② 陈美东主编：《中华文化通志·科学技术》，上海：上海人民出版社 1998 年版，第 151 页。
③ （明）文震亨著，李瑞豪编著：《长物志》，北京：中华书局 2012 年版，第 5 页。

谢灵运在会稽修建别业,"傍山带江,尽幽居之美"①,这种幽居山中的生活形式乃为文人士大夫的上乘之选。文震亨之所以将"室庐"分出等次,是承认自己虽不能追古代隐士之踪迹,但居于都市生活中也要追求环境的审美化与自然化。这既是将自己与庸俗的士大夫区别开来,也是对传统建筑艺术智慧的继承。

传统居所选择要求房屋坐北朝南,依山傍水,绿树成荫,且藏风聚气。这样的自然环境最适宜于人们生产生活,山体如屏风遮挡寒流,水流为源泉灌溉生产。古人已经充分认识到这样的自然环境对于生产劳作、生活居住的便捷与健康。中华文明的发祥地无不如此,原始社会的仰韶文化建立在黄河中下游、河流交汇、土壤肥沃处;屈家岭文化建立于长江流域平原;龙山文化亦建立于黄河中下游地区。据《诗经·大雅·公刘》记载:周祖先公率族人迁至豳②,登山冈,降平原,观流水,而择居。由此看出,中国先民们相地卜居,最终选取天地所合、四时所交、风雨所汇、阴阳所合之处建立王城,是基于气候、环境、地貌、河流等的综合考量与评估,也是"天人合一"的生态自然观念在中国传统建筑居所中较早的显现。此后建筑居所与自然环境的关系在历史发展中不断完善系统化,形成了相地术,又称堪舆③、相宅术等。在把握了系统内部各要素的关系之后,优化结构形成了一套生态宜居的最佳体系,有利于人的生存发展。"强调人只有以自然为本,与自然和谐,才有利于自身的生存与发展,而且风水更以大地有机自然观为思想核心,把大地本身视为有灵性的有机体,强调各部分之间彼此关联、相互协调。"④ 这种天人合一、和谐共生的人与自然观是人类居所的最高标准。古人对于山的崇拜由来已久,认为"山无大小,皆有神灵,山大则神大,山小即神小也"⑤。山林之中乃神仙居住之所,在山林中"仰吸天气,俯饮地泉"则可达到超脱世俗、益寿延年、长生不死的效果,此想法无疑寄托了古人求仙问道的美好愿景。现代科学亦证明,居于山水间,没有污染,远离喧闹,清净安谧,生态环境良好,的确更利于人的身体健康。在中国古代文学作品中,古代文人墨客把优美的山间田野视为理想的居所,大家熟知的陶渊明的《桃花源记》与《归园田居》、王维的《山居秋暝》等为我们构筑了理想的居住环境。在绘画

---

① 王世仁:《理性与浪漫的交织:中国建筑美学论文集》,北京:中国建筑工业出版社 2015 年版,第 179 页。

② 豳,古代地名,今陕西彬市、旬邑一带。

③ 许慎注《淮南子》,曰:"堪,天道也;舆,地道也。"

④ 刘沛林:《风水:中国人的环境观》,上海:上海三联书店 1995 年版,第 167 页。

⑤ 陈霞主编:《道教生态思想研究》,成都:巴蜀书社 2010 年版,第 296 页。

领域，明代画家戴进的《春游晚归图》（图4-1）也为我们展示了一个诗意居住环境：夜幕将至，在乡间的羊肠小道上桃花盛开，树木绿叶如盖，一位行者叩响院子的大门。在山野间游玩直至暮色降临，乐而忘归，好不惬意。室庐置于自然山水中，能够让人扫却身心疲惫，进入忘忧、忘老、忘倦的境界，如此居所，实为"养生"的理想环境。

山水自然能够给人以精神上的寄托。"亭台具旷士之怀，斋阁有幽人之致。"① 室庐作为古人日常活动的重要场所，也体现了文人雅士们旷达高洁的精神追求。如庄子《逍遥游》的"北冥有鱼，其名为鲲。鲲之大，不知其几千里也；化而为鸟，其名为鹏"②；王褒《九怀》的"朝发兮葱岭，夕至兮明光。北饮兮飞泉，南采兮芝英"③；屈原《远游》的"朝濯发于汤谷兮，夕晞余身兮九阳。吸飞泉之微液兮，怀琬琰之华英"④。在文人

图4-1　（明）戴进《春游晚归图》

士大夫眼中，山水早已不是单纯的物质，而是一种自由超脱的精神与卓尔不群的人格的寄托，承载了太多瑰丽梦幻的神思。

在古代文人看来，山水含道映物。"圣人含道映物，贤者澄怀味象。至于山水，质有而趣灵，是以轩辕、尧、孔、广成、大隗、许由、孤竹之流，必有崆峒、具茨、藐姑、箕、首、大蒙之游焉。又称仁智之乐焉。夫圣人以神法道，而贤者通；山水以形媚道，而仁者乐。不亦几乎？余眷恋庐、衡，契阔荆、巫，不

① （明）文震亨著，李瑞豪编著：《长物志》，北京：中华书局2012年版，第5页。
② （春秋）老聃：《老子》，沈阳：辽宁教育出版社1997年版，第1页。
③ （战国）屈原：《楚辞》，沈阳：辽宁教育出版社1997年版，第82-83页。
④ （战国）屈原：《楚辞》，沈阳：辽宁教育出版社1997年版，第97-98页。

知老之将至。愧不能凝气怡身，伤跕石门之流，于是画象布色，构兹云岭。"①
意思是说，古人之所以热爱自然山水，是因为优美的自然山水中蕴含着"真古"
与"趣灵"，人们在优美的自然环境中能获得澄明的心胸。除此之外，山水中还
蕴含"理"。庄子言："圣人者，原天地之美而达万物之理。"意思是说，自然山
水是圣贤悟道的媒介，圣贤能通过山水的"形"悟出人生的智慧与物的"理"。
在山水画当中，宗炳认为，自然欣赏的最大功能在于"澄怀观道"，即通过对自
然山水的欣赏达到无我的境界。

古代文人寄情山水的另一个原因在于山水可以比"德"，他们可从自然山水
中标榜自己的道德情操或人格操守。比德实乃比人。《说苑》："孔子曰：夫水
者，君子比德焉。遍予而无私，似德；所及者生，似仁；其流卑下，句倨皆循其
理，似义；浅者流行，深者不测，似智；其赴百仞之谷不疑，似勇；绵弱而微
达，似察；受恶不让，似包；蒙不清以入，鲜洁以出，似善化；至量必平，似
正；盈不求概，似度；其万折必东，似意。是以君子见大水观焉尔也。"张潮
《幽梦影》（卷下）："梅令人高，兰令人幽，菊令人野，莲令人淡，春海棠令人
艳，牡丹令人豪，蕉与竹令人韵，秋海棠令人媚，松令人逸，桐令人清，柳令人
感。"由此看出，自然比德模式，在一定意义上是中国文化"一天人""同真善"
哲学特征与类比思维方式，是自然审美的具体体现。山水寄托着文人们高洁的志
向，而在山水中的室居更能以其环境的幽雅影响士人的精神与气质。古代先贤与
山水共情，向往隐居山野"幽居近物情"的生活，承载着高迈的人格意识与环
境伦理价值。

古代士人面对"趣灵"的山水，闲居理气，拂觞鸣琴，披图幽对，坐究四
荒。此等畅怀境界，使文人雅士们将无尽的想象力与情感寄托在山水之间，使人
在自然的愉悦享受中升华自身思想与审美的无穷体验。在大自然里，山川、流
水、飞鸟、走兽巧妙配合，在一定的空间关系中形成了有机的观赏整体。这样整
体、连贯、充满生机的自然意境激起人的生命感悟与天、地、人相融相通、相互
依存的宇宙整体观，也让人在大自然中诗意栖居。如果说忘老、忘归、忘倦体现
的是生态之于人室庐的理性考量，那么旷士之怀与幽人之志则是传统文人士大夫
与山水共情、天地一体的浪漫抒发。

因而，在室庐的选择上须以斋阁寄山水之情，叙幽人之致："吾侪纵不能栖

---

① 陈延嘉等校点主编：《全上古三代秦汉三国六朝文·全宋文·卷二十》，石家庄：河北教育出版社
1997年版，第204页。

岩止谷，追绮园之踪，而混迹廛市，要须门庭雅洁，室庐清靓。"① 即使实在无法深居山水间，也应该门庭雅洁，室内整洁干净。"蕴隆则飒然而寒，凛冽则煦然而燠。若徒侈土木，尚丹垩，真同桎梏樊槛而已。"② 居住之处应冬暖夏凉，舒适宜人，若一味追求繁复华丽，则如同将自己置于桎梏之中，也是不可取的。因为沉溺于声色犬马的感官享受中，会遮蔽对世界的体会感知，妨碍身心健康。所谓"五色令人目盲，五音令人耳聋，五味令人口爽"（《道德经》第十二章）。恬愉淡泊、见素抱朴的生活态度才是有益身心、自然质朴的生活方式。《长物志》批判室庐的豪华与艳丽，在晚明奢侈之风蔓延之时，无疑具有振聋发聩的作用。

《长物志》为文人雅士的室庐规定了装饰的标准，体现了晚明士人的责任担当。明代文人的理想居所多被描述于茂林山水之间，居于城市也要置书斋于园林草木当中以寄托山水之情。晚明室庐这种独特艺术风貌，在众多文人的绘画作品中可见一斑。如文徵明的《丛桂斋图》（图4-2）绘山房③依山傍水掩于树丛当中。山房一面临水，向水的亭中，主人正在观赏无限风光，尽显文人雅士的惬意生活。山石树木，设色清雅，清丽柔美的江南雅致之感跃然纸上。

图4-2　（明）文徵明《丛桂斋图》

---

① （明）文震亨著，李瑞豪编著：《长物志》，北京：中华书局2012年版，第5页。
② （明）文震亨著，李瑞豪编著：《长物志》，北京：中华书局2012年版，第5页。
③ 绘山房，山中的房舍。《新唐书·李德裕传》："又按属州非经祠者，毁千余所，撤私邑山房千四百舍，寇无所廋蔽。"（宋）刘克庄《木兰花慢·又送郑伯昌》词："更筑就山房，躬耕谷口。"

同时代的文人方孝孺在《借竹轩记》中这样写道："古之达人以百世为斯须，以天地为室庐，以万物为游尘。"这展现了山水与居室的密切关系，也彰显着人与自然的相互交融。

门，是室庐的一部分，处于居室的出入口，具有屏障、防守的作用，它是整个建筑的点睛之处，也是古代社会中身份、等级和地位的象征。《说文解字》谓门："从二户，象形。"二扇并置为"门"。它不仅起着界定内外空间的作用，而且承载着中国传统礼乐制度与生态美学的丰富内涵。

《长物志》中，文震亨对"门"的描述与介绍就流露出这样的思想。其一，他提到取唐诗佳作制成春联挂于门上——"两旁用板为春帖，必随意取唐联佳者刻于上。"[①] 这里的春帖即春联。春联从桃符演变而来。先秦时期立桃人于门户，以此驱邪御鬼。春联正是继承了传统桃符的"避邪祟"的功能，而且具有传统节庆的喜庆内容，是古代人民年俗意识的展现。人们在新春之际表达对四季的关注，对吉祥生活的祈愿，对自然天地的敬畏。驱邪与纳祥成为春联不变的主题。明代木刻版画流行，工艺与市场都得到了极大的发展。由此，产生大量与之相应的图像。我们可以从节令题材画作如《岁供图》中看到古人立桃人、扫尘、宴会、祭祀祖先等场景。关于春联的张贴，文人与百姓同样热衷，这也与明代官方的支持分不开。《簪云楼杂说》记朱元璋故事："春联之设，自明孝陵昉也。帝都金陵，于除夕前，忽传旨，公卿士庶家，门上须加春联一副。帝亲微行出观，以为笑乐。"[②] 官方也十分重视新年悬挂春联，鼓励大家挂春联。但春联与门不同，门的等级制度是受到严格规定的。[③] 可见装饰伦理与生态审美意识在住宅之"门"上均有体现。

其二，《长物志》提到大门上的门环："得古青绿蝴蝶兽面，或天鸡饕餮之属，钉于上为佳。"[④] 门环属于大门的装饰，它不仅起着装饰作用，且便于门的开合关闭、拉门与叩门。它常配有自己的底座，即铺首。古代的铺首造型多样，如朱雀、玄武、兽面等。像狮虎、兽面这样怒目圆睁的动物露齿衔环给人威严之感，也有着辟邪的作用。古人称有避不祥之用。而早在南朝时期，铺首便有了贴

---

① （明）文震亨著，李瑞豪编著：《长物志》，北京：中华书局2012年版，第7页。

② 吴裕成：《中国门文化》（第二版），天津：天津人民出版社2004年版，第133页。

③ "《明会典》记载：洪武二十六年规定，公侯'门屋三间五架，门用金漆及兽面，摆锡环'；一品二品官员，'门屋三间五架，门用绿油及兽面，摆锡环'；三品至五品，'正门三间三架，门用黑油，摆锡环'；六品至九品'正门一间三架，黑门铁环'。"转引自吴裕成：《中国门文化》（第二版），天津：天津人民出版社2004年版，第30页。

④ （明）文震亨著，李瑞豪编著：《长物志》，北京：中华书局2012年版，第7页。

鸡的装饰。鸡在早期也被当作一种灵禽。晋代王嘉《拾遗记》卷一记载："尧在位七十年……能搏逐猛兽虎狼，使妖灾群恶不能为害……"① 鸡是人类熟悉的家禽，击退群恶，保佑人们平安，也与吉祥的"吉"谐音。门环多包含居民辟邪镇宅的功能性需求与吉祥（谐音）的美好祈愿。

其三，文震亨最后提到门上的用漆，只有朱、黑、紫可用。在古代中国，色彩与五行、方位等对应。东方对应着春天与青色，南方对应着夏天与赤色，西方对应着秋天与白色，北方对应着冬天与黑色。不难看出，四色模式刚好对应着自然万物萌生、发展、衰退与死亡的过程。明代的木板门只用朱、黑、紫三色油漆，"漆惟朱、紫、黑三色，余不可用"②。用"朱"色不足为奇，因为明代皇帝姓"朱"；黑色象征北方玄武，五行属木。而紫色在中国传统文化里，是尊贵的颜色，所谓"紫气东来"，在方位上，对应着天上的"紫微星"。古人也通过"门"传递出了建筑与天地自然的紧密关系。

中国传统宅门是沟通建筑内外气息的重要玄关，它上承天气，下接地气。因而对门位置的选择牵扯到方位、朝向、纳气等。大致有着抽象"四门方位"之说，北为玄武门，东为苍龙门，南为朱雀门，西为白虎门。随着明代城市密度的不断提升，在环境选址不甚理想的情况下，又出现了一种有趣的现象——"明代的风水师王君荣，在他编写的颇有影响力的风水书《阳宅十书》中，就以所谓的'大游年法'，来解决各种朝向方位的难题。"③ 因此，自然方位观慢慢转向人文方位观，以求取心灵上的平衡。

台阶，作为每日出行的必经之处，是居室环境的重要组成部分。在文震亨的笔下，它应是与自然芳草为伴的。关于台阶的品赏，他讲道："愈高愈古，须以文石剥成。种绣墩或草花数茎于内，枝叶纷披，映阶傍砌。以太湖石叠成者，曰'涩浪'，其制更奇"，"取顽石具苔斑者嵌之，方有岩阿之致。"④文氏提出石阶欣赏的三点要求：一是古雅。从三阶到十阶，越高越显得古雅非凡。明代文人对"古"的追求十分狂热，这一点不仅体现在居室中，在书画器物等领域同样如此。二是取太湖石块砌成。太湖石带有水流冲刷的自然纹路，无形中给石阶起着自然天成的装饰性效果，尤为难得。太湖石的选用遵循"透""瘦""皱""漏"的原则。"透"是指太湖石玲珑多孔穴，光线能透过；"瘦"是指太湖石像骨感

① 伊宝：《门神文化的流变与载体样式研究》，《美术大观》2014 年第 3 期。
② （明）文震亨著，李瑞豪校注：《长物志》，北京：中华书局 2021 年版，第 14 页。
③ 覃力著，张锡昌、覃力摄影：《说门》，济南：山东画报出版社 2004 年版，第 94 页。
④ （明）文震亨著，李瑞豪编著：《长物志》，北京：中华书局 2012 年版，第 9 页。

少女，修长而清奇；"皱"即指太湖石表面粗糙不平，有明暗阴阳的变化；"漏"即指太湖石的石峰庞杂林立，能漏水漏光，前后左右均有路可通。三是石阶傍草，绿荫成趣。太湖石毕竟难以寻得，寻常百姓家室庐一般有石阶、花草与池塘水相映成趣。由此看出，文人雅士们无论居于何处都努力寻找着山野间的趣味，强化自身与山水自然的联系，用一株一蔓表达着"居山水间者为上"的居室态度。

文人们的幽人之志还体现在"枝叶纷披，映阶傍砌"①的细节上，即光秃秃的石阶略显单调，缺少生机，于是在石缝里种些野花与野草，让花草之叶披挂于台阶上。人为种植的花草虽与山谷的野趣相差甚远，但正是这样"一沙一世界，一花一天堂"的细节投射，才流露出文人在自己日常生活中对自然的无限向往。亲近自然往往可以通过一片树叶、一朵花开，通过对细节之处的布置与经营将自然中的景色带到身边，在"借景"与"造景"中获得乐趣。正如冬日房中花瓶内放置的红梅或春日里飘进堂内的一缕花香，石阶上的蔓枝野草同样洞照出自然天地的烂漫生趣。沈复在《浮生六记》中云："大中见小，小中见大，虚中有实，实中有虚。"②映阶傍砌正是以小见大、洞察自然万物的窗口。

擅长借助自然美景装点居室是文人建筑经营布置的又一大特点。居室无法栖身自然泉林中时，屋主人便会巧妙借助身边的景物来进行布置。"复室须内高于外，取顽石具苔斑者嵌之，方有岩阿之致。"③它的意思是说，套房的内室要高于外室，取带有苔藓痕迹的未经斧凿的石块镶嵌台阶，这样就有了山谷间的风味。自然与建筑的结合让彼此更添意境，郑板桥记小庭院："十笏茅斋，一方天井，修竹数竿，石笋数尺。"无论是石阶上的绿荫披纷，还是一方天井，一座茅屋边的几棵修竹，庭院就与自然景色完美地融合在一起，居住者也能获得多感官的审美体验。当自然物象融入人类居室建筑时，居住者也获得"参与美学"的教育与享受。正如环境美学家阿诺德·柏林特所说："在环境中建筑得以扩展和实现。环境成为新的美学范例，这种新的美学就是参与美学。"④这样的生态居住环境从细节中体现着传统生态美学观，即人工与自然的结合让居住环境达到和谐，也强调人与建筑的交互融合，将人、建筑与自然视为一种同命共生的有机整体。

---

① （明）文震亨著，李瑞豪编著：《长物志》，北京：中华书局2012年版，第9页。

② （清）沈复：《浮生六记》，北京：人民文学出版社1980年版，第81页。

③ （明）文震亨著，李瑞豪译注：《长物志》，北京：中华书局2021年版，第14页。

④ ［美］阿诺德·柏林特著，张敏、周雨译：《环境美学》，长沙：湖南科学技术出版社2006年版，第154页。

第二节　山斋：通天接地，返璞归真

　　山斋，为文人山中的书房、山房。苏轼《宿临安净土寺》诗云"明朝入山房，石镜炯当路"，指的是山中寺庙。而山斋更多的是被用作文人在山中的书屋，后进一步泛化代指文人雅士们的书斋。"书斋"这一概念的雏形早在西周便已产生。席地而坐，帷幔高挂，敞腿平放，桌上陈列简策，成为春秋士大夫们宅院中的简易"书斋"。之后的书斋形式随着社会物质水平与精神生活的发展而丰富，雅士们更是为之冠以"雅号"。《长物志》中的山斋，据陈植先生《长物志校注》所述，也为文人书房之意，它是文人寻找内心宁静的精神之所。袁宏道《和王以明山居韵》中云："山斋通夜雨，断肠子瞻诗。"描述的是书斋远离喧嚣的幽静山居意境。因而山斋不同于庙宇高堂，讲求的是幽深惬意，哪怕在闹市中依旧秉承隐居之趣。

　　山斋是文人寻求与世隔绝的场所，其建造自然不同于堂屋的富丽宏大，讲究的是明净与惬意。"宜明净，不可太敞。明净可爽心神，太敞则费目力。"[①] 中国古人在漫长的屋室建造中，对屋室的采光、通风、防潮等一直十分考究。山斋不仅应该有合理的采光，且应安静、遮蔽，有新鲜的流通空气。这样的选址布置才能有利身心，才能达到道家所说的阴阳调和，让环境与人身上的"阳"相中和。屋斋与人的阴阳平衡、相互关联正是建宅中"天人合一"终极目的的展现。《长物志》云："中庭亦须稍广，可种花木，列盆景。夏日去北扉，前后洞空。"[②] "夏日去北扉"则是因时制宜的体现。中国古代屋室建造往往能够根据不同季节相对应做出调整。夏季为了通风，可以直接拆去北边的门扇。无论是因地制宜，还是因时制宜，建筑物与自然万物的协调平衡都是为了发挥山斋居住的首要功能，恢复居住者的精神生态。"前后洞空"的通风标准同样是人们对居室活动的重要需求。古人十分重视"气"的流通，"气"是中国古代哲学的一个核心范畴，它是万物的本源，万物莫不得于气。《乐记》云："地气上齐，天气下降，阴阳相摩，天地相荡，鼓之以雷霆，奋之以风雨，动之以四时，暖之以日月，而百化兴焉。"《庄子·知北游》："人之生，气之聚也。聚则为生，散则为死。"

---

① （明）文震亨著，李瑞豪译注：《长物志》，北京：中华书局2021年版，第23页。
② （明）文震亨著，李瑞豪编著：《长物志》，北京：中华书局2012年版，第16页。

《管子·枢言》:"道之在天者,日也;其在人者,心也。"在中国古人看来,建筑是有生命的,故而,理想的居室环境当中,不仅要负阴抱阳,依山傍水,更需藏风聚气。"气"存在于天地万物间,是维系万物生存繁荣的基本元素。气息消散,亦证明生命的消亡。居宅之中,不仅要聚气,还要保证新鲜空气的流动。所以,山斋冬日聚气守气,夏日洞空流通。

山斋建造除因地制宜与生气流通外,在布置经营上还需有绿色植物。"中庭亦须稍广,可种花木,列盆景。"① 这里的"庭"指的是居室中的"中庭"。古代文献记载,早在夏商时期,中国古建筑就已经采用"四向"之制,以一个称为"中庭"的空间为中心。中庭的设置可避暑聚气,以此为中心建立四方屋宇,架构起有限空间范围内的最佳生态场所。在中庭内,文震亨提到可种植花木、列盆景。除此外还提到"庭际沃以饭沈,雨渍苔生,绿褥可爱。绕砌可种翠云草令遍,茂则青葱欲浮"②。这里的植花木、列盆景等做法都是文人力图在居室中营建和谐的自然景观,体现了他们精神深处对自然山水的眷恋。一草一木仿佛又回到了居山水为上的最初夙愿,若无泉林相伴,中庭植花木亦可,列盆景亦可,最是不济,沃以饭沈,雨后生苔也别具一格。古人对青苔的喜爱尤为突出。"画不点苔山无生气,昔人谓苔痕为美人簪花,信不可阙者。"③ 在绘画中,苔痕乃点睛之笔,让山具有生机,在山斋中点缀苔痕更具有自然天成的装点。由此看出,山斋的营造带有强烈的主观经营与布置,而且这种人为的经营与布局不见痕迹,宛自天造地设。在晚明城市化过程中,文人雅士们心向自然林泉,哪怕身处闹市之中,也给自己精神上留一方栖息天地,山斋正起着这样的作用。山斋不仅悦目怡情,修养身心,而且成为他们如仙人避世般的"洞天福地"。

斋的意义,《说文解字》中曰:"斋,洁也",又谓"夫闲居平心,以养心虑,若于此而斋戒也,故曰斋"。所以,"斋"往往带有斋戒、静心的含义。"书室多名曰斋,何也?子舆氏之言曰:'孳孳为善者舜之徒,孳孳为利者跖之徒。'然人鸡鸣而起,出门惘惘,富贵之子必思长保富贵,贫贱之夫必求幸免贫贱,又饥寒之患迫于肌肤,妻子之计交于家室,其所之者,不于朝则于市,势不得不去善而趋利。果有半亩之宫,环堵之室,花卉扶疏,笔墨济楚,兀坐其中,自不觉心地俱净。"④ 也就是说,书斋有着读书、养心的功能。

① (明)文震亨著,李瑞豪译注:《长物志》,北京:中华书局2021年版,第23页。
② (明)文震亨著,李瑞豪译注:《长物志》,北京:中华书局2021年版,第23页。
③ (明)唐志契著,张曼华校注:《绘事微言》,济南:山东画报出版社2015年版,第70页。
④ 杨荫深:《细说万物由来》,北京:九州出版社2005年版,第248-249页。

我们可以从许多绘画作品中窥见一斑。如文徵明的《浒溪草堂图》①（图4-3）描绘的是浒溪草堂，高木浓荫下的草堂居于深山环绕之中，楼阁屋宇错落，屋内二位高士案前对坐，呈现出一派谈笑有鸿儒的清幽境界。更广为传颂的是《真赏斋图》②（图4-4），此图是文徵明为友人华夏的居处"真赏斋"创作的写实之作，也是文人精神居所的真实写照。斋室中主客对坐，评赏闲谈，书斋周围环境宜人，树荫相伴，流水环绕。

图4-3　（明）文徵明《浒溪草堂图》局部

图4-4　（明）文徵明《真赏斋图》局部

从明清大量山斋作品中可以见得，文人笔下的山斋图景正是他们理想的栖身之所。尽管可能无法置身于这样的理想环境中，但在他们的笔下，如此可居、可游、充满隐逸情怀、适于修心养性的洞天福地是山斋主人的理想住所，彰显了山

----

① 《浒溪草堂图》：纸本设色，26.7厘米×142.5厘米，现藏于辽宁省博物馆。
② 《真赏斋图》：36.0厘米×107.8厘米，嘉靖己酉年（1549），上海博物馆藏。

斋主人的旷世情怀。居住其间者，足不出户便可以卧游山水，享受啸傲林泉之美。

明代商品经济发达，市民文化发展迅速，"雅"与"俗"的文化出现了前所未有的分野。民间的文人士子追求高雅文化，与繁缛琐细的媚俗文化保持距离，他们隐匿于山水之间，与自然为伍或许更能彰显他们的高雅趣味，亦是在当时社会背景下最惬意舒适的生活方式。而身处庙堂之上的文人则只能寄山水悠思于案牍之间，以诗画来畅游天地，正如清初浙东学者李邺嗣在《伏翠山房记》中写道："余见从来士大夫，方其身居要津，名位已重，亦尝命家人豫造泉石，以为身退之计……或不幸身遭废退，放归田里，犹且临清泉而叹若枯鱼，处丰林而怨如穷鸟，漏逼钟鸣，尚图一出，此虽其身退，而心终未尝乐退也。"① 亭园主人虽做好身退之计，却"暂来即去"，不忘建立功业。如果说官府是兼济天下之所，那么这一方山斋则是文人独善其身之处。

"山斋"彰显了中国传统美学的生态智慧。从返璞归真、少私寡欲的人生观到无为而治、顺应天地的世界观到万物齐一的自然观，它们三位一体共同体现中国古代独有的生态美学智慧。老子《道德经》讲"少私寡欲"，主张回归到人至纯至朴的本真状态。《论语》中也有着夫子温、良、恭、俭、让的说法，这也是生态美学至纯至朴境界。朴素是自然的特点，也是人最本真的存在状态。山水书斋展现出返璞归真的美学特点。五色与五音，日积月累会给人造成身心伤害，因此道家提倡朴素简单的人生态度，这也是佛家提倡的修行原则。"山斋"引导文人们进入了一个自然无为、朴素归真的生活环境，这便是当代生态美学所倡导的绿色自然、简洁朴素的生存方式。晚明的士子文人端坐于山斋当中，远离了世俗喧嚣，每日品茶、作画，体验日落月升、阴晴圆缺的四时变化，让人回归到自然本真的状态。欲速则不达，慢则生道。明代的绘画作品常寥寥数笔勾勒出隐于崇山峻岭之中的"山斋"意象，一方面是在向世人宣示：造物宁拙勿巧、宁素勿丽、宁少勿多，另一方面也是在推崇一种简化、素朴、自然的生活方式。

中国古人将"天""地""人"视为宇宙三极。天地与我同根，万物与我同体，人与自然万物密不可分。"山斋"于山水泉林如人之于自然万物，草堂代表着人工与人性化，山水泉林即为自然界。置于山水泉林中的草堂是力求与大自然合二为一、融为一体的。这种整体世界观将自身纳入万物自然中，正是天人合一的体现。山斋是人与自然山水相亲的桥梁，也是与天地相通的手段。无论是营造

---

① 朱亚夫、王明洪编著：《书斋文化》，上海：学林出版社2008年版，第70页。

规格、经营之法还是精神寄托，都包含着对自然天地的敬畏与考量、对万物交感和谐的权衡、对山水林泉的亲近与热爱、对人类自然本体属性的回归。

第三节　茶寮、琴室：亲近自然，超然物外

茶在古代文人生活中是不可或缺的，以茶会友，以茶入诗，乃是风雅之事。唐代白居易《琴茶》云："琴里知闻唯渌水，茶中故旧是蒙山。"这不仅透露出文人浓浓的生活情怀，也彰显着属于他们的审美格调。作为烹茶之所的茶寮是有讲究的。明代许次纾《茶疏》提出："小斋之外，别置茶寮。高燥明爽，勿令闭塞。"意思是说，茶寮要干燥明净，保持通风。文震亨针对品茶为"幽人首务"，提出了茶寮设计的另外两点要求：第一，位置，茶寮"相傍山斋"①；第二，须有专人烹煮，"教一童专主茶役，以供长日清谈，寒宵兀坐"②。讲究位置乃是因为品茗不仅是为了涤烦疗渴，更是要显示主人高雅的素养与淡泊的品格；须专人烹煮乃是为了不影响白日的清谈与夜晚的独坐。由此看出，文震亨谈茶寮的设置，追求的是随心所欲的自由与风致。

茶文化的发展最早可以追溯至炎帝、黄帝时期。"茶之为饮，发乎神农氏……闻于鲁周公。"③ 从春秋至两晋，饮茶慢慢成为文人的雅事。魏晋诗人左思的《娇女诗》："心为茶荈剧，吹嘘对鼎䥶"，生动地描述心急饮茶，对着炉子吹火烧水的情态。魏晋名士对茶文化的发展起了重要的推动作用。"在晋代，风流之士，尤其是在其中还被视为表率的风流之士积极参与饮茶，既赋予了饮茶以风流的属性，也有力地带动了饮茶习俗的普及。"④ 正是由于名士的推广，后世文人相继效仿。唐代李白的《答族侄僧中孚赠玉泉仙人掌茶》："丛老卷绿叶，枝枝相接连。曝成仙人掌，似拍洪崖肩。"白居易的《晚春闲居，杨工部寄诗、杨常州寄茶同到，因此长句答之》："闲吟工部新来句，渴饮毗陵远到茶。"黄庭坚的《满庭芳》五首咏茶，描述了宋代饮茶文化的景况，"北苑龙团，江南鹰爪，万里名动京关"。饮茶带有风流雅致之趣，因而在社会上被普遍效仿。众多灵感诗词伴随着饮茶、品茶而生，茶文化与文人生出剪不断的精神羁绊。因而，

---

① （明）文震亨著，李瑞豪译注：《长物志》，北京：中华书局 2021 年版，第 28 页。
② （明）文震亨著，李瑞豪译注：《长物志》，北京：中华书局 2021 年版，第 28 页。
③ （唐）陆羽著，李勇、李艳华注：《茶经》，北京：华夏出版社 2006 年版，第 35 页。
④ 关剑平：《茶与中国文化》，北京：人民出版社 2001 年版，第 196－197 页。

相伴山斋是彰显茶寮内在精神品格的有效方式。当然，尽管饮茶带有风雅之感，成为文人身份的印证，但不仅限于文人圈层，普通的老百姓也是能喝上一口茶的。比如"淡酒邀明月，香茶迎故人""喝口清茶方解渴，吃些糕点又充饥"。

与简朴自然的山斋一样，茶寮与饮茶也象征着节俭与约束，与朱门酒肉恰恰相反，饮茶象征某种崇尚节俭的生活方式与超然出世的隐逸精神。一座简陋的茶寮往往能彰显文人们的素业与自律。茶叶在市场上也不作为某类人的独享品。陆羽的《茶经》当中对茶的俭、简做了阐释。虽在宋代以后，茶的品种与价值丰富多元，但它最初的品质与精神依旧得以传承。"相伴山斋"的茶寮拥有自己独特的文化价值与精神理想，让品茶者在其中达到"忘我"境界，品味茶之"神韵"，这样的精神遨游与山斋或是琴室均有共通之处。晚明时期，嗜茶之人依旧多为文人雅士，崛起的商人圈层为了获得身份认同进行效仿，便形成了以茶会友的风潮。这种极具时代性的聚会交友方式走向雅致化与品位化，成为文人士大夫生活的表征。文徵明写道："醉思雪乳不能眠，活火砂瓶夜自煎。"在文徵明的笔下，贫寒的文人也离不开茶水陪伴，饮茶、品茶是晚明时期幽居雅士不可或缺的。文震亨也将之称为"幽人首务，不可少废者"。文徵明的《茶事图》（图4-5）描绘了清明时节与好友游览无锡惠山饮茶赋诗时的场景：众人围井而坐，煮茶闲谈，文人雅趣与青山绿树的幽雅环境和谐统一。明代居节的《品茶图》（图4-6）也描绘了文人对饮的画面：主人与友人正在依山的草堂中饮茶，一旁设有茶具，童子执饮。茶寮与自然、人与景色相融相洽，是明末绘画作品的常见主题。无论饮

图4-5 （明）文徵明《茶事图》局部

图4-6 （明）居节《品茶图》局部

茶、品茶都是人回归、向往、投入自然的形式之一，也彰显了简朴自然的生活态度与方式。

抚琴、听琴与品茶、饮茶一样被看作文人士子的风雅之事。琴室最应考虑的因素是对声音的影响。文震亨从声音的扩散、透彻来考量，不赞成古人埋钟于地下与琴声共鸣的做法，而认为在阁楼的底层声音效果更好。"然不如层楼之下，盖上有板，则声不散。下空旷，则声透彻。"① 末尾，他又提出一个浪漫的想法：把琴室建造在乔松、修竹、岩洞、石室之下，因为在这些与世隔绝的地方弹琴更为风雅。"地清境绝，更为雅称耳。"② 乔松修竹之旁，岩洞石室之下，这些地方亲近自然，于此抚琴，回响着天籁，也是让艺术回归自然属性。

琴与茶一样有着悠久的历史传承。琴的整体造型暗合"天圆地方"，琴面取弧面象征天圆，琴背光洁平整象征着地方。琴面设琴额、颈、腰等，对应自然界的山川河流，星宿万物。③ 古琴本身的自然选材是对其自然属性的保留与尊重，对不同材料、性质的多样性与特殊性的充分肯定。在奏琴过程中讲究娱己，而非取悦他人，琴声不必过大，应追求：大声不喧哗而流漫，小声不湮灭而不闻。所以琴室的选址也多在文震亨所说的远离人烟纷扰的山林当中。屠隆提到："幽人逸士或于乔松修竹、岩洞石室、清旷之处，地清境寂。"④ 也只有如此，才能达到"地清境寂"之妙，也才能使得弹琴之人全身心沉入其中，免受外界纷扰，达到物我两忘的神妙境界。

抚琴环境在历代诗词中也多有描绘，王维的"独坐幽篁里，弹琴复长啸"，李白的"闲坐夜明月，幽人弹素琴"。这些吟咏的场景中就有文震亨提到的松竹之类。古人在自然山林间抚琴听琴，

图4-7 （明）仇英《桃源仙境图》

① （明）文震亨著，李瑞豪译注：《长物志》，北京：中华书局2021年版，第28页。
② （明）文震亨著，李瑞豪译注：《长物志》，北京：中华书局2021年版，第29页。
③ 黄河编著：《天籁心经：中国古琴鉴赏》，长沙：湖南美术出版社2011年版，第2页。
④ （明）屠隆著，秦跃宇点校：《考槃馀事》，南京：凤凰出版社2017年版，第55页。

较为经典的例子是魏晋时期的"竹林七贤"。竹林七贤中嵇康尤爱抚琴，适逢魏晋乱世，孤寂狂傲的文人们大多隐逸遁世，借琴抒怀。古琴之妙在山林旷野中展现，如同他们向往闲云野鹤的生活心态，后世多为效仿。唐代人民生活较为安定，抚琴对象慢慢扩展，在周昉的《调琴啜茗图》中，抚琴的是婀娜多姿的仕女，而画面场景中依旧有树木、石台的加入。可见饮茶与抚琴本身都有着许多相通之处。明代文人由于政治环境恶劣，许多士子选择远离庙堂，抚琴成为必备技能之一。明代抚琴名家辈出，描绘琴室听琴作品也十分常见。明代仇英的《桃源仙境图》（图4－7）描绘的正是文人们在洞口边抚琴的场景。在隐居的胜境当中，几位白衣雅士坐于山洞边，洞内有钟乳石悬挂，泉水荡漾而出，童子立于侧，意境悠长。远处崇山掩映，云雾飘渺，亭台楼阁坐落在山腰间，实乃"桃源仙境"。

茶寮与琴室是文人墨客日常休闲活动的重要场所，它以"清雅绝尘，超然物外"为最高标准，与文人山斋相似。但想要做到超然物外，就必定远离人烟，与自然为伴。若受条件限制无法栖身山水，或于乔松修竹之下也是不错的，毕竟庭前植树比举家迁移方便得多。由此看出，明代茶寮、琴室的选址因地制宜，亲近自然山水依旧是它内在的主基调。

第四节　街径、庭除：雨久生苔，自然古色

街径、庭除分别是指园林中的道路与庭院台阶。街径小道用来连接居室各部分的景点。庭除是供人休憩、散步、驻足的空间。它们追求的是"自然古色"。地面最好用康武石铺设，不仅极具年代感还坚硬耐磨，表面的细小蜂窝眼看上去好似木头的纹理一样。除此外也可以用碎瓦砌成，"雨久生苔，自然古色"[1]。文震亨最后点明，像这样自然古色的景色才是珍贵的。"宁必金钱作垆，乃称胜地哉？"[2] 难道一定要用金钱来打造华丽的景观吗？

文震亨特意点出不必非得用财富来打造风景，是基于一定的社会背景。明代人民物质生活水平提升，城市发展迅速，尤其是江南地区，商贾云集。大量崛起

---

① （明）文震亨著，李瑞豪译注：《长物志》，北京：中华书局2021年版，第31页。
② （明）文震亨著，李瑞豪编著：《长物志》，北京：中华书局2012年版，第25页。

的豪商富绅手中囤积大量财富，他们在满足基本生活需求后，追求更高贵的审美品位与社会认同，因而奢靡腐化、夸富斗艳的风气逐渐蔓延开来。"明代广州濠畔朱楼，明孙典籍《广州歌》云，广州富庶天下闻，四时风气长如春……香珠犀象如山，花鸟如海，番夷辐辏，日费数千万金。"① 富庶的江南地区尤为剧烈："自昔吴俗习奢华，乐奇异，人情皆观赴焉……盖人情自俭而趋于奢也易，自奢而返之俭也难。今以浮靡之后，而欲回朴茂之初，胡可得也。"② 经济的发展导致社会整体风气急剧变化，在衣食住行上无不讲究华美，在住宅的室内设计上追求财富的堆砌与展现。富商们自然不会忽视对于日常栖身之所的投入与营建，引得文人们发出担忧之声：不闻俭朴而闻奢靡、不闻节省而闻浪费。

文震亨因而写下"宁必金钱作垆，乃称胜地哉？"在享乐风气盛行的明代，文震亨对于自然朴素的追求可谓一股清流，是对自然本真的坚守。他提倡"自然古色亦佳"，追求庭院的原生态设计。"雨久生苔"正是大自然原本的模样，是未经雕琢打磨、具有生命力的原初状态，庭居小道也因为这些自然苔绿充满了活力。"青苔"这种自然意象在文震亨的笔下不止一次被提及，青苔的特别之处在于它实在是不起眼，和那些一掷千金的名贵家居装饰物相比，青苔算不得什么正经的装饰，但文震亨却格外喜爱它，因为它生命力旺盛，只要一点雨水，甚至是潮湿的环境就能让它郁郁葱葱，且无须精心打理。它无处不在又生生不息，正是自然的化身与象征。文震亨批判"金钱作垆"是基于他对环境和谐协调的追求。文震亨心中最佳居处是在山水之间，自然山水间的房屋若建造得华丽富贵，则与周围的环境格格不入，也会破坏环境的整体美感。街径、庭除之妙不必用财富打造，石砖、青苔、花木也能够营建质朴、曼妙的独特环境氛围。众多简单的自然意象组合搭配起来也能够形成别样的生态审美场景，它们相互辉映，和谐互补，又岂是金钱财富可以打造的？

第五节　楼阁：轩敞宏丽，爽垲通气

《说文解字》中说"重屋曰楼"，《尔雅》中"阁"原义指门上防止自闿的长橛，在中国传统文化里，"楼"与"阁"所指并不相同，楼是多层建筑的房

① 王熹：《中国明代习俗史》，北京：人民出版社1994年版，第199页。
② 卢兴基：《失落的"文艺复兴"：中国近代文明的曙光》，北京：中国社会科学出版社2010年版，第60-61页。

屋,阁则是四流水顶、四面开窗的房屋,但后来楼阁用来泛指楼房。文震亨讲述了楼阁的三种功能以及它们的规则与忌讳,这三种功能分别是:卧室、眺望、藏书。

他讲到楼阁作为人们的卧房时,应是"回环窈窕"①。作为人们日常休息的卧室时,他讲究幽静、安宁。回环让主人的卧房更加曲折、隐蔽,不会直接暴露在大众视野下。在建筑风水学上,卧室是人们在夜间睡觉使用的,属于阴,人体在这个时候的阳气应该被很好地保护起来。楼阁的回环窈窕避免了气的直接流通,能够营造出一个藏气的良好场所,有益于居住者的身心健康。楼阁作为登高眺望的建筑时,须"轩敞宏丽"②,以便收纳四时的美景。作为眺望用途的楼阁也是园林中重要的建筑物,人们可以登楼观赏园林的整个景貌,在此还可以进行一些娱乐、休憩活动,是一个综合性场所。汉代信仰神仙方术之说,认为在高峻的楼阁上能与天上的仙人相会。楼阁供人们登高远眺、游目骋怀、观赏自然美景,是古人生活当中的重要休闲活动场所。从"暮春之初,会于会稽山之兰亭"到《虢国夫人游春图》,无论是普通百姓或是达官贵人都将自然游赏作为重要娱乐方式,在文人雅士中尤甚。自然美景让人们身心陶醉,更能够激起人们心中的情感,激荡出动人的遐思。范仲淹登岳阳楼后发出"先天下之忧而忧,后天下之乐而乐"的政治感悟;白居易的《长恨歌》讲述着阁楼上动人的传说"阁楼玲珑五云起,其中绰约多仙子";晏殊登楼吟咏"昨夜西风凋碧树,独上高楼,望尽天涯路",流露着辗转难眠的思绪;王勃登上滕王阁写下脍炙人口的"落霞与孤鹜齐飞,秋水共长天一色"……登上阁楼览望能开阔人们的视野,拓展思维,极目骋怀,感受物我交融、物我两忘的境界。而作为藏书画的建筑时,阁楼则需要"爽垲高深"③,干燥通风。宽敞通风的贮藏环境能够防止书本潮湿,也能容纳更多的书册。

阁楼作为一种木结构的井干式建筑,可以根据具体情况,灵活调整其功用,具有机动性与灵活性。建筑虽已建成,但它部分结构、内部零件是可以根据人们的需求加以改造的,这也是中国古典建筑的一个重要特征。这种变化与人们的实际需求和周围的环境密切相关,无论是居室藏风聚气,曲径通幽;还是轩敞宏丽,以便登高;抑或干燥通风,利于贮藏,阁楼总会因地制宜地发挥最大功用。

楼阁起源于印度的窣堵坡(高坟墓),传入中国后,被中华建筑文化改造成

① (明)文震亨著,李瑞豪译注:《长物志》,北京:中华书局2021年版,第32页。
② (明)文震亨著,李瑞豪译注:《长物志》,北京:中华书局2021年版,第32页。
③ (明)文震亨著,李瑞豪译注:《长物志》,北京:中华书局2021年版,第32页。

了独具特色的审美景观,因其可供登临,成为文人创作抒怀的审美视点。这种建筑可以提供更加开阔的审美视野,而自然万物成为重要的审美对象。不仅如此,站在楼阁上游目骋怀的视线更容易让审美主体突破有限的时空而实现一种形上境界的建构,营造出一种"灵的空间"。故而,古代的大都会城中都有名园风景,如繁华的大都市长安、洛阳、汴梁、元大都等都有自然观景去处。每座城市也都有八景、十景、十六景,如杭州西湖、苏州寒山、桂林西山、南京玄武湖等。中晚明城镇的发展,让许多文人虽身处闹市,但心向山野,开始用自己的居所与园林打造出心中的"洞天福地",让心灵收获澄明。

明代思想家陈献章提出"山林亦朝市,朝市亦山林"①,这与魏晋王康琚的《反招隐诗》中"小隐隐陵薮,大隐隐朝市"说的是一个意思:真正的归隐不一定非要到山陵湖泽中躲藏起来,而是能够在闹市和朝堂之中保持悠闲的心情与独立人格。山林之中的隐士,大多是亦官亦隐,其把"隐"当作走终南捷径的形式,不是真正意义上的隐或只能算作是小隐士。反而居于闹市,能够物我两忘、自得其乐的人,才能算作是真正的隐士。晚明文人士子们传承了中国古代的隐逸思想,在室庐的建造上煞费苦心,既做到了形式上的"隐",也做到了心灵上的"隐",把山斋、茶寮、琴室、楼阁建于山水之间,同时又把山间的野趣请回室内,而且还让室内室外融为一体、互相贯通,体现了中国古人的生态审美智慧。

第六节　园林:天然图画,各得所宜

中国古典园林是一种综合而高级的生态艺术,它包含了山景、水景、花木、鸟兽等自然景观,是供人们进行游览观赏、艺术创作、聚会休闲、吟诗、品茗等精神活动的重要场所。

中国古典园林的历史十分悠久,最早可追溯至殷商时期。《周礼·地官》记载:"囿人:掌囿游之兽禁。牧百兽。"②可见殷商时期,囿游已初具游赏功能。当时的园、圃、囿慢慢分化出私家园林与皇家园林,及至明清,文人写意园林鼎盛起来。文震亨所著《长物志》中的园林部分正是以此为背景。《长物志》以广袤的视角关注了园林建造中的花木、水石、禽鱼,它们都是构成园林意境不可缺

---

① (明)陈献章著,孙通海点校:《陈献章集》卷四,北京:中华书局1987年版,第364页。

② 《周礼注疏》卷十六《地官司徒》,(清)阮元校刻:《十三经注疏》影印本,北京:中华书局1979年版,第749页。

少的要素。文震亨笔法细腻，论述简约，《长物志》是明代《园冶》之外的又一造园经典。作为一种大尺度的空间艺术，中国园林在思想观念的传递上较为直接，它讲求境心相遇，通感天地。如常见的园林题字讲究"会景""见山""涵虚"等，都是试图把园林当作与天地交流的手段。造园者力求在园林中勾画出一幅又一幅的"天然图画"，用具体物象的安插与组合营造言有尽而意无穷的环境空间，以此表达对真山水、真宇宙的向往与回归。本小节从园林中的花木、水石、禽鱼三个部分展开探讨。

在文震亨看来，在园林中种植树木，花木是必不可少的。"第繁花杂木，宜以亩计。乃若庭除槛畔，必以虬枝古干，异种奇名，枝叶扶疏，位置疏密。或水边石际，横偃斜披，或一望成林，或孤枝独秀。"① 花木可以离开园林，园林却少不得花木。古人云："山以林木为衣，以草为毛发，以烟霞为神采，以景物为妆饰，以水为血脉，以岚雾为气象。"② 花木为山林的外衣，它的枯荣生长代表着自然的更替。"山园日静，花径风甜，即一草一木，莫不怡人心，爽人目；况乎众香毕具，百态娟妍，既可人怜，奚容不赏？"③ 花木形态、香气各异，不仅为园林增添生趣，也令人赏心悦目，愉悦身心。

文震亨在花木类罗列了许多适宜栽种的品类，对其栽弄侍养等提出了自己的观点。他告诉人们"弄花一岁，看花十日"④。养花并非朝夕之事，需要付出耐心与汗水，须"帏箔映蔽，铃索护持"⑤，像这样照料养护，才可获得些许回报。但文震亨又点明，如此养护花木也不应该"徒富贵容也"⑥。养花不只是为了看到开花时的瞬间，又是为了什么呢？作者并未多做解释，但是他对花木的种种描述与介绍，不单停留在短暂的花期，还凝聚在花木的整个成长过程中，在整个悉心栽培、亲力亲为的培护中。侍弄花草，是文人们的嗜好，也是他们幽居生活的重要部分。文震亨在《长物志》中提出："草木不可繁杂，随处植之，取其四时不断，皆入图画。"⑦ 同时代李渔也写道："草木之类，各有所长，有以花胜者，有以叶胜者。"⑧ 花木品类繁多，形态不同，花期各异，然栽培时多做考量，便

① （明）文震亨著，李瑞豪译注：《长物志》，北京：中华书局 2021 年版，第 42 页。
② （清）徐崧、张大纯纂辑，薛正兴校点：《百城烟水》，南京：江苏古籍出版社 1999 年版。
③ （清）黄图珌著，袁啸波校注：《看山阁闲笔》，上海：上海古籍出版社 2013 年版，第 181 页。
④ （明）文震亨著，李瑞豪译注：《长物志》，北京：中华书局 2021 年版，第 42 页。
⑤ （明）文震亨著，李瑞豪译注：《长物志》，北京：中华书局 2021 年版，第 42 页。
⑥ （明）文震亨著，李瑞豪译注：《长物志》，北京：中华书局 2021 年版，第 42 页。
⑦ （明）文震亨著，李瑞豪编著：《长物志》，北京：中华书局 2012 年版，第 37 页。
⑧ （清）李渔著，隋小左编译：《闲情偶寄》，南京：江苏凤凰科学技术出版社 2018 年版，第 198 页。

可使园内花开四时不断，如此可赏及四季美景。将四季之缩影展现在文人的园林之中，是古代造园者不懈追求的天人与共的终极目标。扬州个园的四季风景正是极好的体现，在园中，春夏秋冬之景巧妙汇聚于同一时空，周而复始，生生不息。《长物志》的园林花木也寻求着"四时之妙"与"天然图画"。文人侍弄花草，在愉情养性的幽居生活中感受自然流转、生命交替。

园林花木须有四时之妙，也应布置得宜。整体与部分的和谐也是栽种花木时的重要考量。哪些花木适合种植于庭前阶下，哪些花木不可种植过多，哪些花木只可作短期观赏……不同花木的组合安置，做出最得宜的配置。此外在地形地貌开阔变化的空间中划分不同景区，最终才能收获如诗如画般的四时景趣。花木的四时烂漫被收进园林当中，象征着自然的兴荣衰落，产生无穷的自然意境。

在中国花木里，松柏并称，但文震亨以松树最为高贵，松树中以天目松为最上等。"松柏古虽并称，然最高贵者，必以松为首。天目最上。"① 大多数花木以新为贵，但松与梅、柏一样，贵老贱幼，愈老愈贵。《字说》云："松为百木之长，尤公也，故字从公。"松树挺拔而沉稳，苍劲而坚毅。北宋郭熙在《林泉高致·山水训》中写道："长松亭亭为众木之表。"② 青松枝干笔直，遇风雪而不弯腰，四季常青，且松树耐寒，生命力顽强，树龄极长，因此常被赋予雅士人格风骨。

《长物志》云："斋中宜植一株，下用文石为台，或太湖石为栏俱可。水仙、兰蕙、萱草之属，杂莳其下。"③ 庭斋宜种植松树，配以水仙、兰蕙等花草相陪。松树挺拔为庭院主体，花草温婉，如此配合，协调美观、主次得当、刚柔相济。花木枯荣体现四季交替变化，青松则历经风霜打磨与岁月沉淀，坚毅不屈的人格化特征如同一位清迈高士。在许多画作中，松柏与老者常常同时出现，如明代张元举《松林看瀑图》（图4-8）等。松柏也常与老者并提，李渔："予尝戏谓诸后生曰'欲作画图中人，非老不可。三五少年，皆贱物也。'……予曰'不见画山水者，每及人物，必作扶筇曳杖之形，即坐而观山临水，亦是老人矍铄之状。'"④ 古松与人的关联与匹配，正是对松树自身属性的高度赞肯。

文震亨认为庭院植松可作高台或栏杆，山松植于土冈上亦可。如此，"龙鳞

① （明）文震亨著，李瑞豪译注：《长物志》，北京：中华书局2021年版，第72页。
② （宋）郭熙著，周远斌点校纂注：《林泉高致》，济南：山东画报出版社2010年版，第26页。
③ （明）文震亨著，李瑞豪编著：《长物志》，北京：中华书局2012年版，第62页。
④ 骆兵：《李渔从绘画到戏曲的身份认同》，《江西科技师范大学学报》2014年第5期。

既成，涛声相应，何减五株九里哉?"① 文
震亨认为土岗之上，松林成阵，待到风
起，松涛阵阵，实乃幽人之趣。大自然带
给人的感受从不是单一的，是从视觉、嗅
觉、听觉等全方位的沉浸式体验，正如
"梅须逊雪三分白，雪却输梅一段香"的
独特体验，松涛声声是大自然带给人的听
觉盛宴。

《长物志》云"丛桂开时，真称'香
窟'"②，此时应该"结亭其中"，取落花
以食之。文震亨主张在桂树丛中建一小
亭，给小亭取一个脱俗的名字，躺在树
下，以天地为庐，一边赏花闻香，一边以
桂花为食品。在他看来，桂花具有可观、
可闻、可食的特点。

桂花盛开于金秋时节，花开时香远益
清。北周庾信《山中》云："涧暗泉偏冷，
岩深桂绝香。"桂花哪怕生长于山涧，花
开时依旧飘香十里。宋之问的《灵隐寺》
诗中云："桂子月中落，天香云外飘。"故
后世称桂花为"天香"。古桂花有友好吉
祥之意，古人称登科为"折桂"，仕途得
志又叫"蟾宫折桂"，所以自唐宋以来，

图 4-8　（明）张元举《松林看
瀑图》局部

文人墨客与官宦世家都喜爱在自家庭院中种植桂花。桂花开时周围需要打扫干
净，花落地，满地黄花不仅甚是好看，还可以取之食用。文震亨曰："树下地平
如掌，洁不容唾，花落地即取以充食品。"③ 桂花可以制成许多美味佳肴，如桂
花糕、桂花饼、桂花酿等。除此之外，桂花还具有不小的药用价值，其花朵、果
实、根皆可入药。《说文解字》载："桂，江南木，百药之长。"意思是说，桂树
是百药之长，具有药用价值。《列仙传》里说有一位叫"桂父"的仙人之所以成

①　（明）文震亨著，李瑞豪编著：《长物志》，北京：中华书局2012年版，第62页。
②　（明）文震亨著，李瑞豪编著：《长物志》，北京：中华书局2012年版，第65页。
③　（明）文震亨著，李瑞豪译注：《长物志》，北京：中华书局2021年版，第74页。

仙，就是因为常常服用"桂叶"。又说春秋时期军事家范蠡，后也成为神仙，原因是他"好食桂"。在许多经典医书中，如《备急千金要方》《千金翼方》《新修本草》《本草纲目》《食医心鉴》中都有关于桂花入药的记述。

有学者认为，中国古代中的万物之母——女娲的"娲"字，与"蛙""娃"语音和语意上都存在关联。不管是"蛙"还是"娃"，偏旁中都有"圭"字。从文字的起源来看，它们都是由"圭"字演变而来。而巧合的是，"桂"也与"圭"同源。圭，是一种重要的古代礼器，上圆下方。古代典籍中有载，桂树得名于"桂"，或是因为桂叶的形状，神似这种"圭"的古代礼器，因此才取名为"桂"。由此我们可以了解到，女娲的"娲"、青蛙的"蛙"，或者"娃"，以及"桂"，它们从文化溯源来说，都具有相似性。这种相似性，正是远古时期的生殖崇拜——生命不息，源源不断。青蛙繁殖能力强，一直是古代先民对蛙崇拜的原因；女娲造人，也是一种生命不断出现的象征。于是我们也就很容易理解，与它们同源的"桂树"也具有生殖、生命不息的文化内涵，这是一种远古对母性生殖的完美崇拜。自古以来日主阳、月主阴。太阳象征着男性，月亮则象征着女性。在此基础上，月亮与桂树深层的文化渊源，也就得到了解释。而神话中的吴刚伐桂，桂树一分为二，随即又愈合。吴刚不停砍伐，桂树死而复生，这种反反复复的过程，恰好与月亮缺了又圆形成对应，也寄托了远古先人对生命不息的美好愿望。

由于桂花的种种特质与美好传说，桂树深受人们喜爱。"树乃月中之树，香亦天上之香也。"[1] 观赏桂花，从香气、外形、实用价值上，都体现了晚明文人对自身健康的保养、对生命的尊重以及对生生不息的期盼。

"结庐松竹之间，闲云封户；徙倚青林之下，花瓣沾衣"[2] 的生活场景一直是文人雅士心中所盼。明代一张《司马光归隐图》描绘了文人士子于竹林之中赏景的场景。竹，作为四君子之一，被中国文化比喻为君子高洁坚毅的人格品质，中国文人爱竹、画竹、咏竹，是因为竹与君子的内在性情有某种相似性。白居易《养竹记》："竹性直，直以立身，君子见其性。"日日见竹，可提升君子的人格品位。苏轼有诗曰："可使食无肉，不可居无竹。无肉令人瘦，无竹令人俗。人瘦尚可肥，士俗不可医。"（《於潜僧绿筠轩》）《长物志》中提到了竹适宜的栽植环境："种竹宜筑土为垅，环水为溪，小桥斜渡，陟级而登，上留平台，以供

---

① （清）李渔著，隋小左编译：《闲情偶寄》，南京：江苏凤凰科学技术出版社 2018 年版，第 174 页。
② （明）陈继儒著，高文方译：《小窗幽记》，北京：北京联合出版公司 2016 年版，第 92 页。

坐卧，科头散发，俨如万竹林中人也。"① 竹林之中预留出供人坐卧的平台，赏竹时坐卧其间，产生幽静淡雅的意境，由此达到人与竹合一的审美状态。

中国人对花木的欣赏所展现出来的体悟方式构成了独特的东方文人景观。无论种植何种花木，种植者都十分注重花木与人的相互沟通、融合。以花状物，应寓风雅。将花木视作有生命的主体看待，使花木具有审美主体的品质与品性。寄情花木而超乎其本身，发挥审美客体的投射与涵涉作用，表现出审美主体的品藻标准。与人交际，体验是"与善人居，如入兰芷之室，久而不闻其香，则与之化矣"（刘向《说苑·杂言》），花有品格，亦有个性。咏竹、画竹，以花木拟人、言志、抒怀、寄思等，都是中国文人与自然相互交感的方式。花木有性，各有其妙。园林中的四时花木，与大量历史人物关联，与复杂的人情风俗关联，与天候、节序、地域、社会风潮关联，体现了传统文人士子的精神图景。

《长物志》曰："石令人古，水令人远，园林水石，最不可无。"② 园林中不能缺少水石。水石的设置须悉心安排，使之呈现山河湖海之状，具"自然"之妙，即如计成所说的"宛自天开"。园林构建中须"一峰则太华千寻，一勺则江湖万里"③。这样造山理水虽有点夸张，但一山一水写天下，体现了造园者优雅悠远的情怀。因而文震亨的水石意境能"纳千顷之汪洋，收四时之烂漫"④。又如清代王闿运曰："谁道江南风景佳，移天缩地在君怀。"⑤ 在园林中收纳自然山川之妙，以一勺代江、一石代山，观有穷之景，品无穷之境，是造园者们的共同追求。

"水石精神出，江山气色来。"（穆修《鲁从事清晖阁》）园林中有了水石才称得上初具自然之貌。石与水，一刚一柔，一实一虚，动静交织。石的静默烘托了水的流动，水的柔弱显示了石的刚强。它们相互烘托，互为补充，彰显着大自然的兼容性与多样性。"清泉漱石"是园林建造与山水画描绘中不可或缺的景致，这些水石须"安插得宜"，"又须修竹、老木、怪藤、丑树，交覆角立，苍崖碧涧，奔泉泛流，如入深岩绝壑之中，乃为名区胜地"⑥。园林中的水石应该因地制宜，回环料峭，安置得当，巧于因借，宛若天开。如此，才称得上胜地。

① （明）文震亨著，李瑞豪编著：《长物志》，北京：中华书局2012年版，第69页。
② （明）文震亨著，李瑞豪译注：《长物志》，北京：中华书局2021年版，第99页。
③ （明）文震亨著，李瑞豪译注：《长物志》，北京：中华书局2021年版，第99页。
④ （明）计成著，陈植注释：《园冶》卷一《园说》，北京：中国建筑工业出版社2017年版，第75页。
⑤ （清）王闿运：《圆明园宫词》，见中国圆明园学会筹备委员会主编：《圆明园（第一集）》，北京：中国建筑工业出版社1981年版，第111页。
⑥ （明）文震亨著，李瑞豪编著：《长物志》，北京：中华书局2012年版，第81页。

因为大自然的山川流水无法按照原样搬入自家园林里，只能以此借代。"幽宅磊石，原非得已，不能致身岩下，与木石居，故以一卷代山，一勺代水，所谓无聊之极思也。"① 尽管如此，也应使之如入画境，以诗画造园，借助自然环境，因地制宜，才能造就一片理想的园林之境。

"安插得宜"的目的是达到园林整体环境的协调与融洽，山水花鸟，草木鱼虫，各个物象和谐共处。人对于大自然的感知有限，最直观亲近的便是所处的周围环境。园林是自然的缩影，人所处其中也如同在大自然的怀抱中一样。园林之中的山水叠石配合，空间应是统一连贯、自然融洽的，具有形式美与意境美。如同大自然一样，各个部件之间充满关联又相互独立，和谐共生。

水的形态在大自然中是最为灵活多变的。与山石不同，在园林中，水的形状需要靠土岸、石岸的勾勒与约束。水在整个园林布置经营上地位很高，无水之地谓之"死地"。在堪舆之中，"观水"也是一项极为重要的环节，在园林布置中亦是如此。宋代郭熙说："山以水为血脉。"无水则不成园。水对于园林的重要程度，在东西方的古老典籍中均有印证。《旧约·创世纪》中记载："有河从伊甸流出滋润那园子，从那里分为四道。"② 伊甸园是圣经中美丽的天国花园，而水流能够滋润这片园子。伊甸园可以说是西方园林的肇始，它充分肯定了水的重要性。

《长物志》中提到了园林中水的不同形式，如广池、小池、瀑布、天泉等。对于广池，书中写道："凿池自亩以及顷，愈广愈胜。"广池如其名，重在面积之大，如此"可置台榭之属，或长堤横隔，汀蒲、岸苇杂植其中，一望无际，乃称巨浸"③。广池中可以建造供人眺望的观景水榭、长堤，平坦开阔，十分利于远眺观景。广池一望无际，配以水榭，长堤更有虚实相间、曲折蜿蜒之妙，也能增加层次感与递进感，有"咫尺山林"的景观效果。如苏州沧浪亭的"面水轩"是一座四面厅，取意于杜甫的诗句"层轩皆面水，老树饱经霜"④。自然中有动有静，观景时也应保持这种风趣。建筑在园林中不可与其他景物相突兀，须搭配合宜，便于观者领略广池的园林湖海之妙。此外广池中可以"中蓄凫雁，须十数为群，方有生意"⑤。水为生命之源，滋养万物，畜养一些水禽在其中，能突出广池的"生"气。"锦鸳霜鹭，荷径拾幽蘋"（黄庭坚《满庭芳》）；"水禽翻白

---

① （清）李渔著，隋小左编译：《闲情偶寄》，南京：江苏凤凰科学技术出版社2018年版，第84页。

② ［法］范居尔埃著，幽石译：《世界花园：人间的伊甸园》，上海：上海书店出版社2001年版，第24–25页。

③ （明）文震亨著，李瑞豪编著：《长物志》，北京：中华书局2012年版，第82页。

④ 谢华：《〈长物志〉造园思想研究》，武汉理工大学博士学位论文，2010年，第44页。

⑤ （明）文震亨著，李瑞豪译注：《长物志》，北京：中华书局2021年版，第101页。

羽，风荷袅翠茎"（白居易《答元八宗简同游曲江后明日见赠》）。这样的自然生态美景才得以洞见。

《长物志》中对园林广池水阁建造要求是"必如图画中者佳"，讲的就是广池水阁要有诗情画意。造园与绘画都是一种艺术，都追求自然空灵的意境，它们各有所长。诗画中意境虽美，但需要审美主体发挥想象，若要在园林中实现可视的优美精致，需要园林建造者们设计规划。造园师们以水石造景，营造心中的自然妙境。比如汉武帝时期的上林苑，按照方士鼓吹的神仙之说在建章宫内开凿太液池，池中堆筑方丈、蓬莱、瀛洲三岛以模拟东海的"神仙境界"，岛上建宫室亭台，植奇花异草，自然成趣。这种山池结合营造如临仙境的手法是古代造园追求的最高品格。我们也可以从清代钱维城的《狮子林图卷》中了解广池的如画之境：池中只有叠石，景色一览无余。小桥、水榭分别立于池上，一亭一廊，天光山色，月落湖心，风来水面，极尽水天之色即为广池之美。

与广池不同，小池追求的并非广阔，而在于生机与幽趣。小池中畜养的是一些小巧灵动的生物，因为面积的缘故，小池旨在灵动与生趣，池中有一些水草游鱼足矣。如同周邦彦诗中的"新绿小池塘，风帘动、碎影舞斜阳"，小池塘的"四周树野藤、细竹，能掘地稍深，引泉者更佳"① 更增添它的幽静之感，野藤蔓枝倒映入湖面也别有风味。如《看山阁闲笔》中描述的："凿土为池，引入源头活水，不觉溶漾纡回，一清彻底。其天光云影，禽舞花飞，以及炎寒之升降、景物之盈虚，莫不熙熙然咸会于一镜之中，以供清鉴也。"② 这里提到从源头引入活水，池水清澈可见岸边倒影，颇有天光云影徘徊之境。文震亨反对方、圆、八角这些呆板的形状，重视水体的自然样貌。如此，小池之妙便在一草一木、一鸟一虫的平淡本真之中。我们可以了解到《长物志》对于不同形态的水池，追求的景致是不同的。大自然千变万化，其中形态更是变幻各异，它的多样性与丰富性在园林造景理论中得以展现。无论是广池或是小池，只要能够因地制宜，传递它独特的特质就能呈现别样魅力。

瀑布又称飞泉、跌水，指崖壁上挂落的流动水体。如果说广池是水的静态表达，那么飞泉瀑布则是水的动态呈现。"问渠那得清如许，为有源头活水来"，流转奔腾的泉水为园林带来不息的生命力。瀑布有水源之泉的含义，因而在园林中有着点睛的作用，但塑造瀑布景观需要有一定水源的降雨量才能"坐而观

---

① 谢华：《〈长物志〉造园思想研究》，武汉理工大学博士学位论文，2010 年，第 44 页。
② （清）黄图珌著，袁啸波校注：《看山阁闲笔》，上海：上海古籍出版社 2013 年版，第 152 页。

雨"。计成于《园冶》中提到园林设计之初应"立基先究源头,疏源之去由,察水之来历"①。文震亨提到了营造瀑布景观的两种方式:一种将天然的降雨作为水源,另外一种是进行人工蓄水,且人工的瀑布"终不如雨中承溜为雅,盖总属人为,此尤近自然耳"②。人工营造出的瀑布总不如山野自然中形成的曼妙,自然中形成的瀑布一般在悬崖断壁处,激荡而壮观,富有落差感,跌宕起伏。古人观瀑有感,讲到观水临水,纵情山水。"如济南的趵突泉,泉池略约成方形,广为一亩,周围绕以石栏,泉水从地下溶洞的裂缝中喷涌而出。游人凭栏俯瞰全池,清澈见底。春夏之交,池上可上涌数尺,水珠回落仿佛细雨沥沥,古人盛赞:'喷为大小珠,散作空濛雨',是古园中闻名遐迩的动水景观。"③趵突泉瀑布不仅在视觉上有冲击力,在听觉上亦有大珠小珠落玉盘之妙。

泉水本是指从地下流出来的水,《诗经·小雅·四月》曰:"相彼泉水,载清载浊。"文震亨笔下有天泉、地泉。天泉指从天上所降之水,如雨水、雪水。地泉则指地下流出的水。《长物志》从饮用角度对它们做了详细阐述:对于天泉的品饮,文中写道:"秋水为上,梅水次之,秋水白而洌,梅水白而甘"④,点明了最适合饮用的是秋天的雨水。雪水虽清洌,却不好喝,不过雪水煎茶也极为雅致:"雪为五谷之精,取以煎茶,最为幽况,然新者有土气,稍陈乃佳。"⑤宋代辛弃疾《六幺令》也写道:"细写茶经煮香雪。"

古人对于雨水与雪水的运用十分普遍,譬如《红楼梦》中薛宝钗所制的冷香丸就是用四时雨水霜露调成。第四十一回里栊翠庵的妙玉给宝玉与黛玉烹的茶,收集的也是潘香寺梅花上的雪水。在古人心中,雪水烹茶不但味道清醇,而且有保健的功效。北魏贾思勰的《齐民要术·种谷》将雪称作五谷精。⑥《本草纲目》中讲:"腊雪水,甘,冷,无毒,解一切毒……抹痱尤良。"⑦我国云南大理,以风、花、雪、月四大景著称,专门有一道美食小吃就是食雪,又称一掌雪、蜜雪。

如果说食用天泉须要看天气状况,那么饮用地泉就要方便许多。早在《山海

---

① 陈从周著,张竞无编:《陈从周讲园林》,长沙:湖南大学出版社2009年版,第23页。
② (明)文震亨著,李瑞豪编著:《长物志》,北京:中华书局2012年版,第84页。
③ 谢华:《〈长物志〉造园思想研究》,武汉理工大学博士学位论文,2010年,第47页。
④ (明)文震亨著,李瑞豪编著:《长物志》,北京:中华书局2012年版,第85页。
⑤ (明)文震亨著,李瑞豪编著:《长物志》,北京:中华书局2012年版,第85页。
⑥ 《太平御览》卷十二引汉《氾胜之书》:"取雪汁渍原蚕屎五六日,待释,手挼之,和谷种之,能御旱,故称雪为'五谷精'也。"
⑦ 任犀然编著:《全彩图解〈本草纲目〉》,北京:北京联合出版公司2015年版,第60页。

经》里就有饮用泉水的记录。先秦时，人们已将水分为"轻水""重水""甘水""辛水""苦水"五种，而古人所推崇的饮用水里，第一位就是"泉水"。古人认为，泉是水之源。《长物志》写道"乳泉漫流如惠山泉为最胜，次取清寒者"①。这时候已经筛选出：饮泉以惠山为最，以清凉为佳。不同地方泉水品质各不相同，这是不同环境所导致，也是一方水土养一方人的现实佐证。明代画家钱谷的《惠山煮泉图》描绘的就是汲泉煮茗的雅事。泉水给古人带来了灵感，也留住了他们的美好记忆。清代俞樾《茶香室丛钞》曰："予急回岸，烹泉与僧共饮，清香透骨，非复人间味。"甘甜的泉水让人回味无穷。泉水也让风景有了生命的灵动，宋代楼钥《游惠山》曰："泉水泓澄风拂拂，洞门幽杳昼沉沉。"因为有了泉水，清风才吹起了涟漪。

灵璧石亦称磐石，出自安徽灵璧县磐石山，质密而脆，磨之有光，扣之声音清越，为中国四大名石之一。文震亨做出了"石以灵璧为上"的品评。灵璧石"佳者如卧牛、蟠螭，种种异状，真奇品也"②。它的妙处在于样貌奇特，形状各异，质、形、色、纹皆有很高的艺术欣赏价值。因其天然成形，千姿万态，气韵苍古，被称为"奇品"，故有"黄金万两易得，灵璧珍品难求"之说。灵璧石主要特征概括为"三奇、五怪"，"三奇"即为色奇、声奇、质奇，"五怪"即是瘦、透、漏、皱、丑。

"奇"与"怪"是对正常的人、物和事及其关系的正常尺度的一种夸张式变形，它能让审美者产生"快活"的解放感。这对审美范畴在中国古典美学里很常见，比如庄子作品多怪奇脱俗，描绘非凡世界，屈原的浪漫风格亦是奇丽曼妙。追求"奇""怪"的审美风格在晚明彰显了个体的价值与人性的张扬，是追求人性的自由与解放，在某种程度上是回归人的"精神生态"。文震亨评"石"尚"奇"是对明代朱熹理学的一种挑战，也是对王阳明心学的呼应。晚明自我意识的不断觉醒让尚奇之风盛行，这在文艺中体现得较为明显："汤显祖还将'奇'看作具有自然物质内容的'天地间奇伟灵异、高朗古宕之气'的审美化表现。这就使'奇'与天地造化相融合，成为根基于自然人性的一种审美精神，与僵化滞重的封建社会形成尖锐的对立。"③

山石互依，中国文人自古爱顽石，书房几案上总有一方奇石，画作中也总有冷硬清瘦的竹石图，欣赏、把玩、吟咏奇石是文人的审美偏好。文震亨对奇石抱

---

① （明）文震亨著，李瑞豪编著：《长物志》，北京：中华书局2012年版，第86页。
② （明）文震亨著，李瑞豪编著：《长物志》，北京：中华书局2012年版，第89页。
③ 曾婷婷：《晚明文人日常生活美学观念研究》，广州：暨南大学出版社2017年版，第148页。

有非同寻常的热情，他将各品种的石头分出高下，何为上品、珍品、极品，一一列举，同时表达了与众不同的审美趣味。"石以灵璧为上，英石次之，然二种品甚贵，购之颇艰，大者尤不易得，高逾数尺者，便属奇品。小者可置几案间，色如漆，声如玉者最佳。横石以蜡地而峰峦峭拔者为上，俗言'灵璧无峰''英石无坡'。以余所见，亦不尽然。他石纹片粗大，绝无曲折、岈嵘、森耸、峻嶒者。近更有以大块辰砂、石青、石绿为研山、盆石，最俗。"① 石是园林风景中重要的点缀，园林无石则不秀、不雅。古人对奇石的欣赏有着悠久的历史。对园林山石的鉴赏可追溯到秦汉时期，当时的建造手法已从"筑土为山"改变为"构石为山"。受到魏晋山水诗歌、绘画影响，唐宋时期假山之风盛行。宋徽宗赵佶就是位藏石大家，他为了在汴京建造名噪一时的"艮岳"，派人在苏州设立了应丰局，安排了大规模的"花石纲"之役。明代的《长物志》《园冶》《闲情偶寄》里都有关于山石的理论著作。"《哲匠录·叠山》记录明清叠山家有米万钟、高倪、林有麟、计成、陆叠山、张涟、张然、叶洮八人。"②

《长物志》提到了许多石头的品评要领，包括造型、质感、色泽、体积。文震亨对石材选择十分重视，对于太湖石他提到："石在水中者为贵，岁久为波涛冲击，皆成空石，面面玲珑。"③ 水中太湖石是最为珍贵的，它久经水流冲刷，石性坚而润，面面玲珑，曲折圆润，是大自然的鬼斧神工造就的。独特的环境使太湖石拥有了独特的形态样貌，它最能展现"漏、透、瘦"的审美品位——四面玲珑、石面相通、当空直立。在中国古人看来，生在山上的石头叫作旱石，即使人为开凿的洞孔经历较长的岁月，凿痕依旧存在，不如水中自然形成的雅致。千疮百孔的太湖石印证着自然界沧桑变幻，它总是高于人工雕琢的。文震亨充分肯定了石头自然天成之美的无可替代性。

还有一种不精致亦不玲珑的石头叫作尧峰石，这种石头的独特之处正是在于它的"不精致"。《长物志》云："近时始出，苔藓丛生，古朴可爱。以未经采凿，山中甚多，但不玲珑耳，然正以不玲珑，故佳。"④ 尧峰石布满苔藓，古朴可爱，是明代才被发现的一种石头，因为先前没有经过开采，较为常见。对尧峰石的品鉴反映了明代文人雅士审美风向的转变，即对不美之美的包容。尧峰石虽然不甚完美，但是自然质朴，具有真、奇、性灵的特点，这种独特的审美观念反

① （明）文震亨著，李瑞豪译注：《长物志》，北京：中华书局 2021 年版，第 101 页。
② 秦柯：《荒丘数日成林泉：张涟家族与园林》，北京：化学工业出版社 2019 年版，第 123 页。
③ （明）文震亨著，李瑞豪编著：《长物志》，北京：中华书局 2012 年版，第 91 页。
④ （明）文震亨著，李瑞豪编著：《长物志》，北京：中华书局 2012 年版，第 92 页。

映了晚明文艺思潮的多元与开放。文人雅士开始包容大自然中那些不完美的事物，喜爱它们的笨拙、独特、不精致，并将这一审美风尚链接到评人上。张岱的《陶庵梦忆》提到："人无癖不可与交，以其无深情也；人无疵不可与交，以其无真气也。"因为有缺点才是真实的、真性情的人。观赏石头也是一样。这里人同石、人与自然再一次相互类比。这种追求自然本真样貌、包容不完美的审美态度正是生态审美态度，即自然界的万物各有各的价值，各美其美。这与工业时代追求产品的统一化和标准化不同，个性化审美被珍视与认可。故而，"贫士之家，有好石之心而无其力者，不必定作假山。一卷特立，安置有情，时时坐卧其旁，即可慰泉石膏肓之癖"①。石虽不是生活中的急需之物，却如山水画一样使人脱俗。"得旧石，天成山水云烟，如'米家山'，此为无上佳品。"②

飞禽游鱼能点缀园林，身处其中的人可游目骋怀，极视听之娱。同时飞禽游鱼也营造充满生机的氛围，并给园林中人带来感慨与思考。中国驯养飞禽游鱼的历史悠久。"据《竹书纪年》称，纣时稍大其邑，南据朝歌，北据邯郸及沙丘，皆为离宫别馆。沙丘以苑、台并称，台是人造的建筑物，苑中放养鸟兽，可见沙丘苑是人工经营的猎场。《史记·殷本纪》又载，纣'厚赋税以实鹿台之钱'，台以鹿名。显然是又一所以猎鹿为主的苑。"③ 这便是园林中圈养禽鱼走兽较早的记载。明清时期的江南园林，文人们通过各种方法调驯禽鸟，使禽鸟兽类成为园林的一部分。如果说花木奇石是园林中的静态景物，那么流水与各种动物则是其中的动态景观。在《楚辞》《汉赋》里，描绘宫殿庙宇时已有许多飞腾灵兽彩绘出现，飞鸟游鱼无疑是园林意境不可或缺的主题元素之一。

禽鱼的自由洒脱令人神往。文人雅士观赏禽鱼，移情于禽鱼，能够获得精神的自在。《长物志》禽鱼篇开篇讲道："语鸟拂阁以低飞，游鱼排荇而径度，幽人会心，辄令竟日忘倦。"④ 观赏禽鱼是幽人雅事，能够令人扫却疲惫，流连忘返。周邦彦《苏幕遮》中写道"燎沉香，消溽暑。鸟雀呼晴，侵晓窥檐语"，这里描绘的是一幅人与飞鸟和谐共处的场景。杜甫《遣兴》诗："仰看云中雁，禽鸟亦有行。"诗人感受到了季节的变换，并由禽鸟联系到了自己，生出"死生亦大矣"的无限感慨。飞鸟与游鱼带给人的还有从自身到他人、从小我到天地的哲

---

① （清）李渔著，隋小左编译：《闲情偶寄》，南京：江苏凤凰科学技术出版社 2018 年版，第 89 页。
② （明）文震亨著，李瑞豪译注：《长物志》，北京：中华书局 2021 年版，第 119 页。
③ 王世仁：《理性与浪漫的交织：中国建筑美学论文集》，北京：中国建筑工业出版社 2015 年版，第 171 页。
④ （明）文震亨著，李瑞豪编著：《长物志》，北京：中华书局 2012 年版，第 99 页。

学思索。庄子与惠施的"濠梁之辩"开辟了人与自然对话的美学命题。"霜天闻鹤唳，雪夜听鸡鸣，得乾坤清绝之气；晴空看鸟飞，活水观鱼戏，识宇宙活泼之机。"[①] 窥鸟观鱼，能够让我们偶得自然之妙。

《长物志》提到了园林禽鱼驯养的要求：雅洁与悉心呵护。这种呵护是从了解各种禽鱼的特征、性情开始的。文中说："故必疏其雅洁，可供清玩者数种，令童子爱养饵饲，得其性情，庶几驯鸟雀，狎凫鱼，亦山林之经济也。"[②] 文震亨本人就深谙观鱼之道，讲究时机与情景。在了解喂养的基础上才能更了解自然规律，亲近山野，感受人与自然的同一性。明代陈继儒讲道："云烟影里见真身，始悟形骸为桎梏；禽鸟声中闻自性，方知情识是戈矛。"[③] 禽鸟缘于自然，充满无限生机，人从禽鸟鉴赏中看到自己的性情。"感时花溅泪，恨别鸟惊心。"人观物时常带有自己的情感色彩，人若忧伤痛苦，自然之景必是愁云惨雾；人若心平气静，自然之景必是禽鸟和鸣，豁然开朗。禽鱼性情与审美主体性情互相影响。因而，我们对自然万物的关照，实是对自己的呵护。

鹤是祥瑞之物，与长寿永生、羽化升仙、平安祥和等寓意相伴随，在文人笔下一直是高洁、俊雅的象征，是文人清高个性、不与浊世同流合污的象征。它常与仙人仙境联系在一起。李渔称："鹤、鹿二种之当蓄，以其有仙风道骨也。"[④] 鹤有着清雅的外形，不食人间烟火的洁白羽翼，并频繁出现在神话记载当中。它不仅象征祥瑞，还是仙人沟通的仙兽，有着超凡脱俗的文化定位。文人爱鹤，在园中养鹤。历史上卫懿公爱鹤成痴，给鹤加官晋爵；北魏官员张伦园中豢养白鹤；明代从东海进贡的鹤饲养于宫苑之中；苏轼《放鹤亭记》专门记叙了徐州云龙山的放鹤亭。

《长物志》写养鹤选鹤的标准："相鹤但取标格奇俊，唳声清亮，颈欲细而长，足欲瘦而节，身欲人立，背欲直削。"[⑤] 从体态、风格、声音对相鹤做了评述。鹤鸣是园林中十分特别的声景。《易经》："鹤鸣在阴，其子和之。"《诗经》："鹤鸣于九皋，声闻于天。"《抱朴子》："千岁之鹤，随时而鸣。"关于鹤鸣的描写，在《花镜》《园冶》等著作里均有记载，都强调了身处园林之中耳目的共同享受与欣赏。程颢说："'万物生意最可观'，'鸢飞鱼跃'，活泼泼地。"[⑥] 鹤作

① （明）陈继儒著，高文方译：《小窗幽记》，北京：北京联合出版公司2016年版，第48页。
② （明）文震亨著，李瑞豪编著：《长物志》，北京：中华书局2012年版，第99页。
③ （明）陈继儒著，高文方译：《小窗幽记》，北京：北京联合出版公司2016年版，第24页。
④ （清）李渔著，隋小左编译：《闲情偶寄》，南京：江苏凤凰科学技术出版社2018年版，第237页。
⑤ （明）文震亨著，李瑞豪编著：《长物志》，北京：中华书局2012年版，第100页。
⑥ 蒙培元：《人与自然：中国哲学生态观》，北京：人民出版社2004年版，第32页。

为一种祥瑞高雅的物象出现，有时候不需要实体，借助植物，造景或匾题的方式也能够融入园林中。孙承恩《白斋记》就记述了自己"鼓鸣鹤之操"颐养性情："夫君子之道必以悟而入，必以养而固，耳目所习精神所接皆其助也，吾是以辟此斋焉，尽致其白者，以足耳目，以通精神，以为身心之益也……"① 常见的放鹤亭、观鹤台亦是如此。

鹤是古人园林建造中的文化符号，它为园林景致增添了飘渺仙气。屠隆提到："空林别墅，白石青松，更宜此君，以助清兴。"② 文震亨也讲道"空林别墅，白石青松，惟此君最宜。其余羽族，俱未入品"③，可见鹤的清雅绝尘。在明代几幅绘画作品里，可以看到鹤所栖息的环境，唐寅《款鹤图》（图4-9）绘山水之间，苍松之下的僻静之处，一位文人以石为桌，放有纸墨，吟诗作画，一只鹤正向他走来，周围苍松翠木，风景宜人。沈周《东庄图》（其一）《鹤洞》（图4-10）也有关于鹤的描绘。此外，文震亨也提到了如何驯养鹤，称为"以食驯化"。《红楼梦》第二十七回"滴翠亭杨妃戏彩蝶，埋香冢飞燕泣残红"中，宝钗和探春一起观看舞鹤，便是大户人家驯养珍禽观赏的场景。文震亨的驯养虽难以完全脱俗，但也重在人与动物的和谐共处。

图4-9　（明）唐寅《款鹤图》局部

① 游亚晔：《明清江南园林动物声景研究》，华南理工大学硕士学位论文，2017年，第98页。
② （明）屠隆著，秦骥宇点校：《考槃馀事》，南京：凤凰出版社2017年版，第92页。
③ （明）文震亨著，李瑞豪编著：《长物志》，北京：中华书局2012年版，第100页。

图 4 - 10　（明）沈周《东庄图》（其一）《鹤洞》

鱼是中国古典园林造景中的重要物象，园林不可无水，有水的地方必有鱼。鱼作为园林的造景手段最早出现在殷商时期，《太平御览》云："囿者，畜鱼鳖之处也。囿，育也。"在秦代，为了满足秦始皇接近神仙的愿望，在园林中"刻石为鲸"；自魏晋始，鱼在园林中的功能开始转向观赏娱乐、游憩审美、陶冶情操等；在唐代，鱼被广泛养育作为观赏之用，宋代已出现用杂交法培育出的金鱼。① 明清时期，鱼类在园林中的应用更为广泛，造景手法更加多样，文化寓意及意境营造更为丰富，并出现大量关于观赏鱼培育、鉴赏等方面的著作，比如明代文震亨的《长物志》中说："朱鱼独盛吴中，以色如辰州朱砂，故名。此种最宜盆蓄，有红而带黄色者，仅可点缀陂池。"② 它点出了朱鱼以色如朱砂命名，

---

　　① 殷嘉远、唐娜、彭尽晖：《金鱼品系演化与中国古典园林的关系探究》，《山东林业科技》2020 年第 6 期。

　　② （明）文震亨著，李瑞豪编著：《长物志》，北京：中华书局 2012 年版，第 104 页。

用来点缀园林中的池水。朱鱼的颜色鲜艳，与池水相互呼应装点。"千里巨鳌，幽于一勺之水，可为苦矣。安知其能随波逐浪，翻腾跳跃，悠悠然自得其情，洋洋焉自得其乐也？"① 至少在观者眼中，鱼儿在池水间是逍遥自在的生物。垂钓渔人在文人雅士笔下也成为悠闲出世的形象。"悠悠烟水，淡淡云山，泛泛渔舟，闲闲鸥鸟。"（《园冶·山林地》）而到文震亨这里，朱鱼不仅养于池中，还可以在盆中饲养，盆中养鱼也是当时兴起的潮流。因为鱼盆的开口通常很大，盆水中的溶氧量最大化，盆放于庭院中，光照充足，无须另外加入氧气，鱼儿也能悠然其中，是一种不错的生态喂养手法。

鱼儿悠然灵动的身姿不免令人作"濠、濮间想"。观鱼，是文人雅士们闲暇生活里的又一项乐事。《诗经》云"鸢飞戾天，鱼跃于渊"，"飞"与"跃"是鸢和鱼的生活习性，观赏它们不仅有趣，也能让文人体悟到生命的自由与快乐。卓文君《白头吟》道"竹竿何袅袅，鱼尾何簁簁"，赞许的是鱼尾浮出水面的灵动。周邦彦《蝶恋花》："鱼尾霞生明远树，翠壁黏天，玉叶迎风举。"碧波荡漾，水天一色，曲尽其妙。李白的《观鱼潭》则展现鱼跃之趣。

《长物志》的观鱼篇章讲道："宜早起，日未出时，不论陂池、盆盎，鱼皆荡漾于清泉碧沼之间……至如微风披拂，琮琮成韵，雨过新涨，縠纹皱绿，皆观鱼之佳境也。"② 在文震亨的笔下，观鱼的时间、地点、场景均有严格的要求。观赏时间应当在日出之前，早起观看鱼儿。天气上，可以在凉爽宜人的月夜里观鱼，这时候的环境应是月光疏影、细波微荡或是雨后水涨。听觉上，享受泉水叮咚作响、鱼儿跃出水面的自然奏乐。触觉上，有微风拂面的惬意。这样的状态才是观鱼的佳境，才发挥了其最大观赏价值。因为观鱼过程中，审美主体的五官都参与了审美，审美主体的每一个细胞都被充分调动起来，能真切地体会到庄子所说的"濠上"之乐，遁入鱼我两忘的大通境界。

在中国古典文化中，园林观鱼之乐被描述得十分频繁，几乎每座经典园林都有一处或若干处观赏游鱼的佳地，以"鱼乐"为题和渔隐、渔翁自比的景点也随处可见。如清代西苑中的鱼乐亭、圆明园"坦坦荡荡"中的知鱼亭、颐和园的知鱼桥和鱼藻轩、杭州西湖的花港观鱼、嘉兴烟雨楼的鱼乐国、无锡寄畅园的知鱼槛、上海豫园的鱼乐榭等，也有"网师园（始称"渔隐"）"这样直接以园名表现渔隐的名园流传至今。不仅如此，鱼舫、旱船等特有的园林建筑以及各种

① （清）黄图珌著，袁啸波校注：《看山阁闲笔》，上海：上海古籍出版社 2013 年版，第 150 页。
② （明）文震亨著，李瑞豪编著：《长物志》，北京：中华书局 2012 年版，第 108 页。

楹联匾额中鱼的出现也可归于此。不论是现存的还是只能览于书间的园林，但凡临水，观鱼就是不可或缺的景致，"鱼乐"等审美思想就是不变的主题。①

总而言之，《长物志》中的园林造景不仅体现出艺术视角的诗情画意，而且体现在园林布局上的各得所宜，让花草、水石、禽鱼各安其所，各美其美。中国古典园林的鉴赏模式综合了艺术审美与自然审美两种优势，将"如画式鉴赏"和"参与美学式审美"相结合，充分调动审美主体的身心与感官。在园林的构建上，追求在天地四时、宇宙四方的遨游中，人类灵性与自然生灵的互通互融，人与自然万物休戚与共；以花木移情，借花木言志，将自然美景烙上人文主义印记。

园林是综合性艺术，也是生态审美的场域之一。尊重自然、顺应自然、亲近自然是园林设计的基本原则。将自然引入审美维度是园林欣赏的最大特点，在沉浸式的自然体验中，多感官进入沉浸式的生态体验中。这种沉浸式体验充分调动了人的视觉、听觉、嗅觉、味觉、触觉多方位身体机能，让园林审美者获得身心自由。由比德述情的灵性抒发到物我两忘的沉浸式遨游，最终实现天人合一的至上境界，中国古典园林的设计美学为现代园林城市的构建提供了有价值的参照。

---

① 张俊玲、明玥、李文：《鱼文化对中国古典园林的影响研究》，《山西建筑》2005 年第 6 期。

第五章　饮食——素简雅洁，颐养身心

天生五谷以育民。① 中华民族自古以食为天，在物质生活丰裕的明代，《长物志·蔬果》开篇提到了古人山肴珍馐的饮食日常，并说道："吾曹谈芝讨桂，既不能饵菊术，啖花草；乃层酒累肉，以供口食，真可谓秽吾素业。古人蘋蘩可荐，蔬笋可羞，顾山肴野蔌，须多预蓄，以供长日清谈。"② 在这里，文震亨倡导朴素雅致的生活，批判暴饮暴食的口欲之欢。在文震亨看来，纵情酒肉不仅有损文人士子的雅致风情，还会影响身心健康。正如后世的李渔讲道："食之养人，全赖五谷。使天止生五谷而不产他物，则人身之肥而寿也，较此必有过焉，保无疾病相煎、寿夭不齐之患矣……多食一物，多受一物之损伤；少静一时，少安一时之淡泊。其疾病之生，死亡之速，皆饮食太繁、嗜欲过度之所致也。"③ 李渔在这里援引了文震亨的观点——饮食素简，保持清雅。古人重视健康的养护，这种"重生"思想在《长物志》中多有论述。

《长物志·蔬果》这一节记录了各类时兴果蔬，详细描绘了劳动人民在种植培育蔬果过程中如何遵从自然节令与果蔬生长规律，顺应天时、地利、物性最终获得丰富的农产品；研究不同植物的生长特性及药用和养生价值；介绍了古人开园辟土、自给自足、朴素轻食的日常生活方式；讲述了古人节用有度、朴素勤劳、乐天积极的生活态度；在研究培植果蔬中总结出了万物交感、药食同源、自然本我的生命哲学。

---

① （明）宋应星著，潘吉星译注：《天工开物》，上海：上海古籍出版社2016年版，第36页。
② （明）文震亨著，李瑞豪编著：《长物志》，北京：中华书局2012年版，第241页。
③ （清）李渔著，隋小左编译：《闲情偶寄》，南京：江苏凤凰科学技术出版社2018年版，第138页。

第一节　桃、梅：益气祛湿，提神止渴

桃木自古被认为是可以辟邪、镇鬼的仙木。王充《论衡·订鬼》写道："有度朔之山，上有大桃木，其屈蟠三千里。其枝间东北曰鬼门，万鬼所出入也。"[1]明代俞桢《种树书》认为桃树是五行之精，可以制服百鬼，称作仙木。《辞源》记载："古时刻桃木人，立于户中以避邪。"道教中桃木剑也被用作驱鬼法器。门神与对联的前身便是桃符。古人挂桃符于门两旁，使得鬼怪不得入内。在文震亨的《长物志》中，写桃开篇也提到："桃为仙木，能制百鬼。"带有古人强烈的原始信仰与自然崇拜。而武陵桃花源则为桃增添了些许飘渺神秘的隐逸色彩，它被一代又一代文人骚客吟诵着，成为传统文化中的一片净土。《闲情偶寄》"欲看桃花者，必策蹇郊行，听其所至，如武陵人之偶入桃花源，始能复有其乐。"[2]《看山阁闲笔》："欲赏是花，必求一叶小舟，随风漂泊，芳香红雨。可许近攀远眺，自得武陵渔人误入花源之想也。"[3] 桃木与桃林在文化发展中又沾染了些许仙风道骨与出世情怀。就桃木本身而言，《本草纲目》写道："桃味辛气恶，故能压邪气。"[4]

在种植上，文震亨提到"非盆盎及庭除物……池边宜多植"。信步郊外，忽见桃林，更加自然烂漫。但文震亨又讲到桃花早实，十年辄枯，又被人叫作"短命花"。人们常比喻美丽的女子"人面桃花"，但桃花短寿的特质又让人有了红颜命薄之感叹。《闲情偶寄》云："凡见妇人之面与相似而色泽不分者，即当以花魂视之，谓别形体不久也。"[5] 以花喻人的文学手法在先秦《诗经》中反复出现。《郑风·有女同车》中"有女同车，颜如舜华"，《郑风·出其东门》中"有女如荼"，其中"舜"与"荼"分别指的是木槿花和茅花。《诗三百篇》以花喻人，以花抒情、寄兴的就更仆难数。自然花木被赋予人性特征。这样的审美移情与通感也是文人观赏花木、洞悉自然万物的基本审美模式。文人们常用花木来寄

① （汉）郑玄著，（唐）孔颖达正义，吕友仁整理：《礼记正义》卷三，上海：上海古籍出版社2008年版，第564页。

② （清）李渔著，隋小左编译：《闲情偶寄》，南京：江苏凤凰科学技术出版社2018年版，第164页。

③ （清）黄图珌著，袁啸波校注：《看山阁闲笔》，上海：上海古籍出版社2013年版，第182页。

④ （明）李时珍著，王育杰整理：《本草纲目（中册）》（第二版），北京：人民卫生出版社2005年版，第145页。

⑤ （清）李渔著，隋小左编译：《闲情偶寄》，南京：江苏凤凰科学技术出版社2018年版，第164页。

托自己的理想情操，如梅、兰、竹、菊承载着文人们高洁超迈的人格化精神，从人与花木的关系生发出人与自然、物我交融的深刻体验。万物与我们共生，花木亦吾手足，休戚与共，互为比拟。

桃的种类很多，"其种有：匾桃、墨桃、金桃、鹰嘴、脱核蟠桃"①。文震亨尤为推崇樱桃，他追溯了樱桃的名称，并提到樱桃干夹置玫瑰花瓣的吃法。"樱桃古名'楔桃'，一名'朱桃'，一名'英桃'，又为鸟所含，故礼称'含桃'。盛以白盘，色味俱绝。南都曲中有英桃脯，中置玫瑰瓣一味，亦甚佳，价甚贵。"② 樱桃娇小玲珑，晶莹剔透，圆若珍珠，赤若玛瑙，其形色又颇似美女的朱唇，故历来受到人们的喜爱，被誉为"水果中的钻石"。樱桃娇嫩汁多、酸甜适度、美味可口、入口即化、营养丰富。据食品测定，每 100 克樱桃含水分 83克、热量 46 千卡、蛋白质 1.2 克、脂肪 0.3 克、碳水化合物 8 克、粗纤维 0.8克、灰分 0.6 克、胡萝卜素 0.21 毫克、硫胺素 0.02 毫克、核黄素 0.08 毫克、尼可酸 0.7 毫克、抗坏血酸 11 毫克、维生素 E 2.22 毫克、钙 11 毫克、磷 27 毫克、铁 5.9 毫克、钾 258 毫克、钠 0.7 毫克、镁 10.6 毫克、锌 0.23 毫克、铜0.1 毫克、锰 0.07 毫克、硒 0.21 微克，还含有枸橼酸、酒石酸、柠檬酸及花色素、花青素等。其中铁的含量居水果首位，钾的含量是柚子、梨子、枇杷的 2～3 倍；胡萝卜素含量则为葡萄、苹果、橘子的 4～10 倍。③ 樱桃可鲜食，也可做酱、做酒、做罐头等。樱桃既是佳果又是良药。中医认为：樱桃具有补中益气、祛风湿、收敛止泻的功能；主治脾胃虚弱、少食腹泻或脾胃阴伤、口舌干燥、肝肾不足、腰膝酸痛、四肢不温、倦怠乏力或遗精、血虚、头晕心悸、面色不华等症。《本草纲目》云：樱桃"祛风、除湿、透疹、解毒"；《名医别录》说：樱桃"主调中，益脾气"；《备急千金要方》讲：樱桃"调中益气，可多食，令人好颜色，美志性"；《滇南本草》称：樱桃"治一切虚症，能大补元气，滋润皮肤；浸酒服之治左瘫右痪，四肢不仁，风湿腰腿疼痛"；《食疗本草》载：樱桃"止泻精、水谷痢"。现代医学研究表明：樱桃除了在人体免疫、蛋白合成、能量代谢等过程中发挥着重要作用外，它含有的花色素、花青素及维生素 E 等，具有很强的抗氧化和抗衰老作用，可以促进血液循环，增强心肺功能，延缓神经退化，防止老年智障；还能帮助尿酸的排泄，缓解痛风、关节炎所引起的不适，其止痛

---

① （明）文震亨著，李瑞豪译注：《长物志》，北京：中华书局 2021 年版，第 364 页。
② （明）文震亨著，李瑞豪译注：《长物志》，北京：中华书局 2021 年版，第 363 页。
③ （佚名）《樱桃萝卜的营养价值及栽培要点》，《吉林蔬菜》2017 年第 9 期。

消炎效果如同阿司匹林。①

梅、杏也是古人常种的果蔬。文震亨提到："梅接杏而生者，曰'杏梅'，又有消梅，入口即化，脆美异常，虽果中凡品，然却睡止渴，亦自有致。"② 这里他讲到了古人种植花木的嫁接技术，将梅树嫁接到杏树上，产出杏梅，味道鲜美，提神止渴。嫁接又被称作"连枝"，又有学者称它是受到了"连理枝"的启发，是将两种或多种植物连接起来形成一个整体生长的种植手段。"连枝"技术不仅有着祥瑞的寓意，更是将农业种植技术推进了一大步。成书于西汉初年的《尔雅》记载："休无实李，痤，接虑李。驳，赤李。"③ 这说明嫁接技术及其记载在秦汉之时就已出现。嫁接不仅可以增加农作物的生产数量，提升生产效率，而且果树木嫁接过后，结出的果实味道极佳。李时珍在《本草纲目》里写道："大抵佳果肥美者，皆圃人以他木接成。"④ 圃人指的就是专门从事嫁接工作的人，他们对于嫁接的时间、方法、接穗、选取等都极为讲究。嫁接的经验总结于古代劳动者夜以继日的实践中，不仅顺应植物本身的特性，更要顺应天时地利。古人通过观察自然摸索出了花木嫁接的方法，增加了花木的多样性，同时提高了花木的品质与果实的产量。

第二节 生梨、西瓜：滋润肺胃，能解暑毒

梨的起源十分久远，《诗经·秦风·晨风》就有描写："山有苞棣，隰有树檖。未见君子，忧心如醉。"⑤ 梨，脆嫩多汁，味甜芳香，其花洁白晶莹，为历代诗人讴歌，仅《全芳备祖》一书中就辑录有五六十首古诗绝句，像欧阳修的"尚记梨花村，依依闻暗香"、苏东坡的"梨花淡白柳深青，柳絮飞时花满城"等佳句更是脍炙人口。唐代唐太宗创设"梨园"提升了梨的文化地位，宋代梨的种类更加多样，明代徐光启编写的《农政全书》十分详细地记载了梨树的培植方法。古人重视食物的药用及养生价值，会详细记录它们的属性特点，以便于人们食用后身体健康，内外达到阴阳平和。这也是古人对养生健康的追求。

---

① 陈日益：《水果中的钻石：樱桃》，《健康生活》2015 年第 4 期。

② （明）文震亨著，李瑞豪编著：《长物志》，北京：中华书局 2012 年版，第 243 页。

③ 徐朝华注：《尔雅今注》，天津：南开大学出版社 1987 年版，第 285 页。

④ （明）李时珍著，王育杰整理：《本草纲目（中册）》（第二版），北京：人民卫生出版社 2005 年版，第 1420 页。

⑤ （春秋）孔子著，于夯、吴京译注：《诗经》，武汉：武汉出版社 1997 年版，第 73 页。

梨在古代的品种很多，常见的有雪梨、蜜梨、秋梨、棠梨等，不同品种产地味道差别很大。文震亨提到："出山东，有大如瓜者，味绝脆，入口即化，能消痰疾。"① 梨不仅可以食用，而且具有一定的药用价值。它养阴生津，滋润肺胃，生者可清六腑之热，热者滋五脏之阴，有"百果之宗"的美誉。现代医学研究证明，梨含有的糖类多达 12% 左右，而且还含有游离酸、果胶物质、蛋白质、脂肪、钙、铁、磷等矿物质以及维生素 B_1、B_2、B_3 等营养物质和微量元素。梨具有降低血压、清热镇静作用，高血压患者如有头晕目眩、心悸耳鸣症状时，食梨能起到缓解作用。李时珍的《本草纲目》记载："梨，快果、果宗、玉乳、蜜父。甘、微酸、寒、无毒……"意即梨性寒，具有降火解毒之用。还有这样一则记载体现了梨的功用："所谓《琐言》乃五代孙光宪《北梦琐言》，大略云：'一朝士，见奉御梁新诊之……言与梁同，但请多吃消梨，咀啮不及，绞汁而饮。到家旬日，惟吃消梨，顿爽也。'"②

明代徐光启《农政全书》中记载："西瓜，种出西域，故之名。"西瓜性寒，皮和籽都能入药。吃西瓜能祛暑解渴，消除热毒。元代方夔《西瓜行》："香浮笑语牙生水，凉入衣襟骨有风。"《本草纲目》中说西瓜甘寒无毒，不仅"消烦止渴，解暑热"，而且"宽中下气，利小水，治血痢，解酒毒，治口疮"。西瓜能够利尿、帮助消化、消水肿。现代医学解释证明：西瓜瓜瓤部分的 94% 是水分，可以帮助排除体内多余的水分，使肾脏功能维持正常运作，消除浮肿；其次，还含有糖、维生素、多种氨基酸以及少量的无机盐，这些物质最能在高温时节有效地补充人体所需的水分和营养。文震亨在《长物志》中讲述了西瓜的吃法与药用价值，"西瓜味甘，古人与沉李并埒，不仅蔬属而已。长夏消渴吻，最不可少，且能解暑毒"③。

第三节　橘子、五加皮：行气散结，宜入药品

橘子是秋冬常见的美味佳果，富含多种矿物质、维生素与蛋白质。每 100 克橘子中含有：热量 42 千卡、蛋白质 0.8 克、脂肪 0.4 克、糖类 8.9 克、膳食纤维 1.4 克、生物素 62 微克、胡萝卜素 1.66 毫克、叶酸 13 微克、泛酸 0.05 毫

① （明）文震亨著，李瑞豪编著：《长物志》，北京：中华书局 2012 年版，第 251 页。
② 杨荫深：《细说万物的由来》，北京：九州出版社 2005 年版，第 461 页。
③ （明）文震亨著，李瑞豪译注：《长物志》，北京：中华书局 2021 年版，第 380 页。

克、烟酸 0.2 毫克、钙 35 毫克、铁 0.2 毫克、磷 18 毫克、钾 177 毫克、钠 1.3 毫克、铜 0.07 毫克、镁 16 毫克、锌 1 毫克、硒 0.45 毫克、维生素 A 277 微克、维生素 B_1 0.05 毫克、维生素 B_2 0.04 毫克、维生素 B_6 0.05 毫克、维生素 C 33 毫克、维生素 E 0.45 毫克。[1]

不同的地区结出不同的果子。《晏子春秋·内篇杂下》说："橘生淮南则为橘，生于淮北则为枳，叶徒相似，其实味不同，所以然者何？水土异也。"洞庭湖、衢州一带水土湿润，特别适合橘子生长，生出的橘子酸甜可口。文震亨在《长物志》中介绍了洞庭湖、衢州和闽中所产三种橘子。"有绿橘、金橘、蜜橘、扁橘数种，皆出自洞庭；别有一种小于闽中，而色味俱相似，名'漆碟红'者，更佳；出衢州者皮薄亦美，然不多得。"[2] 关于橘子的药用价值，文震亨说："山中人更以落地未成实者，制为橘药，酰者较胜。"[3] 那么橘子到底有哪些药用价值呢？科学研究表明：橘子皮晒干后，有化湿去痰、解毒止咳、治腰痛等功效。传统医学认为橘子具有醒酒止痢、止咳润肺、开胃理气的功效。常吃橘子能有效预防癌症、高血压、冠心病、动脉硬化、糖尿病、痛风等疾病。橘核有行气、散结、止痛的作用，可防治疝气痛、睾丸肿痛等症。[4]

五加皮是一味常用中药，具有祛风湿、补肝肾、强筋骨的作用，2010 版《中国药典》中收载为五加科细柱五加的干燥根皮。[5] 我国最早的药学专著《神农本草经》中记载了五加皮"主心腹疝气腹痛，益气疗躄、小儿不能行、疽疮，阴蚀"。书中首次提出五加皮具有益气疗躄的作用。[6] 李时珍在《本草纲目》中曰："五加治风湿痿痹，壮筋骨，其功良深。仙家所述虽若过情，盖奖辞多溢，亦常理也。""时时服能去风湿，壮筋骨，顺气化痰，精补髓，久服延年益老。"[7] 在李时珍看来，五加皮具有强身健体、延年益寿的功效。文震亨认为，五加皮是植物五加树的干燥根皮，五加树嫩芽可以泡茶，具有利胆明目的作用，"久服轻身明目，吴人于早春采取其芽，焙干点茶，清香特甚，味亦绝美"[8]，而作为中

---

① 沈成正：《橘子的营养价值及栽培技术》，《现代农村科技》2012 年第 20 期。
② （明）文震亨著，李瑞豪译注：《长物志》，北京：中华书局 2021 年版，第 366 页。
③ （明）文震亨著，李瑞豪译注：《长物志》，北京：中华书局 2021 年版，第 366 页。
④ 沈成正：《橘子的营养价值及栽培技术》，《现代农业科技》2012 年第 20 期。
⑤ 国家药典委员会编：《中华人民共和国药典（一部）》，北京：中国医药科技出版社 2010 年版，第 61 页。
⑥ （清）顾观光辑：《神农本草经》，兰州：兰州大学出版社 2004 年版，第 110 页。
⑦ （明）李时珍：《本草纲目（下册）》，北京：人民卫生出版社 1985 年版，第 2108 – 2111 页。
⑧ （明）文震亨著，李瑞豪译注：《长物志》，北京：中华书局 2021 年版，第 381 页。

药材，还可以泡酒，服之延年益寿，"亦可作酒，服之延年"①。

五加皮与酒的关系是一个饶有趣味的话题，相传李白斗酒诗百篇，与五加皮药酒息息相关。诗人李白游罢安徽黄山后，乘船途经富春江。当船至睦州（今建德梅城）时，他弃舟登岸，到山中拜访一位名叫权昭夷的隐士。隐士取出美酒佳肴与李白对饮。李白见所斟之酒色如榴花，香若蕙兰，金黄挂杯，饮之其味醇厚甘香；佐餐之盘中鱼形似银鱼，食之细嫩鲜美，不由得拍手叫绝。经再三问及，隐士才告之："此酒乃睦州严陵某家用上等粱黍，配以五加皮、玉竹、红花等中药，采用严家的天下第五泉的泉水酿制而成，饮之有活血、祛风湿、强筋骨、悦颜色之功效，久服能延年益寿。其鱼产于严陵滩，又名陵鱼。"二人举杯畅饮，把酒夜谈。次日，李白告辞，隐士又赠李白五加皮药酒十斗、陵鱼数斤。当晚，船至严陵滩，李白见江中有一巨石，即置酒举杯，独自开怀畅饮。数杯之后，愈觉山色美、江色秀、酒味香、鱼味鲜，深感权昭夷赠五加皮药酒与陵鱼之情，即于石上赋诗一首："我携一樽酒，独上江渚石。自从天地开，更长几千尺。举杯向天笑，天回日西照。永愿坐此石，长垂严陵钓。寄谢山中人，可与尔同调。"遂喝得酩酊大醉，夜卧江石。② 后人据此大做文章，遂使五加皮药酒流传开来。

第四节　时令小蔬：菜药同源，食物养生

茄子一名"落酥"，又名"昆仑紫瓜"，原产自印度，公元4—5世纪传入中国，是中国先民餐桌上的常见蔬菜，古籍《尔雅·释草》中已经有茄子的记载，是一种普遍的农蔬产品。"从营养学的角度来说，茄子富含蛋白质、脂肪、碳水化合物、维生素以及多种矿物质，特别是维生素P的含量极其丰富，维生素P能增强人体细胞间的黏着力，增强毛细血管的弹性，减低毛细血管的脆性及渗透性，防止微血管破裂出血，使心血管保持正常的功能。茄子中含有的龙葵碱能抑制消化系统肿瘤的增殖，对于防治胃癌有一定效果。选深色长条形茄子切成段或者丝，用麻酱以酱油调拌而服用还可有效降低血脂和血压，可谓是功能齐全、营养丰富的蔬菜之一。"③ 在长期的种植过程中，中国先民也摸索出了茄子的培育

---

① （明）文震亨著，李瑞豪译注：《长物志》，北京：中华书局2021年版，第381页。
② 赵军：《五加皮酒醉诗仙》，《开卷有益（求医问药）》2013年第2期。
③ 陈永丽：《茄子的营养价值和食疗功效》，《健康向导》2013年第3期。

方式，"种苋其旁，同浇灌之，茄苋俱茂，新采者味绝美"①。意思是说，茄子旁边种上苋菜，茄子与苋菜都很丰茂。这种种植方式就是今天生态农业常用的"间作"，即利用植物间相生相克的"化感"原理，使两种植物共生共荣。

文震亨写道："蔡搏为吴兴守，斋前种白苋、紫茄，以为常膳。五马贵人，犹能如此，吾辈安可无此一种味也？"② 地位尊贵的吴太守在自家园里种植果蔬以自给自足，这种园居生活展现了古代士子简朴勤俭的生活态度。在明代中晚期，奢靡之风盛行，饮食之风大开后，贫者相效。"万历时，原产江南的'蛙、蟹、鳗、虾、螺、蚌之属'，已在北京'潴水生育，以至蕃盛'。向来崇尚简朴、俭省的北方食俗，逐渐向江南食不厌精、趋新、趋奢的风尚合流。"③ 在社会财富增多、人们消费观念发生巨大变化后，饮食的方式也受到冲击。杯盘罗列、满盘珍馐的饮食风气滋生了各种社会问题。明代小说《金瓶梅》中有关于当时富人家日常饮食的描述。在第二十二回里，描写西门庆家中的早餐，放在桌子上的食物有四样咸菜、十样小菜、四碗顿烂、一碗蹄子、一碗鸽子等。一顿普通的早餐都如此丰盛，可见当时饮食生活的奢靡铺张。

不过另有一些文人雅士，他们精心地养护着自家园中的瓜果草木，等到结出果实后拿来享用，他们觉得时令小菜比山珍海味更健康。清代李渔深刻认同这一点，他这样写道："吾谓饮食之道，脍不如肉，肉不如蔬，亦以其渐近自然也。草衣木食，上古之风，人能疏远肥腻，食蔬蕨而甘之，腹中菜园，不使羊来踏破，是犹作羲皇之民，鼓唐虞之腹，与崇尚古玩同一致也。"④ 李渔倡导素食，一是崇尚节俭，减少不必要的浪费，二是珍惜生命，减少更多的屠宰。这样的观点不仅是基于净化社会风尚，更是站在自然生态平衡的角度观照自然界生灵的共生共荣。节俭适度、敬畏生命，是生态美学给我们提供的生活方式，也是《长物志》卷十一《蔬果》中所暗示的用取适度、自给自足："当多种以供采食，干者亦须收数斛，以足一岁之需"⑤，"池塘中亦宜多植，以佐灌园所缺"⑥。

芋头是我国本土所产的一种蔬菜，淀粉含量高，营养、药用价值皆有。"芋头含有一种天然的多糖类植物胶体，能有效帮助消化，增强食欲，有止泻的功

① （明）文震亨著，李瑞豪译注：《长物志》，北京：中华书局2021年版，第384页。
② （明）文震亨著，李瑞豪编著：《长物志》，北京：中华书局2012年版，第256页。
③ 周耀明：《汉族风俗史：明代·清代前期汉族风俗（第四卷）》，上海：学林出版社2004年版，第73页。
④ （清）李渔著，隋小左编译：《闲情偶寄》，南京：江苏凤凰科学技术出版社2018年版，第129页。
⑤ （明）文震亨著，李瑞豪编著：《长物志》，北京：中华书局2012年版，第255页。
⑥ （明）文震亨著，李瑞豪编著：《长物志》，北京：中华书局2012年版，第258页。

效；同时又有膳食纤维的功能，能润肠通便，可防止便秘；有助于便后康复，并可提高机体的抗病能力。"① 《长物志》说它是古人起家的蔬菜，"古人以蹲鸱（芋头）起家，又云'园收芋栗未全贫'，则御穷一策，芋为称首"，更是将芋头比作"土芝"，讲到"煨得芋头熟，天子不如吾"②，充分表达了人们对于芋头的喜爱。芋头全年可产，既可以当作蔬菜食用，也能够充当粮食。在靠天吃饭的古代农业社会生产生活中，芋头无疑是人们果腹的良佳选择。李渔道："增一篓菜，可省数合粮者，诸物是也。一事两用，何俭如之？"③ 他阐述了先民们在朴素生活中乐观积极的状态。

自然生长养育万物，人们在自然的馈赠中繁衍生息，也学会了尽天时与地利的优势发展生产。荀子认为，生态资源足以养育万民，人们要取用有度，创造人与自然和谐共生的生态环境。孟子言"五亩之宅，树之以桑"，这种精打细算的种植方式，反映了先民们对自然的敬畏。张衡《归田赋》写道："仲春令月，时和气清。原隰郁茂，百草滋荣。王雎鼓翼，鸧鹒哀鸣。交颈颉颃，关关嘤嘤。于焉逍遥，聊以娱情。"④ 自然提供给我们基本的物质生活资料，让我们生活在草长莺飞、鸟语花香的自然环境中，我们对自然万物应该永远报以感恩之心。只有怀着正确的感恩与敬畏之心，才可以自觉站在生态整体的维度上，对我们赖以生存的、息息相关的生态环境予以回馈、保护。这也是人与万物生灵和谐共生的基础。

萝葡又叫土酥、莱菔，就是现在的萝卜。据史料记载，它起源于亚洲西南部，很早就在黄河中下游种植。宋代苏颂的《图经》中说道："莱菔南北通有，北土尤多。"由此可见，从宋代开始，萝卜就成为中国的大众化蔬菜。民间流传有"冬吃萝卜夏吃姜，不劳医生开药方"的说法，意思是说，萝卜具有丰富的营养价值与药用价值。"中医认为，萝卜味辛甘、性凉，有消食顺气、醒酒、化痰、治喘、解毒、散瘀、利尿、止渴和补虚等功效。适用于消化不良、胃脘胀满、咳嗽痰多、胸闷气喘、伤风感冒等症。萝卜富含碳水化合物、维生素及磷、铁、硫等无机盐类，常吃萝卜可促进人体新陈代谢，并具有增进消化淀粉酶的作用。萝卜中稍带辣味成分的芥子油有促进肠胃蠕动功能，使人增加食欲。萝卜中

① 尹雅：《芋头的营养价值》，《健康向导》2010 年第 1 期。
② （明）文震亨著，李瑞豪编著：《长物志》，北京：中华书局 2012 年版，第 257 页。
③ （清）李渔著，隋小左编译：《闲情偶寄》，南京：江苏凤凰科学技术出版社 2018 年版，第 135 页。
④ （清）严可均校辑：《全上古三代秦汉三国六朝文·全后汉文》，北京：中华书局 1958 年版，第 769 页。

的淀粉酶、氧化酶等酶类亦有助消化的功能，还可促进食物中的淀粉、脂肪分解使之得到充分吸收。"[1] 文震亨说："他如乌、白二菘，莼、芹、薇、蕨之属，皆当命园丁多种，以供伊蒲。第不可以此市利，为卖菜佣耳。"[2] 在明代中后期，由于知识分子地位低下，他们居于田园，过着平凡简单的农家生活，他们种植萝卜是为了日常果腹，不是为了拿去贩卖获利，这是文震亨对于知识分子身份和田园生活情致的固守。他提倡基于自给自足的中国传统农业生产方式，体现了他朴素的生态人文精神：节用、减支、俭素、自足。

---

① （佚名）《萝卜的分类及其营养价值》，《北方园艺》2013 年第 9 期。

② （明）文震亨著，李瑞豪编著：《长物志》，北京：中华书局 2012 年版，第 259 – 260 页。

第六章　服饰——衣冠笠履，必与时宜

　　服饰文化是中国传统文化中的重要组成部分。中国先民最初没有衣饰的概念，《庄子杂篇·盗跖》记载："古者，民不知衣服，夏多积薪，冬则炀之。故命之曰知生之民。"原始人类服饰的产生在学界有许多不同的说法，一种说法是衣饰作用在于保暖，它与自然生态条件、气候环境密不可分。《释名·释衣裳》解释衣裳，云："凡服上曰衣，依也，人所依以庇寒暑也；下曰裳，障也，所以自障蔽也。"① 还有一种说法认为衣裳的功能在于装饰，带有政治伦理色彩。《周易·系辞下》云："（黄）帝始作冕垂旒，充纩，玄衣黄裳，以象天地之正色，旁观羣翟草木之花，变为五色为文章而著于器服，以表贵贱，于是，衮冕衣裳之制兴。"② 可见衣冠服饰源于人们在一定生存环境下对于遮蔽、保暖、防寒、装饰等的客观需求。服饰的形成也离不开古人对周遭宇宙天地的观察，其是取法天地之象，又适应自然生态环境的。"雍正年间所修的《云南通志》记载了（苗族）当地蛮民'披树叶为衣，茹毛饮血'"，"取材自然、结草成衣"的制造方式，是原始朴素的服饰观。衣饰的原料从树叶、花朵、树皮、纤维到后来的毛皮、棉麻、丝织品等，在实践认识自然中总结成熟。衣饰观念也在形成之初就被注入了朴素的天人观念，如"天圆地方"，在服饰中具体表现为头之圆象征天，足之方象征地，服饰之礼取象天地。上衣下裳的观念也来自人们最初的天地观。《周易大传今注》讲道："乾为天，坤为地。"此外还转载《周易集解》中引《九家易》之言："衣取象乾，居上覆物。裳取象坤，在下含物也。"③ 古代皇帝的冕服，上为玄衣，下为纁裳，即有"上以象征未明之天，下以象征黄昏之地"的传说。周代的冕服十二章纹分别取自大自然中的不同意象，譬如日、月、星辰，衣冠制度是对天地自然的效仿。

---

① 华梅：《服饰与中国文化》，北京：人民出版社 2001 年版，第 74 页。
② 陈茂同编著：《中国历代衣冠服饰制》，北京：新华出版社 1993 年版，第 6 页。
③ 华梅：《服饰与中国文化》，北京：人民出版社 2001 年版，第 71 页。

在《长物志》中，文震亨提到了衣饰穿着的一些重要事项。

其一，"衣冠制度，必与时宜"，说的是着装必须与时间相适应，这里的"时"大指所处时代，小指所处季节、气候等。人们根据时间制定服饰，也用特定的服饰来强调季节。"在中国古代，也可以看到象征季节的服饰。比如在服制（服饰制度）中，天子在祭天时，正月穿绿色衣服；四月穿朱红色衣服……因为绿色象征春天，红色象征夏天。"①古人对于"天时"的重视充分体现在他们的衣着上，汉代马融《遗令》："穿中除五时衣，但得施绛绢单衣。"②五时衣也是由"节令"延伸出的衣服制度。"四时服""五时衣"这样的服饰会被用于正式的祭祀场合。服饰的颜色、图案对应天象的不同变幻，如"五德终始说"，以金、木、水、火、土五行之间的相生相克、周而复始来对应与解释王朝的更迭。《礼记·大传》写道："圣人南面而治天下，必自人道始矣。"③古人认为圣人垂衣裳而治天下，衣裳制度象法天地，对应四时礼仪，对应着王朝运势。因此穿衣制度，自上而下，不可违时。"四时经脉，天气顺行"，在古人看来，天通过季节的变化来影响人的活动，人应当穿着对应季节的相应材质面料的衣衫。

其二，穿衣须应场合。"居城市有儒者之风，入山林有隐逸之象。"④不同的环境造就了不同的着装特点。在山野之中若是身着绸缎，便是不合时宜。无论是身处高堂的官员或是深居简出的隐士，无论是上朝或是会客访友，都有一套相对适宜的着装礼仪。衣冠制度要符合场合与身份，要别贵贱、示尊卑、明伦序、严礼教而敷治道。先民严格遵循服饰礼仪，衣饰服装不仅被赋予自然天地观，还是伦理制度的展现。文震亨简述了历代服饰之不同，"至于蝉冠朱衣，方心曲领，玉佩朱履之为'汉服'也；幞头大袍之为'隋服'也；纱帽圆领之为'唐服'也；檐帽襕衫、申衣幅巾之为'宋服'也；巾环襟领、帽子系腰之为'金、元服'也；方巾团领之为'国朝服'也"⑤。文震亨强调服饰要与时代、气候相宜，始终不忘衣裳带给人最初的需求，夏葛冬裘，安时处顺。根据周围环境场合做出适宜的调整，以达到最佳状态。

其三，文震亨反对一味追求华服、争奇斗艳的穿衣方式。中晚明时期，衣饰制度受到了巨大的冲击。浮靡之风盛行，以市民阶层为主体，趋新慕异。如崇祯

---

① ［日］板仓寿郎著，李今山译：《服饰美学》，上海：上海人民出版社 1982 年版，第 39 页。

② （宋）李昉等撰，谦德书院点校：《太平御览（第五册）》，北京：团结出版社 2024 年版，第 568 页。

③ 华梅：《服饰与中国文化》，北京：人民出版社 2001 年版，第 192 页。

④ （明）文震亨著，李瑞豪编著：《长物志》，北京：中华书局 2012 年版，第 219 页。

⑤ （明）文震亨著，李瑞豪译注：《长物志》，北京：中华书局 2021 年版，第 328 页。

《兴宁县志》记载："间有少年子弟，服红紫，穿朱履，异其巾袜，以求奇好。"松江府人范濂在《云间据目抄》一书中记载了当地男子衣服样式的变化，从早年样式演变到"胡服"，之后又流行"阳明衣、十八学士衣、二十四节气衣"；至隆庆万历以来，"皆用道袍，而古者皆用阳明衣"。他指出这种流行时尚："乃其心好异，非好古也。"这意味着当复古之风流行后，因为还不够新鲜，所以还要找寻更奇异的样式，以标新立异。就以巾饰方面而言，顾起元在《客座赘语》中记载南京的情形："南都服饰，在（隆）庆、（万）历前犹为朴谨，官戴忠静冠，士戴方巾而已。近年以来，殊形诡制，日异月新。于是士大夫所戴其名甚夥，有汉巾、晋巾、唐巾、诸葛巾、纯阳巾、东坡巾、阳明巾、九华巾、玉台巾、逍遥巾、纱帽巾、华阳巾、四开巾、勇巾。"文震亨处于时代奢靡之风盛行之时，他提倡儒雅与隐逸之风，提倡应当像诗人一般着衣，拒绝繁复华贵，"若徒染五采，饰文缋，与铜山金穴之子，侈靡斗丽，亦岂诗人粲粲衣服之旨乎？"[①]这也是当时许多文人的心声。

在"衣饰"这一章节当中，文震亨简要提到了一些常见的服饰类型。从道服的取法天地、简约朴素到床帐的自然物性、无穷意味，到头冠的上与天齐、铁冠最古，到斗笠的取材天然、简洁实用，再到鞋履的因时而变、实用厚生。总之，取法自然、朴素健康、衣履天地的衣饰审美哲学贯通其间。

第一节　中国古代服饰的生态审美智慧

服饰是人类文明的标志之一，是"自然人化"的结果。中国古代服饰在"天人合一"的哲学背景下产生、发展并成熟起来，经过历代服饰审美文化的积淀、融合与创新，总体呈现出"健康、丰赡、华美、笃实"的美学风貌，体现了中华民族丰富的生态审美智慧。这种智慧表现在服饰质料与染料的选择、服饰图纹的蕴含以及服饰的形制与美育功能上。

在人类文明诞生之初，世界各个民族均有以兽皮为衣料的历史，比如，据西方文化元典《旧约·创世纪》描述，上帝首创的服装为皮服："耶和华神为亚当和他妻子用皮子制作衣服给他们。"在中国，也有先民穿皮服的记载，但在描述这一现象时，古代文献着意于强调它的原始性与粗陋性。例如《后汉书·舆服

---

① （明）文震亨著，李瑞豪译注：《长物志》，北京：中华书局2021年版，第328页。

制》口："上古穴居而野处，衣毛而冒皮。"又如《史记·匈奴列传》潜隐地以中原衣冠文明睥睨游牧部落衣着的粗放："自君王以下，咸食畜肉，衣其皮革，被旃裘。"在古人看来，穿兽皮兽毛之衣，是一种没文化的表现，也是与兽为敌、不尊重自然的行为。中国儒家文化"重生"，"君子之于禽兽也，见其生，不忍见其死；闻其声，不忍食其肉。是以君子远庖厨也"①。那么，中国古代先民以何为衣呢？据文献记载和考古发现，大致有两种：丝绸与葛麻。

据考古发现，中国古人很早就运用丝绸纺织锦缎。河姆渡氏族公社时期，先人就创造了丝织机，并使用蚕纹装饰象牙盅；20 世纪，山西夏县西阴村出土了距今 5 000～6 000 年的人工切割蚕茧；河南荥阳青台村也出土了仰韶文化时期的丝织残片，这些足以证明中国古人很早就掌握了丝织技术。丝绸来自蚕茧，蚕蛹破茧而出而获新生，生命得以延续，中国古人用丝绸制衣，体现了他们对生命的敬畏与尊重。再从葛麻的来源看，它亦来自大自然。《周书》记载："葛，小人得其叶以为羹；君子得其材，以为绤绤，以为君子朝廷夏服。"葛作为野生植物，鲜嫩时，其叶可做成羹汤；苍老时，其茎可提取出纤维做成衣服。《汉书·地理志》记载"越地多产布"，颜师古注说："布，葛布也。"《说苑》记载民谣："绵绵之葛，在于旷野。良工得之，以为绤绤。良工不得，枯死于野。"韩非子《五蠹》："夏日葛衣"，即是说，古代先民们以凉爽的葛衣为夏装。春秋战国时期，葛纤维逐渐被麻纤维替代。《诗经·陈风·东门之池》："东门之池，可以沤麻。彼美淑姬，可与晤歌。东门之池，可以沤纻。彼美淑姬，可与晤语。"该诗描述了一位心灵手巧的美丽女子制作麻衣的全过程，即先将苎麻沤入池中脱皮，脱皮晾干后的麻丝白净柔韧，可直接纺做衣服。

马克思说："色彩的感觉是一般美感中最大众化的形式。"② 色彩能引起人类最直接的审美感受。世界各民族对艺术色彩的偏好与选择有很深的心理机制，它受生物性因素的影响，更受社会文化等因素的影响。"霄汉之间云霞异色，阎浮之内花叶殊形。天垂象而圣人则之，以五彩彰施于五色，有虞氏岂无所用其心哉？"③ 很显然，中国古代先民在服饰上施以"五彩"，其直接的"用心"是追求自然之美，更深的意义则在于自然之色中寄寓本民族的风俗习惯、生活理想与天地信仰。赵丰在《草木染的起源》中认为，"生存的需要、宗教的崇拜、对美的

---

① 方勇译注：《孟子》，北京：中华书局 2024 年版，第 79 页。

② ［德］马克思、恩格斯著，中共中央马克思恩格斯列宁斯大林著作编译局编译：《马克思恩格斯全集（第三十一卷）》，北京：人民出版社 1998 年版，第 549 页。

③ （明）宋应星著，钟广言注释：《天工开物》，广州：广东人民出版社 1976 年版，第 111 页。

追求、等级标志等各方面的要求，是产生染色的主要原因"①。即染色并非出于单纯的视觉审美欣赏，而是遵循当时的宗教与礼仪。又如《周易》所言："夫玄黄者，天地之杂也，天玄而地黄。"② 中国古代帝服上玄下黄，从表面上看，玄黄之色是对"天""地"之色的效仿，往深里探究，则是中国古代"天人合一"哲学思想的体现。

据文献记载，中国古代服饰色彩经历了从红色到黑白二色，到青赤黑白四色，再到青赤黄白黑五色的演进过程。在漫长的原始社会，人们对红色的崇拜不仅出于生理感官的愉悦，还在于其积淀着对生命的终极关怀、对光明的向往等社会内容。夏代以黑色为尊，商代唯白色是尚，这是古代先民二元对立思维模式的表现。西周突破了夏商非黑即白的思维模式，依据东、南、西、北四方位和春、夏、秋、冬的时序更替，延伸出青、赤、白、黑四种色彩。东方对应着春天与青色，南方对应着夏季与赤色，西方对应着秋天与白色，北方对应着冬天与黑色。不难看出，四色模式刚好对应着自然万物萌生、发展、衰退与死亡的过程。春秋时期，礼崩乐坏，四方模式被五方模式取代，即在青、赤、白、黑四色基础上增加了"黄色"，黄色对应着"中"方位与五行之"土"。因中原地区的"黄土地""黄河""黄米""黄皮肤"异质同色，故后来黄色居上，成为"天子"专用之色。五色模式的约定俗成，对后世服饰影响深远。据《晋书·舆服志》记载，帝王百官按春、夏、季夏、秋、冬五个时节穿五种朝服，其色依次为青、朱、黄、白、黑。不仅如此，古代先民祭祀时，一般也按祭日所处的时节穿着相应的服色，《汉官旧仪》卷载："皇后春蚕皆衣青……以作祭服。祭服者，冕服也，天地宗庙群神五时之服。"有意思的是，清代皇帝对祭祀有自己的理解，祭服采用蓝、明黄、红与月白四色，其意在于让祭服色彩与祭祀对象色彩一致：冬至祭圜丘坛（象征天），天为蓝色；夏至祭方泽坛（象征地），地为黄色；春分祭日坛，日为红色；秋分祭月坛，用月白色象征明月。从这里可以看出，清朝皇帝祭服的色彩体现了天子对自然诸神的认同与敬畏，其更深的用意在于强化君权神授，希冀通过"天人感应"的超自然力量来维护自身的统治。

中国古代服饰的染料来自大自然。世界各地的古人服饰染料大致有两类：一类是赤铁矿粉、石黄等颜料，另一类是植物颜料，前者称为"石染"，后者称为"草木染"。"石染"即矿物染料，中国古人深知其对身体有害，一般只用在壁画

---

① 赵丰：《草木染的起源》，《丝绸》1984 年第 3 期。
② 杨天才译注：《周易》，北京：中华书局 2022 年版，第 178 页。

与工艺美术作品中，为了减少其危害，古人常用水来漂涤稀释。比如，石黄的制取过程："先将天然石黄水浸，再经多次蒸发换水，然后调胶用或研用。换水的目的是尽量使矿物中所含有害成分砷气化挥发。"① 中国古代统治者为了惩治犯人，常用矿物颜料为囚衣染色。王侯将相与普通百姓的服饰主要使用"草木染"工艺，"草木染"较之于"石染"，显然有利于身体的健康。中国先民很早就懂得如何从大自然植物中提取色素用以漂染布帛，比如《周礼注疏》卷九曰："蓝以染青，蒨以染赤。"大自然中的青色植物很多，自然草木随处可见，青色从蓝草汁液中提取，赤色则从茜草、苏枋、石榴等植物中提取。据专家对汉代马王堆古墓出土的染织物色彩的研究得知，汉代袍服的深红色来自茜草的汁液，黄色来自栀子果和柘树的黄色汁液，蓝色则利用兰花草、蓼蓝、山蓝的叶子色素漂染而成。

在人类漫长的进化过程中，纹饰有一个从画身、文身再向服饰过渡的历程。画身是图腾艺术的原初形态，是指原始先民为了与其他部落的成员区分开来，在身体或脸上涂绘自己部族的图腾形象。弗洛伊德说："在某些庄严场合与宗教仪式中，人们披上动物表皮进行图腾活动；许多部落不仅在其军旗和武器上绘有动物的形态，并且还将其绘到身体上；在图腾部落内人们深信他们和图腾动物之间乃是源自相同的祖先。"② 许多出土文物表明，图腾与人同体，是从画身、画脸开始的。例如，新疆阿尔泰地区出土的大墓葬干尸，"身上绘有纹饰，非常美丽，手、胸、背和脚上，都绘有真实的和幻想的动物形象"③。又如 6 000 年前，陕西西安的半坡人起于生殖崇拜的需要，在脸上绘上鱼纹人面图。到了春秋战国时期，由于绘画技术的提升与颜料的丰富化，画脸慢慢转变为文身，文身广泛流传于长江以南的越、吴、楚等地，尤其盛行于两广百越之地。"中国戎夷，五方之民，皆有性也……东方曰夷，被发文身。"④ 孔颖达疏："文身者，谓以丹青文饰其身……越俗断发文身，以辟蛟龙之害，故刻其肌，以丹青涅之。"将蛟龙等形象以涂色、切痕、黥刺等方式固定在人身上，虽然有点野蛮，但实现了人与鸟兽同体，唤起了文身者的神圣感。先民们之所以如痴如醉匍匐于图腾面前，是为了在精神上获得祖先的荫护。"图腾氏族的成员，为使自身受到图腾的保护，就有

① 赵翰生：《中国古代纺织与印染》，北京：中国国际广播出版社 2010 年版，第 145 页。
② ［奥］弗洛伊德著，杨庸一译：《图腾与禁忌》，北京：中国民间文艺出版社 1986 年版，第 130 - 131 页。
③ ［苏］C. И. 鲁金科、潘孟陶：《论中国与阿尔泰部落的古代关系》，《考古学报》1957 年第 2 期。
④ 王锷、孙术兰编纂：《王制注疏（第二册）》，扬州：广陵书社 2023 年版，第 379 页。

同化自己于图腾的习惯，或穿着图腾动物的皮毛，或辫其毛发，割伤身体，使其类似图腾，或取切痕、黥纹、涂色的方法，描写图腾于身体之上。"① 从"穿着图腾动物的皮毛"这句话可见，图腾已有向服饰装饰转化的先兆了。当然，在中国，从图腾文身到衣冠装身的跳跃，还经历过儒家实践理性思维的洗礼，孔子曰："身体发肤，受之父母，不敢毁伤，孝之始也；立身行道，扬名于后世，以显父母，孝之终也。"② 由此可见，在先秦理性批判时代，图腾文身是受到社会舆论谴责的，事实也证明，以带有图腾意味的衣冠服饰代替人体装饰图腾是符合历史发展趋势的。

中国古代皇帝自命为"天子"，替天主宰宇宙万物，为了达到呼风唤雨和造福于民的目的，在冕服上绘制十二章图纹，以求沟通天地。前文已经提到，最晚自舜帝始，帝王们的冕服就已经采用十二章纹饰了。再从十二章纹饰来看，它们既有原始图腾的形式，也有具体的兴象涵指。比如"日"，传说是神农炎帝时的图腾形象，象征君王恩德如阳光普照；"月"纹饰中的玉兔即为月神，象征"天神"赐人间安宁；"星辰"纹饰为"北斗"之略图，象征"天神"昭示人间经纬、四时节令。"龙"，腾云驾雾，能升天入地，象征帝王的威严与神秘。"华虫"即"翟"，为五彩艳丽之山雉，是后世华服染帛的仿效典范，也象征文治教化的昌隆。"宗彝"本为祭器，其上绘虎、蜼、鸡、鸟等动物纹饰，是祭祀的监护神。"藻"为水中浮萍，质地洁净，生命力旺盛，象征随遇而安，滋多蕃庑。"火"，熊熊燃烧，象征百业兴旺，蒸蒸日上。"粉米"，寓意子民丰衣足食，安居乐业。"黼"即白刃铁斧，象征施政明敏机智，果敢善断。"黻形两弓相背，一黑一白，如繁体亚字，象征君臣离合及善恶相悖的情状以及明辨是非的智慧。"③ 由此可见，十二章纹饰体现了中华民族的神学观、自然观、生存观与政治理想。

如果说帝王服饰中的图纹体现了中华民族形而上的文化价值观与审美意识，那么平民百姓服饰中的图案则是从个体与家庭幸福安康的角度寓意的。民间服饰的吉祥图纹就其生成方式而言，既有取物之声韵的，也有取物之形状的。例如，蝙蝠的"蝠"与"福"谐音，绶鸟的"绶"与"寿"谐音。中药材"灵芝"以其形似古代器物"如意杖"而被寓意为"如意"。中国传统文化的"吉祥"意象直观、形象、逼真，印染在服饰上体现了古人对美好生活的期盼。又如，平民百

---

① 何星亮：《中国图腾文化》，北京：中国社会科学出版社1992年版，第293页。
② （清）阮元校刻：《孝经·开宗明义章》，北京：中华书局1979年版，第567页。
③ 张志春：《中国服饰文化》（第三版），北京：中国纺织出版社2017年版，第66页。

姓将老虎、狮子的形象补缀于孩童的帽子或鞋上，希望孩子们虎气十足、安康健壮，而将蝎子、蜈蚣等形象绣于孩童的肚兜上，则是希望孩子们免受虫害侵扰。在一些民间婚俗中，"人们将牡丹、莲花纹作为图案刺绣在新娘的婚礼服上，将鱼纹、蛙纹作为男性服装上的装饰，或用风穿牡丹、鱼穿莲、石榴等构成一幅幅精美的图案，绣制在新人的被套、枕头上，预示着男女交合、子孙满堂、幸福平安"①。

中国传统服饰图纹的抽象造型多种多样，如果从轮廓构型来看，大致分为方形（含直、折）模式、圆形模式和 S 形模式。如长沙楚墓出土的几何填花燕纹织锦、信阳楚墓出土的菱形纹织锦，其纹饰无一不是方形或方形的变形模式。服饰中的圆形纹样有联珠纹、团窠纹，最为典型的是"宝相花纹"。宝相花纹以莲蓬为中心，周围以多种优美花型作散点排列，组成中心对称图形，显得雍容华丽。唐代吐鲁番唐墓出土的织锦有"变体宝相花""真红宝相花"等。因宝相花纹为佛教纹样，具有宝相庄严的含义，后世多有沿袭。《元史·舆服志》中曰："士卒袍，制以绢絁，绘宝相花。"S 形纹样模式可看作 C 形纹的组合或圆形纹的变体，其在服饰纹样中更为常见。湖北江陵马山一号墓出土的战国刺绣中的蟠龙飞凤纹、龙凤虎纹、对龙对凤纹与凤鸟花卉纹等，无一不是 S 形纹饰及其多样化的组合。由此见出，无论是战国时期长沙墓出土的几何填花燕纹织锦，还是唐代丝织品的宝相花纹，都体现了中华民族对圆形、方形结构的执着与热爱，这种审美偏好无疑是中国古代"天圆地方"思想观念的反映，而对 S 形纹样模式的热爱则可看作古代先民对龙凤呈祥的期盼。

中国古代"衣裳"上下连属（上为衣，下为裳），它以"袂圆应规""曲袷应方"为制作原则。所谓"袂圆应规"是说圆形的衣袖口应如圆规，"曲袷应方"则是指弯曲的交领应像矩形那样"方"。毫无疑问，衣裳之"袂"的"圆"和"袷"的"方"是从"天圆地方"取喻的。在中国古人看来，"天圆如张盖，地方如棋局"②。《说文解字》云："圆，圜全也……读若员。"即是说，"圜"为立体之圆，是"圆"的三维空间，"圆"为"圜"的二维平面，二者的几何呈现方式虽不一样，但"圜"统一于"圆"，故在中国古代文化典籍中，天体之"圜"仍以"圆"来表述。"方"即"地"义，"下首之谓方"③。中国古人"戴

① 肖宇强、戴端：《中国古代服饰的伦理美学意蕴》，《湖南科技大学学报（社会科学版）》2017 年第 2 期。

② （唐）房玄龄等撰：《晋书（第五册）》，北京：中华书局 2019 年版，第 369 页。

③ 陈晨捷译注：《〈大戴礼记〉"曾子十篇"译注》，上海：上海三联书店 2024 年版，第 578 页。

圆履方"① 意为头顶圆天，足踏方地。中国古人头颅缠布巾似圆形，脚穿的鞋多为方形，"圆颅方趾"正是对天地之象的效仿："头之圆也，象天；足之方也，象地。"② 再从中国古代冠帽形制看，"冠"是圆形，"綖"是方形的，亦象征着"天圆地方"。

中国古代衣裳之"袂圆"与"袷方"，也隐喻自然界周而复始的运行规律和为人处世之"方正"。"圆满"之"圆"合于"规"，"方正"之"方"合于"矩"。常言道，没有"规矩"，不成"方圆"。"规矩"本义是指工匠的"法仪"，"规"是圆的，"矩"是方的，没有"规"与"矩"，工匠便没法制作出圆形与方形的物品，意指人的行为举止要有标准与规则，要按自然规律办事。"圆"和"方"既合于"天、地"，又合于"规、矩"，从这个意义上说，中国古代衣裳的"袂圆"与"袷方"是以感性的形制体现了自然规律与社会的法则。在中国，古人还以"圆"的感性形式来比喻"天运"和"道心"。比如《五灯会元》卷一，僧璨所作的《信心铭》将"圆"视为"圣人之道"的本质属性："圆同太虚，无欠无余。"张英以"圆"比喻"天体"和"圣人之德"的"圆满"。"天体至圆，万物做到极精妙者，无有不圆。圣人之至德，古今之至文、法帖，以至一艺一术，必极圆而后登峰造极。"③ 而"方"在中国传统文化不仅指地形状貌，还被视为处世立身的准则，即道德修养或曰伦理规范以"方"为圭臬。"方物集地，一投而止。……贤儒，世之方物也。"④ 因而，"外圆内方"被中国古人视作为人处世的高级智慧与道德境界。由此看出，中国古代衣裳之"袂圆"和"袷方"也是对自然的循环往复和入世原则的比附。

在中国古代历法中，古人根据太阳出没的自然规律，将一年分为十二个月、二十四节气（十二的倍数），将一个昼夜分为十二个时辰（地支），与此相应的还有"十二生肖""十二脉经"等。"十二"在中国传统文化中象征一个"完整"的周期。中国古代衣裳上下连为一体，下裳部分以前襟与后裾连缀在一起，共有十二条布幅。蔡子谔认为，每一幅对应"十二月"中的每一个"月"，也"符应"着"十二月卦辟"。"'深衣'之'制'所特别裁制缝缀的'以应十有二月'的'十有二幅'，从某种意义来讲，正是以物化的物质形式隐喻或曰象征着

---

① （西汉）刘安著，陈广忠译注：《淮南子（上）》，北京：中华书局 2022 年版，第 395 页。
② （西汉）刘安著，陈广忠译注：《淮南子（下）》，北京：中华书局 2022 年版，第 534 页。
③ （清）张英著，车其磊等注译：《聪训斋语》，北京：团结出版社 2019 年版，第 768 页。
④ 王充著，周丹平译：《论衡》，上海：上海古籍出版社 1990 年版，第 856 页。

'十二月卦辟'所蕴含着的天地间运动和变化着的一切。"① 在蔡子谔看来，"十二月卦辟"正是以象形的方式演绎着天地运行的规律。往深里探究，"十二"不仅对应干支纪年的十二时表，还与中国古典音乐的"十二律"相配。据《周礼》载："凡为乐器，以十有二律为之数度。"② 这种以"律吕"为形式的礼乐文化制度是协调人与自然、人与社会、人与自身和谐的途径。故而，中国古典音乐中有"大乐与天地同和"③ 之说。正因自然与个体生命密切相关，中国古人又将"十二月"与"十二脉"相匹配。"黄帝问曰：'人有四经，十二从，何谓？'岐伯对曰：'四经应四时，十二从应十二月，十二月应十二脉。'"④《注》云："十二脉，谓手三阴、三阳，足三阴、三阳之脉也。"⑤ 很显然，"衣裳"之"制"的"十有二幅"也隐喻着个体生命的"十二脉"。不仅如此，中国古代的术数家、星相家、相术家也以数字演绎"十二宫"，即"十二宫"既涵涉人的生老病死、德福官禄，又喻指人相貌体位以及属相命运等。总之，"十二"融入了中国古人对生命的认知、对自然的敬畏以及对社会和谐的期盼。蔡子谔说："'深衣'——这种将人的个体生命整个包裹在内的服装形制，是完全有资格用它的'十有二幅，以应十有二月'，进而体现'十二违''十二律'和'十二宫'等浩渺无垠的宇宙、自然界和人类社会乃至人的个体生命的无比丰富的生存形态的。"⑥ 也就是说，中国古代衣裳的"十有二幅"体现了中国古人的生命观、自然观以及社会观，它以直观的感性形式阐释了中国古典美学的"天人合一"思想。

前已论述，中国古代衣裳"袂圆"与"袷方"的形制，从伦理学的视角考察，有追求道德的"圆满"与"方正"之义。如进一步探讨衣裳的形制，其"负绳及踝以应直"⑦ 和"下齐如权衡以应平"⑧ 亦有"比德"的意蕴。"直"即不弯曲，《诗经》中的"其直如失"⑨ 指君子有不折不挠的品质；荀子所说的"是谓是非谓非曰直"⑩，这里的"直"是公正、正直之义。在古代中国，"正

---

① 蔡子谔：《中国服饰美学史》，石家庄：河北美术出版社 2001 年版，第 159 页。
② 徐正英、常佩雨译注：《周礼·春官·典同（上）》，北京：中华书局 2023 年版，第 269 页。
③ 胡平生、张萌译注：《礼记·乐记（上）》，北京：中华书局 2017 年版，第 318 页。
④ 姚春鹏译注：《黄帝内经（上）》，北京：中华书局 2010 年版，第 783 页。
⑤ 姚春鹏译注：《黄帝内经（上）》，北京：中华书局 2010 年版，第 785 页。
⑥ 蔡子谔：《中国服饰美学史》，石家庄：河北美术出版社 2001 年版，第 160 页。
⑦ 胡平生、张萌译注：《礼记（下）》，北京：中华书局 2017 年版，第 388 页。
⑧ 胡平生、张萌译注：《礼记（下）》，北京：中华书局 2017 年版，第 389 页。
⑨ 王秀梅译注：《诗经（下）》，北京：中华书局 2015 年版，第 223 页。
⑩ 方勇、李波译注：《荀子》，北京：中华书局 2015 年版，第 309 页。

直"是读书人修身立命的品德之一,《诗经·小雅》中有"嗟尔君子,无恒安息。靖共尔位,好是正直"① 之句,推重"正直"的德行;《尚书·洪范》明确将"正直"作为君子的"三德"之一。至于"齐",中国古代有"见贤思齐"之说,即见到品质优良的贤人,君子就会思考如何让自己的才德与其齐平;儒家明确将"修身齐家"作为君子成才的必经路径之一,君子要治国平天下,首要品德是"齐家",即管理好家庭,使家庭成员能够团结一致,祛恶向善。衣裳之"制"的"下齐如权衡以应平"中的"平"有"正直不倾"之义,它也是儒家伦理道德的重要准则与范畴。"心平礼正,持弓矢审固"② 之"平"即是此义。"平"还有"调和"之义,它是古代君子调节情绪、平衡心态、进行道德修为的方法。在儒家看来,唯有"平心",方能安志求仁。总之,中国古代衣裳的下摆边缘之"齐"与"平",同"袂圆""袷方""绳直"一样,既是中国古代衣裳形制所呈现出的形态美,又被赋予了"比德"的意蕴,体现了"美"与"善"的统一。

中国古代衣裳形制中的"下摆齐平"和"负绳应直",与君子人格的构建是饶有深意的"比德"关系。"下摆"顾名思义是摆动的,当古人在行走时,衣裳的"下摆"是会不停摇摆的,"负绳"(束腰的绳带)也是飘逸的,当人静止时,"下摆"的边缘就"齐平"了,"负绳"也"直"了。从心理学层面上来看,人的情绪或思维是不断变化的,古代知识分子有时"心存魏阙",有时"心在林泉",有时"心如磐石",有时"见异思迁",那么如何让驿动的心平静下来呢?唯一的办法是"安志",让"心"回归"正道"上来,回到不偏不倚,回到"中庸"上来。"下摆齐平"与"负绳应直"是视觉感官的物理运动的静止,君子之心回归"中庸"是安志守正,心如止水。物理运动的静止与"心静"通过中国古代服饰形制实现统一。再从君子人格的修炼来看,儒家强调"文质彬彬,然后君子"③。这里的"文"指的是人的衣着、举止等,只有"文"与"质"(道德品质)和谐得体,不偏不倚,才是君子人格的最高境界。由是观之,衣着得体是君子人格完美的必要条件与手段。换而言之,中国古代服饰以感性直观的形制演绎了伦理道德的教化。从这个意义上说,中国古代服饰的形制不仅在于保暖遮羞、美化形象,而且以独有的造型语言来教化民心,塑造社会成员的君子人格。

在中国古代社会,君子除着衣裳外,还需多佩玉,玉是君子人格的象征。

---

① 程俊英撰:《诗经译注》,上海:上海古籍出版社 2004 年版,第 354 页。
② 徐正英、常佩雨译注:《周礼(上)》,北京:中华书局 2017 年版,第 378 页。
③ 杨伯峻译注:《论语译注》,北京:中华书局 2017 年版,第 69 页。

《礼记·玉藻》记载："古之君子必佩玉，右徵角，左宫羽。趋以《采荠》，行以《肆夏》。周还中规，折还中矩。进则揖之，退则扬之，然后玉锵鸣也。故君子在车，则闻鸾和之声，行则鸣佩玉。是以非辟之心无自入也。"① 另汉代贾谊《新书·容经》亦载："古者圣王居有法则，动有文章，位执戒辅，鸣玉以行。鸣玉者，佩玉也：上有双珩，下有双璜，冲牙蠙珠，以纳其间，琚瑀以杂之。行以《采荠》，趋以《肆夏》，步中规，折中矩。登车，则马行而鸾鸣，鸾鸣而和应，声曰和，和则敬。"② 多种佩玉诸如玉珩、玉璜、玉琚、玉瑀组合在一起，被称为"组佩"。"组佩"系于君子身上，随着君子脚步的移动，佩玉之间发生碰撞，撞击出悦耳的声音。按照中国古代的礼俗，君子所佩之玉碰撞产生的和鸣之声中规中矩，合于吕律，才被认为不失礼。众所周知，玉本身不能发声，玉的声音源于碰撞，玉的碰撞是君子身动所致，因而，与其说佩玉锵鸣合于音乐之美，倒不如说君子的步履、举止缓急有节、轻重适度。古代君子必佩玉，在某种程度上是对君子道德修养的一种要求。玉一方面比喻君子的德行，另一方面，随着君子步履移动，所佩之玉发出和鸣之声，其声清幽悠长，韵味隽永，合于"风以动之，教以化之"的诗教传统。

《采荠》与《肆夏》是中国古代乐曲名，周礼要求君子"趋以《采荠》，行以《肆夏》"③。表面上看，这是一种音乐美育，即君子踩着《采荠》与《肆夏》的音乐节律，感应自己的生命节律，激发自己的生态审美本性，从而使自己身心愉悦起来，而深层意蕴则在于通过音乐美育培养"君子"的德性，即君子为人处世，要中规中矩，方圆适度。从这里可以看出，中国服饰的美育功能与音乐美育是相得益彰、综合在一起的，它们共同培育君子的道德品质与社会德性。从生态美学的视域看，中国古代服饰的审美调动了人的视觉（服饰的颜色与花纹）、人的触觉（服饰的质地）以及人的听觉（德佩和鸣之声），是一种多感官参与的审美教育。这种审美教育模式将社会的德性内容、个体的道德修为与合于律吕的形式美统一起来，体现了中国古代服饰审美文化的生态智慧。

① 胡平生、张萌译注：《礼记·玉藻》，北京：中华书局2017年版，第235页。
② （西汉）贾谊：《新书·容经》，转引自周汛、高春明：《中国古代服饰大观》，重庆：重庆出版社1994年版，第381页。
③ 胡平生、张萌译注：《礼记·玉藻》，北京：中华书局2017年版，第237页。

第二节　道服：取法天地，简约朴素

道服①是道教的经典服饰，发端于春秋战国时期。作为中华民族的传统服饰之一，道服具有悠久的历史。东晋王嘉的《拾遗记》对道服（羽衣）做了生动、形象的描绘：如颛顼时期的"勃鞮之国"，那里的"人皆衣羽毛，无翼而飞，日中无影……凭风而翔，乘波而至。中国气暄，羽毛之衣，稍稍自落。帝乃更以文豹为饰"，以至于后世的异域之人或神异之人，皆着"羽衣"：周武王时的"扶娄之国"，其人"易形改服，大则兴云起雾，小则入于纤毫之中。缀金玉毛羽为衣裳"②。"（周）昭王即位二十年，王坐祇明之室，昼而假寐。忽梦白云蓊蔚而起，有人衣服并皆毛羽，因名羽人。"③ 周昭王"二十四年，涂修国献青凤、丹鹊各一雌一雄。孟夏之时，凤、鹊皆脱易毛羽。……缀青凤之毛为二裘，一名燠质，二名暄肌，服之可以却寒。至厉王流于彘，彘人得而奇之，分裂此裘，遍于彘土。罪人大辟者，抽裘一毫以赎其死，则价值万金"④。明代朱权在《天皇至道太清玉册》中记载："古之衣冠，皆黄帝之时衣冠也。自后赵武灵王改为胡服，而中国稍有变者，至隋炀帝东巡，便于畋猎，尽为胡服。独道士之衣冠尚存，故曰有黄冠之称。"⑤ 在王朝历史更迭变换的轨迹中，道服的规制基本上保持着传统样式，从魏晋到明清，道服形制基本为：长褐、外披、交领、宽身、广袖，有羽毛装饰。

关于"羽衣"神奇的实用价值和殊异的审美价值，历代史书等典籍间有记述。如西汉东方朔《十洲记》载："西国王使至，献此胶四两……吉光毛裘，黄色，盖神马之类也，裘入水数日不沉，入火不焦，帝于是乃悟，厚谢使者而遣去，赐以牡桂、干姜等诸物，是西方国之所无者。"这种神奇的实用价值与《拾遗记》中的"勃鞮之国""扶娄之国"和"涂修国"等所献"羽衣"的神奇的使用功能或曰实用价值是十分相类的。另如《旧唐书》载："中宗女安乐公主，有尚方织成毛裙，合百鸟毛。正看为一色，旁看为一色，日中为一色，影中为一

① 道服，又称"道衣""道装""道士服""道士装"等。
② （东晋）王嘉著，王兴芬译注：《拾遗记》，北京：中华书局2019年版，第52页。
③ （东晋）王嘉著，王兴芬译注：《拾遗记》，北京：中华书局2019年版，第53页。
④ （东晋）王嘉著，王兴芬译注：《拾遗记》，北京：中华书局2019年版，第54页。
⑤ 高敏：《我国古代的隐士及其对社会的作用》，《社会科学战线》1994年第2期。

色；百鸟之状并见裙中。凡造两腰，一献韦氏，计价百万。……安乐初出降武延秀，蜀川献单丝碧罗笼裙，缕金为花鸟，细如丝发。鸟子大如黍米，眼鼻嘴甲俱成，明目者方见之。自安乐公主作毛裙，百官之家多效之。江岭奇禽异兽毛羽，采之殆尽。开元初，姚、宋执政，屡以奢靡为谏，玄宗悉命宫中出奇服，焚之于殿廷，不许士庶服锦绣珠翠之服。自是采捕渐息，风教日淳。"① 安乐公主的"百鸟毛裙""单丝碧罗笼裙"等，皆用"奇禽异兽毛羽"织成，具有殊异的观赏价值。这种殊异的观赏价值，即为殊异的审美价值乃至"计价百万"的价值本源。另外，"羽毛""羽裳"和"神仙"以及道士、方士乃至道家服饰审美文化有着深刻的内在联系。"羽"来自飞禽，飞禽之最，则为"鲲鹏"，"鲲鹏"作"逍遥游"，则是道家创始者之一庄子所倡言的作为个体生命的人的一种生存状态的理想境界。所以后世道教将"扶摇直上"的飞升成仙视为"羽化"。故而，"羽衣"与道士乃至与道家学说有深刻渊源关系。

道服除"羽衣"外，还有"道袍"，即道士、僧侣所常穿之袍。以白色、灰色、褐色布帛制成，大襟宽袖，下长至膝，领、袖、襟、裾缘以黑边。元人张养浩作曲云："披一领熬日月耐风霜道袍，系一条锁心猿拴意马环绦，穿一对圣僧鞋，带（戴）一顶温公帽。"这里的"道袍"为道士服。除此之外，还有所谓的"直掇""直缀""直裰""直敠（敠）"，亦为道士、僧人所着之袍。道袍多以素布制成，对襟大袖，衣缘四周镶以黑边，腰缀横襕。宋代以后较为流行。宋人赵彦卫撰《云麓漫钞》卷四："古之中衣，即今僧寺行者直掇，亦古逢掖之衣。"在宋代，除道士穿道袍和直裰外，一般的平民男子也把它当便服穿，当然，以绫罗绸缎制就的道袍在形制上有了变化，通常采用大襟交领，两个袖口宽松宏博，下长过膝。在宋代经济活跃的汴州、洛阳地区已见其制，在明代商品经济发达的江南地区就流行开来。

《长物志》中写到道服，认为它与深衣的样式较为相似，"制如申衣，以白布为之，四边延以缁色布，或用茶褐为袍，缘以皂布"②。《遵生八笺》中也提到道服："道服不必立异，以布为佳，色白为上，如中衣，四边缘以缁色布。亦可次用茶褐布为袍，缘以皂布，或绢亦可。"③ 道服可用白色作为主色调，配以缁色衣缘。深衣在西汉被当作不分男女的礼服使用，包括交领、右衽、曲裾、上衣下裳，总体来说它的造型十分简约。道服大致分为道巾、道冠、道袍、配饰四个部分，道服的颜色以青色、蓝色为主，没有过多的花纹装饰，以干净的纯色为主。《明史·僧道服》提到"道士，常服青法服"①，素雅婉约，继承了五行学说与"贵生"思想。

道家学说以老庄为代表，在思想上是趋近自然的，道服的设计无不体现出道家的自然天地观与"贵生"思想。老子提出"被（披）褐怀玉"的服饰审美观，奠定了道服的审美基准。其意思是身着粗衣烂衫，怀抱美玉，虽然出身贫寒却是极为可贵的。老子更加注重内在的修养，认为圣人外不华饰，不求人知，与道同行。近代人徐绍桢说："褐，毛布，贱者所服。圣人被褐怀玉，不欲自炫其玉，而以褐裘之，亦求知希之意也。"② 这里的"褐色"同《长物志》中以茶褐色为袍相似，都是贫民常穿着的服饰颜色。李荣说："顺俗同尘，外示粗服，披褐也。"③ "褐"指代朴素、本真——朴素而天下莫能与之争美。"被褐怀玉"是生命本体的朴素之美，是合乎"道"的。《道德经》第五十三章中讲到"服文采，带利剑"，指责表面光鲜华丽、背地里却欺世盗名之流。老子推崇"见素抱朴，少私寡欲"的太平世界。同样，庄子延续了这样的服饰观。《庄子·山木》中记载了一个这样的故事：庄子穿着打了补丁的粗布衣服、破旧的鞋子去见魏王。魏王问他为何如此穷困疲惫，庄子回答说，衣衫褴褛乃是贫穷，但不是精神困顿。老庄主张圣人有德，无须借助华丽的外表服饰来彰显。

道服的审美观以"朴素"为基调，反对华丽堆砌，但其简约的背后囊括了宏大、丰富、吐纳万物的生命观照，是对生命本体的尊重与肯定。

道服除了在设计上追求简约朴素外，还融入了天地五行学说，带有神秘的准宗教色彩。"自然妙气，结成衣服，九色宝光，而生万物。长短大小，随境应形：或九色八绍，圆象洞焕，景耀远近，变化自然；或九色合成，万物分耀；或龙凤结彩，山水流形，千变万化。"④ 道教对其服装形制有着详细的解释——道服取法天地。古代思想家们认为金、木、水、火、土五行构成万物，相生相克，对应着世间的万物。五色对应着五行，即为青、赤、黄、白、黑。道服多青色，因为青色对应木、生机、自然，有万物萌发之意，同时青色属东方，东方为道教信仰的十洲三岛之所在。道服的道巾为黑色，象征头顶青天，戴黑色道巾又有尊道之

---

① （清）张廷玉等撰：《明史》卷六七《舆服·僧道服》，北京：中华书局1974年版，第1656页。
② 华梅：《服饰与中国文化》，北京：人民出版社2001年版，第53页。
③ 《道藏》（第十三册），北京：文物出版社，上海：上海书店出版社，天津：天津古籍出版社1988年版，第519页。
④ 《道藏》（第二十四册），北京：文物出版社，上海：上海书店出版社，天津：天津古籍出版社1988年版，第727页。

意。道门亦称玄门,黑色亦称玄色。《易·坤卦》说:"六五,黄裳,元吉。"① 黄色被认为是吉利的色彩,黄裳被认为是呈柔顺之德,道教认为守雌抱柔是其最高境界,所以道士也被称为"黄冠"。五行色彩信仰反映在中国传统服饰里②,也同样体现在道服的取色之中。

《长物志》又云:"有月衣,铺地如月,披之则如鹤氅。"③ 这种服饰铺在地上为半月形,好似鸟羽一般。道服除了简朴外,最明显的特征就是宽大的外形、飘逸的质感。宽松的外形让道服在视觉上充满飘飘欲仙之感,这一点在许多的道教壁画中可以看到。"金翅之鸟,皆以羽衣结为飞天之服"④ 说的就是道服由羽毛织成。《淮南子》中提到:"羽毛者飞行之类也,故属于阳。"⑤ 道教认为仙衣也必是云、霞、霜、霄等这些自然界的上升之物形成,应该是轻盈飘逸的,所谓"天宝自然裳,轻盈六铢妙"⑥。道服用羽毛制成有道士成仙的蕴意,即"羽化"。故白居易有诗《新乐府·海漫漫·戒求仙也》云:"山上多生不死药,服之羽化为天仙。"史书上记载的第一个着"羽衣"的人,即汉武帝时期的方士栾大。《汉书》载:"五利将军亦衣羽衣,立白茅上受印。"颜师古注:"羽衣,以鸟羽为衣,取其神仙飞翔之意也。"故后世亦称道士的衣服为"羽衣"。

道服经历了起伏与跌宕的漫长发展过程。起初道服作为道教的代表服饰,具有标识身份、代表信仰的内涵与象征意义。例如,晚年为道的贺知章曾衣道服;唐太宗时寿安公主"常令衣道服,主香火"⑦;唐玄宗之子恒王李琪"好方士,常服道士服"⑧。到宋代,文人雅士们也开始喜爱穿着道服。宋代文人着道服颇为流行,如《松荫谈道图》描述的就是在松林下坐而论道的场景:画面里的人物自左向右分别代表儒、释、道三教,图中道服为洁净的白色,边缘饰以黑色。宋代的士大夫们纷纷以道装为时尚,认为穿上道服可以体验到清虚之境。穿道服也是宋代文人们的雅趣之事,苏轼晚年有穿道服的经历,日有所思,夜有所梦。其在《后赤壁赋》中曰:"梦一道士,羽衣蹁跹。"《黄庭内景经·隐影》也曰:"羽服一整八风驱,控驾三素乘晨霞。"贺铸有《题汉阳招真亭》诗:"羽驾飘飘

---

① 黄寿祺、张善文撰:《周易译注(修订本)》,上海:上海古籍出版社 2001 年版,第 30 页。

② 戴耕:《中国古代文人隐士制道服而衣的风尚及精神情怀》,《装饰》2009 年第 12 期。

③ (明)文震亨著,李瑞豪译注:《长物志》,北京:中华书局 2021 年版,第 329 页。

④ 《道藏》(第二十五册),北京:文物出版社,上海:上海书店出版社,天津:天津古籍出版社 1988 年版,第 285 页。

⑤ (西汉)刘安著,陈广忠译注:《淮南子》,上海:上海古籍出版社 2017 年版,第 55 页。

⑥ 杨蓉、杨小明:《道服"帔"考源》,《中国道教》2019 年第 6 期。

⑦ (唐)段成式撰,方南生点校:《酉阳杂俎》卷一,北京:中华书局 1981 年版,第 2 页。

⑧ (宋)欧阳修、宋祁等撰,方南生点校:《新唐书》卷二八,北京:中华书局 1975 年版,第 3614 页。

安在哉？使君余迹已尘埃。"简单、朴素的道服符合宋人崇尚俭朴的生活观念。

明清以后的文人雅士也延续着宋代的风尚，喜爱穿道服，这点从大量的绘画作品中可以窥见，如《高逸图》（图6-1）、《王时敏像》（图6-2）等，都是身着道服的人物形象。《王时敏像》头戴冠巾，身着宽袖道袍，手持拂尘。

图6-1　（唐）孙位《高逸图》

图6-2　（明）曾鲸《王时敏像》

道服是中华民族的古代服饰之一，在历史发展中，其逐渐普及。它受文人士大夫们喜爱，成为格调、学养、气质的代名词，也是人们在服饰上追寻"天人合一"的体现。道服的款式、颜色、内涵等都取之于宇宙天地的伦理秩序，具有对生命本体与自然道法的尊崇。

第三节　冠、笠：上与天齐，铁冠最古

"冠"是人们头部的衣饰，用以束发、装饰，"冠"又称"首服""元服"，"元"有"头"的意思。《后汉书·舆服志》中提到："上古穴居野处，衣毛冒皮……后世圣人……见鸟兽有冠角鬐胡之制，遂制冠冕缨蕤。"① 冠帽的最初形成是观察、认识自然的结果。"冠，贯也，所以贯韬发也。"② 冠，又有护体、装饰、标识等效果，并在形成中融汇了"天人合一"意识。中国古代的建华冠、术氏冠和通天冠，显然都与"知天""知天时"等有关。如"术氏冠"亦曰"鹬冠"，为"掌天文者"，当时要掌握"天气"或"天时"的变化；另如"建华冠"，则为汉代乐人祭祀天地、五郊、明堂所戴。因"祭祀天地、五郊"等活动皆在殿宇之外的露天进行，这显然同天气的阴晴雨雪关系甚大。

《晋书·舆服志》："帽名犹冠也，义取于蒙覆其首。"中国先民认为"上与天齐"，对上天有着无限的崇拜。人的躯干当中，头处于最上方，也是与天最为接近的器官，因而被格外重视。中国四川地区的彝族人，男子们在前额都会留有一撮方块形状的头发，称为椎髻，谓之"天菩萨""指天刺"，除了父母长辈，皆不可触碰，这是他们对上天的敬仰。青海省土族人有着"戴天头"的成人礼。衣冠天地，头冠作为衣饰中的"首服"具有至高无上的地位。古时男子二十岁左右则行冠礼。《礼记·冠义》中记载："冠者，礼之始也。"这说明了戴头冠亦是政治制度、礼乐教化的起始。《释名》曰："二十成人，士冠，庶人巾。"士以上才可佩戴冠帽，普通士子只能用"帕头"裹头。一般的百姓通常是用巾或绳一类的东西束发。"适子冠于阼，以著代也"，嫡子加冠，意味着他将来会继承父亲的事业；"三加弥尊，谕其志也"，三次加冠，一次比一次隆重，寓意着人生的攀登；"男子二十，冠而字"③，加冠后，会取表字。

① （晋）司马彪撰，（梁）刘昭注补：《后汉书》，北京：中华书局1973年版，第3661页。
② （清）王先谦撰集：《释名疏证补》，上海：上海古籍出版社1984年版，第230页。
③ （清）阮元校刻：《十三经注疏·礼记正义》，北京：中华书局1979年版，第1416页。

身体发肤受之父母，古人很重视头发，所以冠的穿戴很重要。最初的发冠就是套在发髻上的一个罩子，只是为了美观的需要，商朝时形成了系统的冠服制度。《礼记·曲礼上》载："为人子者，父母存，冠衣不纯素。"这显然对冠服有明确的规定。到了汉代，冠服制度被重新制定以区别不同的身份和级别，甚至不同的场合都要戴相应的冠。由此看出，冠礼制度是中国服饰文化、社会伦理、政治制度等的体现。由于头发梳成髻后，冠又是身上最高的地方，所以冠慢慢就成了超出众人、第一的代名词，比如"冠军""冠绝天下"等。

《长物志》中对冠的描述不多，主要是针对文人士大夫冠帽的制作材料进行评价，"铁冠最古，犀玉、琥珀次之，沉香、葫芦者又次之，竹箨、瘿木者最下。制惟偃月、高士二式，余非所宜"[1]。文震亨认为"铁冠最古"，在众多头冠制作中，只有偃月与高士两种冠可取，其余的都不合适。屠隆的《考槃馀事》也持相同观点。所谓"铁冠"指的是一种较为传统的冠帽类型，古代御史所戴的法冠也叫作铁冠，比如苏轼又号"铁冠道人"。铁冠出现时间较早，在先秦时期就开始出现，因而这一种官帽颇具"古味"。对于古意、古味，文震亨是较为推崇的，在《长物志》中他多次提到了"古"。与"古"相对应的是"新"，冠在后期发展中涌现出了许多新潮样式。在繁多的冠帽品种中，文震亨才怀念起最为古色古香的铁冠。

"铁冠最古"，缘于铁温度较低，能及时预测天气变化。据传，中国古代铁冠"以铁为柱卷，贯大铜珠九枚，制似缕鹿"。这实际上颇似以铁制作的一个冠于头顶的小桶，而里面又"贯大铜珠九枚"。当空气中所含的水分较多，即绝对湿度较大，遇见贯于铁柱卷中的温度较低的大铜珠，便有可能凝聚为湿漉漉的一片水雾，并渐次变为极小的水珠滴落下来，若气温低于零摄氏度，则可能变成晶莹的雾凇。因此，我们大胆设想，这件华冠很有可能是汉代冠于巫师乐人头顶上的一个预测天气阴晴雨雪的气象仪。另外，铁冠之"铁"是一种"象德"审美现象。这里所状喻的执法者的"厉直不曲挠"，一方面是因"铁"物质属性的坚硬。故在汉语中"铁"这种"坚硬"的引申意义，可以构成偏正结构名词的修饰成分，仅与讼狱有关的便有"铁案如山""铁证如山""铁面无私""铁石心肠"等。在中国文明史中，宋代包公的不畏权贵、秉公断案几乎使"铁面无私"成了包公乃至一切刚正不阿的执法者的"共名"。因此，我们认为，"铁"的这种物质属性的坚硬，使得"铁柱卷"的"厉直不曲挠"，成为一种"比德"审美

---

① （明）文震亨著，李瑞豪译注：《长物志》，北京：中华书局 2021 年版，第 336 页。

现象。而法冠的用"铁"（实则当为铁片或细铁丝网）做成的"铁柱卷"（实则为铁柱筒）的"厉直不曲挠"，则是一种"象德"审美现象。

　　古代头巾的形式与品种很多，有冠、冕、帽、笠、帻、巾等各式之分。直至魏晋，冠的种类已有通天冠、远游冠、进贤冠、法冠、武冠等十余种，魏晋时期的士子戴冠巾成为一种时尚。文震亨提倡的偃月冠是道教中的一种头冠，它通体黑色，形状如同一个元宝，顶上有圆孔，头发梳成发髻从孔中穿出，又似弦月倒覆，因而被称为偃月冠。高士帽多为高雅文人所戴，而隐逸居士（其中不乏道家弟子）佩戴的巾帽，其形式简约大方，我们从很多绘画作品中可以发现这一点。如文伯仁《松石高士图》（图6-3），图中人物都佩戴有高士帽。

图6-3　（明）文伯仁《松石高士图》局部

　　明代初期的服饰制度十分严格，废除胡服，"上采周汉、下用唐宋"的古制度，出现了具有时代特点的冠帽，如六合一统帽、四方平定巾。四方平定巾是明代职官与儒生常戴的冠帽。六合一统帽又叫作"瓜拉帽"或"瓜皮帽"，其中不乏政治寓意，徐珂《清稗类钞·服饰类》："小帽，便冠也。春冬所戴者，以缎为之。夏秋所戴者，以实地纱为之。色皆黑，六瓣合缝，缀以檐，如筒。创于明太祖，以取六合一统之意。"① 此外，明代民间流行着各式各样的巾帽。如"诸

---

① （清）徐珂编撰：《清稗类钞·服饰类》，北京：中华书局1984年版，第6195页。

葛巾""唐巾""笠帽""东坡巾""包巾"等。"明中后叶,庶民百姓的巾帽式样日趋丰富,常见的有过桥巾、武士巾等百余种。"① 嘉靖以后,制度渐弛,越礼犯分,日趋增多。从官僚大户到富家子弟,奢靡浮华,追求时髦,前后判然。正是在民间冠巾令人眼花缭乱的大环境中,文震亨提出自己最偏爱的两种类型——传统简单的偃月冠与高士帽,提倡回归与复古。前已论述,不同的气候、环境、宗教、习俗、制度、思想等条件都对冠的样式风格有一定影响,也都在不同程度上推动了它的发展演变,明代出现的各式冠帽侧面展现出明代服饰文化的蓬勃发展,人们的服饰审美多元化。相比之下,小部分文人群体如文震亨,则延续着最古远的服饰类型,他们对古制、简约、朴素服饰特点的坚守,或许是在商品经济发展背景下对于生态审美观朴素、本真的回归。

斗笠用来遮阳、防雨,多用竹篾、箬叶或棕皮等编成。文震亨提到细藤、树叶、羽毛三种材料制作的斗笠,他认为以细藤制作的最好,《长物志》云:"笠,细藤者佳,方广二尺四寸,以皂绢缀檐,山行以遮风日。又有叶笠、羽笠,此皆方物,非可常用。"②《说文解字》记载,笠源于"簦",簦,是一种竹篾编织的有盖有柄的遮阳挡雨的器具。虽具体起源较难考证,但斗笠在我国确实有着悠久的历史。《诗经·小雅·无羊》载:"尔牧来思,何蓑何笠。"《国语·越语上》:"譬如蓑笠,时雨既至必求之。"可见至少在公元前 5 世纪就有了斗笠这种器物。斗笠在绘画中十分常见,如在南宋李迪的《风雨归牧图》中,两个童子牧牛而归,他们身穿蓑衣,头戴笠帽,迎着风雨前行,农家野趣十足。明代吴伟的《仙踪侣鹤图》中,仙人携鹤,童子赤足荷笠,仙人回头观鹤,画面充满仙隐之气。此外,在寒江独钓的题材中出现了大量的斗笠意象。北宋范宽的《寒江钓雪图》描绘了大雪纷飞的寒冬,于枯树、衰芦之间,一位头戴斗笠、身着蓑衣的老翁撑竿独钓。明代陆治《寒江钓艇图》(图6-4)描绘江边孤舟上一蓑衣渔翁垂钓,意境荒寒。渔父题材中的蓑与笠在艺术的描绘下,有脱离人间烟火的仙隐与孤傲之感。

斗笠的作用很多,"过去,江南农村民众雨天戴斗笠防雨,夏天戴草帽防暑,冬天则戴毡帽防寒"③。文震亨因此说"此皆方物",指其是地方特产。太湖流域的稻农依据斗笠的造型,又设计出草帽,又名"草宝"或者"宝帽",戴上不仅防雨、防晒,还可以治疗头疼,老人们头疼时常常会找来草帽戴一戴,这充分体

① 周耀明:《汉族风俗史(明代·清代前期汉族风俗)》,上海:学林出版社2004年版,第66页。
② (明)文震亨著,李瑞豪编著:《长物志》,北京:中华书局2012年版,第226页。
③ 江帆:《生态民俗学》,哈尔滨:黑龙江人民出版社2003年版,第154页。

现了劳动人民的创造才能与因时因地利用自然材质完善衣饰结构的智慧。

丹纳在《艺术哲学》里讲到，种族、时代与环境是影响艺术的三要素，他所说的"环境"包括社会环境、自然环境与时代环境。"他又以每种植物只能在适当的天时地利中生长为例，说明每种艺术品种和流派只能在特殊的精神气候中产生，从而指出艺术家必须适应社会环境，满足社会的要求，否则就要被淘汰。"① 就中国衣饰制度而言，其生成显然受到中华民族的精神气质、时代风潮以及自然环境的影响。

图6-4　（明）陆治《寒江钓艇图》局部

人类观察认识自然，取诸物材，制作蔽体之物，慢慢才有了完善的服饰概念，在这一过程中，中国先民人人都是艺术家。斗笠正是一个典型例证，它取材天然，简洁实用，是中国古代人民集体智慧的结晶。

---

① ［法］丹纳著，傅雷译：《艺术哲学·译者序》，天津：天津社会科学院出版社2007年版。

第四节 履：因时而变，实用厚生

履，《说文》里讲到为足所依也。王筠《方言》谓之：丝作者谓之履，也就是鞋的意思。履是鞋的一种代称，多用于战国以前，当时人们称各式足衣为履。在《庄子·养生主》中有"足之所履"。《诗·魏风·葛屦》中提到"纠纠葛屦"，"可以履霜"[1]。《周易》坤卦，初六："履霜，坚冰至。"[2] 它讲的是履践其霜，微而积渐。这里的"履"即代指鞋。除了履之外，古时候的鞋有许多种说法，譬如舄、扉、屝、屦、鞁等。不同的称呼指代不同类型的鞋，其材料、穿着场合有时也不相同。如汉代刘熙的《释名》中讲到："履，礼也，饰足所以为礼也。"履与礼密不可分，履是礼的体现。帝王的朱袜赤舄承载赤子丹心之寓，朝服云履借意平步青云之志。又如晚明时期，女子尖头鞋上的鹦鹉摘桃取白头偕老之意，男子日常藜杖芒鞋以追慕古之仪。《方言笺疏》："粗者谓之屝。"[3]《本草纲目》记载，古时候以草为屝，以帛为履，皮底称作扉，木底称作舄。舄较为尊贵，多为帝王或者大臣们穿。晋代崔豹《古今注》："舄，以木置履下，干腊不畏泥湿也。"[4] 而普通百姓人家多穿以麻和葛等制成的单底鞋，如履。总之，履的种类多样，其等级与礼仪规范也不一样。

《长物志》中提到在不同的季节，应穿着不同材质的鞋履："冬月秧履最适，且可暖足。夏月棕鞋惟温州者佳。"[5] 秧履即为麻线、稻草、芦花制成的鞋，最适宜冬日里穿。到了夏季，则穿温州生产的棕榈鞋最好。什么季节穿什么鞋履最为舒适，古人不仅有材质上的经验，更对不同产地的鞋履品质深有心得。据《本草纲目》记载："粳米补中益气，为祛暑湿之剂，其茎燥湿利气治脚气也"，因此用粳稻米之秆芯制作草鞋尚有"燥湿利气治脚气"之医疗保健功效。[6] 在古代小农经济的手工业生产环境下，劳动人民在实践中总结出不同材质鞋履的特性，最终形成了最优良、最健康的制履方案。很多平民百姓买不起昂贵材质的鞋履，

---

① 高亨注：《诗经今注》，上海：上海古籍出版社 1980 年版，第 141 页。
② （魏）王弼著，（晋）韩康伯注，（唐）孔颖达正义：《周易正义》，北京：中国致公出版社 2009 年版，第 33 页。
③ （清）钱绎撰集：《方言笺疏》卷四，上海：上海古籍出版社 1984 年版，第 28 页。
④ （晋）崔豹撰，牟华林注：《〈古今注〉校笺》，北京：线装书局 2015 年版，第 44 页。
⑤ （明）文震亨著，李瑞豪编著：《长物志》，北京：中华书局 2012 年版，第 227 页。
⑥ 钟漫天：《远古走来的草编鞋》，《北京皮革》2020 年第 Z1 期。

也能自己编织鞋履，如最常见的草鞋，其材料来源广泛，苞、薫、莔等均可制作。古时候又称草鞋为"不借"，平民百姓家都有。《五总志》："不借，草履也。谓其易办，人人有之，不待假借，故名不借。"① 由此看出，"草鞋"之所以叫"不借"，是因为就地取材、制作方便、成本低廉、功能性强。又如笋鞋，以笋衣为主要制作材料，笋衣取之于自然的笋叶。在制作过程之中，将厚实且较宽的笋叶挑选出来压平做成鞋底，再用柔软的笋叶做成鞋面。

中国许多古代典籍提到不同季节使用不同材质制鞋，《礼仪·士冠礼》："履，夏用葛，冬皮履。"② 由此能看出，周代礼官中，关于履已经有了专门负责的官职，其穿戴也有详细的制度。到了文震亨所生活的年代，无论是皇室贵族、达官富贾还是平民百姓，关于鞋履的认识都更加成熟，制作也更为精良。"明人足服有多种质料与样式，如草靴、布底缎面便靴等。江南人多穿蒲草鞋，北方人多穿牛皮直筒靴。"③ 不同自然环境下生活的人们，对于鞋履有不同的取舍，这是鞋履多样化的重要原因之一。古代先民因地制宜制作衣履，既是为了适应自然环境，也是为了接受自然馈赠。诚然，中国古代的衣履制度还受到政治礼教、传统文化等因素的影响，比如《礼记》中提到穿鞋履不可进入室内厅堂，无论贵族平民皆是如此。但文震亨提到的不同季节穿戴不同材质的鞋履，无疑是对人最原始、最自然的内在需求表达，也是影响鞋履发展的重要因素。

此外，关于"履"，文震亨最后写道："若方舃等样制作不俗者，皆可为济胜之具。"④ "方舃"说的是一种木制底、不容易受潮的复合式鞋子，因为在单底的履下面再加上一层木底或革，故叫作舃。在文震亨看来，这样的鞋子适合游览远行，"南朝诗人谢灵运终日游历山水之间，发明了一种可以装卸屐齿的登山木屐，'上山则去前齿'很是方便省力"⑤。在晚明，文人士子远足游历十分普遍，适合远行的方舃被文人雅士们所重视。明朝的读书人视野开阔，游历甚远，他们对于自然山川、天文地理有广泛的涉猎。在心学影响下，"知行合一"的学习观深入人心，晚明学子遍访山川，凭借自己的双足享受着山水之乐。其中，为人熟知的一位游者便是徐霞客，他一生遍访名川大山，考察自然地理，在这过程中，木底的复合式鞋履是他登山涉川的利器。李白赞誉这种鞋履："脚著谢公屐，身

① （宋）吴炯：《丛书集成初编·五总志》，北京：中华书局1985年版，第9页。
② 徐正英、常佩雨译注：《周礼》，北京：中华书局2014年版，第647页。
③ 华梅：《服饰与中国文化》，北京：人民出版社2001年版，第298页。
④ （明）文震亨著，李瑞豪译注：《长物志》，北京：中华书局2021年版，第339页。
⑤ 赵联赏：《中国服饰史话》，北京：中国大百科全书出版社1998年版，第68页。

登青云梯。半壁见海日，空中闻天鸡。"像"谢公屐"这样可登山、可泥行、可雨穿、可户外又可室内行走的鞋履为人们的远足探索自然奥秘提供了便利。

圣人创立万事，制定法度，无不根据天地乾坤、万事万物的发展规律，以求自然运转之和谐畅通。人与天地应有所应照，这体现在衣冠制度上是"必与时宜"。古人在衣饰制度上展现出顺应天时、取材自然等特点，将朴素、"贵生"的思想融入服饰创造的始末，在儒家礼教制度与"天人合一"的生态思想中生成实用厚生、古朴自然的特点。

第七章 家具——自然古雅，无不便适

中国传统家具有悠久的历史，早在商周时期就已经出现。经过两千多年发展与文化积淀，中国传统家具在明代达到了顶峰，其中最具典型性的代表是在烟雨江南产生的可泽被后世的明式家具。明代家具因有文人参与设计制作，诗、书、画等姊妹艺术融入其中，更具艺术气息与文化内涵，达到了中国工艺美术史上的高峰。《长物志》在开篇就提到了欣赏使用家具的几个要点："自然古雅""无不便适""何施不可"。

"自然古雅"是明代文人审美的重要尺度。"古雅"二字可以拆分为"古"与"雅"，而"古"往往伴随着雅致、清雅。提及"雅"便不得不提到与之相对的"俗"，雅俗之分是明代审美两极化的重要特点，也是区分雅士与市井文化圈层的重要因素。这一点在家具审美中有所体现，如制榻讲求"其制自然古雅"①，制方桌"须取极方大古朴"②，制屏"不得旧者，亦须仿旧式为之"③ ……如此种种都在反复强调家具的古雅特点。

自然的审美品格在古代文化艺术领域延续已久。老子说："道之尊，德之贵，夫莫之命而常自然。"④ 在明代家具制作过程及审美理念中，自然代表简朴珍贵，也代表着家具美的最高级形式。明代人推崇备至的"天然木"，便是长于山林间的梨花、铁梨、香楠等木质，此类木材质适中、不易变形、香味淡雅、色泽丰富，可以赋予家具质朴古雅、简约明快的美，十分契合文人们所追求的以物寓德、高雅气质的审美意趣。明代的家具一般循木形而造势，不做过多雕饰，制作过程强调对材料的充分挖掘与利用，将材料的物性即自然属性发挥到极致。当然，明代家具亦不回避自然属性中的"奇""丑""怪"，它对自然特性予以充分

---

① （明）文震亨著，李瑞豪译注：《长物志》，北京：中华书局 2021 年版，第 228 页。
② （明）文震亨著，李瑞豪译注：《长物志》，北京：中华书局 2021 年版，第 235 页。
③ （明）文震亨著，李瑞豪译注：《长物志》，北京：中华书局 2021 年版，第 246 页。
④ 陈鼓应注译：《老子今注今译》，北京：商务印书馆 2003 年版，第 260 页。

尊重与保留，推崇天然性，强调做工的少而精，利用榫卯等技术展现材美工巧、节材适用的原则。总之，明代家具在"古""雅""自然"之间追求人与时光、人与文化、人与自然的和谐，充分展现"天人合一"的传统观念。

"无不便适"突出了家具的实用性特征。晚明时期，"以朱熹为代表的理学逐渐被人批判，继而兴起格物致知、积极入世的思想，并大力提倡贴近生活现实。在此思想的引导与渲染下，文人士大夫开始了对家具设计制作的全面参与，他们大多强调家具是为人所用，应当充分考虑人的需求，以贴近人性和生活为宗旨，使家具满足舒适、健康、便利的需要"[1]。《长物志》写家具强调"坐卧依凭，无不便适"[2]，就是除去榻几的外观装饰，排斥华而不实的时尚，回到榻几最本质的坐卧功能，这是对明代"时尚"潮流的反思，对世俗气息的自觉疏离。回归简朴与本质，是中国古典生态审美的核心思想，明代许多家具制造秉承这种标准。明代家具外形简洁单纯，是为了更多关注器物的功能性，按照人体工学原理力求家具在使用中的舒适便易。这种对实用性的关注是灵活且彻底的，比如在古制与功能性发生冲突时，《长物志》告诉我们"其制亦古，然今却不适用"[3]，意在保证今人舒适使用的基础上去追求古雅自然。

"何施不可"说的是家具的多功能特点，同一件家具可以运用在不同的场合。明代家具的外形简约，其功能性的发挥丝毫没有受到影响。家具功能性的设计将生活中的细碎事宜安排得井井有条，甚至包括家具使用过程中的保养维护，也处理得无所不可。

明代家具精妙无穷的设计理念、隽秀优雅的审美风格、虚实相生的造物意境和科学适用的设计态度，体现出返璞归真的自然风尚、刚柔并济的中庸之道和对人的深层次思考和关怀。"明代家具不尚巧饰，以朴素的质地与精巧的构造而取胜，其制作手法在生态设计思想，在人、环境、器具之间达到相互协调。这与设计原则中提出的整体与局部、构图与体量、比例适度等，呈现出秩序感、通透感。"[4]《长物志》对家具制作技艺的阐述充分彰显了中国古典文化的深刻内涵和审美意蕴。

---

① 李伟：《试析明式家具中的人文性内涵》，《艺术市场》2022 年第 6 期。
② （明）文震亨著，李瑞豪编著：《长物志》，北京：中华书局 2012 年版，第 143 页。
③ （明）文震亨著，李瑞豪编著：《长物志》，北京：中华书局 2012 年版，第 144 页。
④ 李智健：《浅谈〈长物志〉中明代家具的和谐观与设计精神》，《工业设计》2020 年第 3 期。

第一节 榻：质朴雅致，舒适实用

榻，是我国较早的一种家具，东汉服虔《通俗文》载"三尺五曰榻"。唐代以后，高足家具慢慢普及，榻在文人的日常生活中必不可少，其用于坐卧无不便适，坐在几榻上观览经籍，阅读书画，陈放古代祭器，摆放菜肴果蔬，无所不可。

榻和床都可以用来卧人休息，如我们常说的"下榻"，但两者之间又有着很大的不同，榻与床相比，显得狭长而矮小。在席地而坐的筵席时代，除了最基本的"筵""席"之外，后来也有略高于地面的坐卧家具，称为"短榻"。"床"原作"牀"，"牀"今为"床"之异体。《辞海》里解释，其义为"劈开的竹木片"。《释名》所云："人所坐卧曰床，床，装也，所以自装载也……长狭而卑曰榻，言其榻然近地也。"榻在中国古代名画中很常见，如《北齐校书图》（图7-1）中就出现了床榻。宋代李嵩的《听阮图》（图7-2）中，主人公坐于床榻之上，身旁有仪态娇美的仕女，床面为藤编软屉，适合炎夏使用。元代刘贯道《消夏图》（图7-3）中，在种植芭蕉、绿竹、梧桐的庭园当中，主人公祖露出胸、肩，赤足，卧躺于榻上纳凉。榻有着悠久的文化历史，它的演变与发展映射出时代、文化、经济等的发展状况。

图7-1 （北齐）杨子华《北齐校书图》局部

文震亨描述了榻的详细规格与定式，"座高一尺二寸，屏高一尺三寸，长七尺有奇，横三尺五寸，周设木格，中贯湘竹，下座不虚。三面靠背，后背与两傍等，此榻之定式也"①。从尺寸的描述角度来看，这个尺寸与现今三人沙发的尺

① （明）文震亨著，李瑞豪译注：《长物志》，北京：中华书局2021年版，第228页。

寸（长宽高）十分接近，符合
人体坐姿舒适性的合理尺寸范
围。故而，文人间有对榻而眠的
轶事，唐代张籍《祭退之》中
有诗句"出则连辔驰，寝则对榻
床"，怀念与韩愈相处的快乐时
光。除此之外，文震亨还提到了
一种用于书斋、佛堂的短榻，又
称"弥勒榻"，"高尺许，长四
尺，置之佛堂、书斋，可以习静
坐禅，谈玄挥麈，更便斜倚，俗
名'弥勒榻'"①。可见"弥勒
榻"是用来静思冥想、谈玄论
道的。

　　文震亨在对榻总结归纳的基
础上提出了几点选榻标准。首先
"有古断纹者，有元螺钿者，其
制自然古雅"②，"近有大理石镶
者，有退光朱黑漆中刻竹树以粉

图7-2　（宋）李嵩《听阮图》

图7-3　（元）刘贯道《消夏图》

---

① （明）文震亨著，李瑞豪译注：《长物志》，北京：中华书局2021年版，第230页。
② （明）文震亨著，李瑞豪编著：《长物志》，北京：中华书局2012年版，第144页。

填者，有新螺钿者，大非雅器"①。自然古雅是首要的审美准则之一，明代家具崇尚自然雅致，从材料质地的选择、制作造型的各个方面都可以看出。简洁的外观、流畅的线条、木材自身的纹理之美都是明式家具追求的审美准则。旧制中床榻多由楠木、紫檀木、花梨木等制成，木制材料天然古朴，但之后加上了一些时尚的装饰如螺钿、大理石等后，文震亨觉得其就不再称得上自然古雅了。过多的装饰会影响榻的功能与使用，失去其原本的自然属性。晚明文人雅士的家具装饰都十分考究，绝不会滥用装饰，而是恰到好处，多一分则过于烦琐，少一分则略显单薄。

生态审美基于对事物的本质体验与欣赏，是审美主体的本性流露，简洁与朴素永远都是最根本与可贵的。"凡事物之理，简斯可继，繁则难久，顺其性者必坚，戕其体者易坏。"②床榻这一家具流传下来，其本质材料未变，但细微装饰花纹随时代审美而更替，往往是简洁朴素的东西容易继承保留，而愈是花哨复杂的愈难以长久。"自然"的特点就是本真、朴素，老子提倡的自然也就是"无为"的。魏晋哲学家王弼释"道常无为"云："顺自然也。""顺自然"即顺从万物本来如此的样子而不加干涉，这是"道"的根本性质。"自然"的审美标准自唐代始就已普遍存在了，而且这种审美理想影响深远，在某种程度上说，"自然"是中国古典美学审美体系中的"元范畴"。"自然"即是"真"，是事物的真实状态，不加作为的状态。"'自然'内在于人而为性，在本质上是朴素无华的，这是人的最本真的存在状态；同时这又是人生追求的目的，即保持人性的完整性、丰富性，从而实现道的境界。"③无论是自然或是人，最本真的状态都是朴素的。作为自然化的人，回归自然状态与本性无疑是"人成为人"的必要途径。

而对于"雅"的追求在明代十分盛行，前文有所提及，其有雅致、清雅、高雅、雅正等含义。"雅"这一审美理想贯穿在明代室内陈设、器物清玩、书画艺术等各个方面。"云林清秘，高梧古石中，仅一几一榻，令人想见其风致，真令神骨俱冷。故韵士所居，入门便有一种高雅绝俗之趣。"④对"雅"之推崇与对"俗"之摒弃形成了明代审美文化里的鲜明对比。"雅"的呈现不在于使用的材料是否昂贵、装饰是否华丽，其最基本的审美品格是"合宜"。家具的体制大小是否合适，选用材料是否尽其之美，装饰是否恰到好处，都是审"雅"必须

① （明）文震亨著，李瑞豪编著：《长物志》，北京：中华书局2012年版，第148页。
② （清）李渔著，隋小左编译：《闲情偶寄》，南京：江苏凤凰科学技术出版社2018年版，第60页。
③ 蒙培元：《人与自然：中国哲学生态观》，北京：人民出版社2004年版，第214页。
④ （明）屠隆著，陈剑点校：《考槃馀事》，杭州：浙江人民美术出版社2011年版，第135页。

考量的。明代的李渔这样说道："粗用之物，制度果精，入于王侯之家，亦可同乎玩好；宝玉之器，磨砻不善，传于子孙之手，货之不值一钱。"① 也就是说，即使再不起眼的器物，设计得当，也可以变得高雅，反之奇珍异宝也可能沦为俗气粗鄙之物。

除了自然雅致外，文震亨还对榻提出了实用与适用的审美标准。"更见元制榻，有长一丈五尺，阔二尺余，上无屏者，盖古人连床夜卧，以足抵足，其制亦古，然今却不适用。"② 此类对于实用与适用的强调同样是基于对榻最基本的使用需求，基于物之本性。文震亨对榻的审美准则是中国古典审美思想的流露。

古人对就寝之处的要求十分讲究，南宋理学家蔡元定倡导"先睡心，后睡眼"③，讲的是古人除生理睡眠之外对于养心养神之类精神休憩的重视。因而卧榻环境被添了些许精神意象，诸如帐作为床榻的组成元素，在床笫复合式空间里也得到关注。

文震亨在衣饰章节对"帐"做了研究。床帐多用丝织品或是布制成，其功用多样：保暖、防避蚊虫、防尘、避光等。三国时期魏王宋《杂事》写道："翩翩床前帐，张以蔽光辉"，说的就是床帐的避光功能。多重的实际功用要求床帐根据需要做出自身调整，《长物志》中提到了不同季节人们使用不同材料做床帐："冬月以茧䌷或紫花厚布为之，纸帐与䌷绢等帐俱俗，锦帐、帛帐俱闺阁中物，夏月以蕉布为之，然不易得。"④ 古人床帐讲求其实际功用与效果，按照季节与气候对床帐做出调整。"冬月，纸帐，或白厚布，或厚绢为之。夏月，吴中撬纱为妙。"⑤ 用最简单自然的材料提高对物的利用程度，满足人的实际需求。注重事物的自然属性，利用其多样化特点，将事物回归最原初的属性——造物以用，在此基础上再来探讨"帐"的形式美感。在高濂的《遵生八笺》中也有对"帐"的描绘，他称之为"无漏帐"。"帐制幔天罩床，此通式也。……夏月以青纻为之，吴中撬纱甚妙。冬月以白厚布，或厚绢为之。"⑥ 这是对床帐的形态及使用做出了更翔实的描述。人们注重材料的天然美，用最自然的审美方式来为床铺增添逸趣，不仅达官贵族注重这一点，百姓们也是如此。"帐"不仅是一个重要的卧室元素，还作为诗词歌赋中的审美意象反复出现，丰富着人们的精神空

① （清）李渔著，杜书瀛译注：《闲情偶寄》，北京：中华书局2014年版，第454－455页。
② （明）文震亨著，李瑞豪编著：《长物志》，北京：中华书局2012年版，第144页。
③ （宋）周密著，陈新、郭一凡编：《齐东野语》，郑州：大象出版社2003年版，277页。
④ （明）文震亨著，李瑞豪编著：《长物志》，北京：中华书局2012年版，第223页。
⑤ （明）屠隆著，陈剑点校：《考槃馀事》，杭州：浙江人民美术出版社2011年版，第135页。
⑥ （明）高濂编撰，王大淳校点：《遵生八笺》，成都：巴蜀书社1992年版，第331页。

间，"其形态被明显地赋予了立体化、空间化、视觉化的美学寓意，并且其中所有的元素都被赋予了文化与美学的寓意"①。陆游："纸帐晨光透，山庐宿火燃。"李清照："藤床纸帐朝眠起，说不尽、无佳思。"苏轼："洁似僧巾白氎布，暖于蛮帐紫茸毡。"② 这些都是以帐为描绘意象，床帐被文人雅士赋予了诗情画意。《长物志》提到："有以画绢为之（床帐），有写山水墨梅于上者。"③ 这一做法在宋代便已经出现，将光影投于其上或者在洁白纸帐上直接作画，称作"梅花纸帐"。文震亨并没有肯定在纸帐上绘梅花的做法，他觉得这样反倒俗气了。"帐"在文人的加持下，包含了多重功能，在人为营造起来的安适睡眠空间中，构建起了自我映射的感官体验馆。

床帐里与床帐外被人们划分为两个不同的空间。我们可以看到古人对床帐各种功能的要求，在其自然属性美之外，文人又赋予它特殊的精神意味，其中包括对视觉、听觉、嗅觉等多重因素的考量，以及帐所包含的文化意蕴。

第二节　几：自然巧妙，奇崛淳厚

几，是古代常见的一种家具，高而狭，矮而阔，是古人落座或是放置小物件的家具，它常与案并称，是同属的器具。《说文》中提到："案，几属也。"几与案的功用十分相似，"《几铭叙》云：黄帝轩辕作。可见，几创自黄帝，起源很古。在明代，此类家具有燕几、台、书桌、天禅几、香几，长短大小不一，均为方形，作宴会用具"④。不同的几，适用场合可能有差别，如香几放置香炉，茶几放置茶具，花几放置花盆。刘松年的《十八学士图》（图7-4）中就有许多种香几的规格：有的不专为焚香，也可用来摆放各式陈设、古玩之类，象征着富贵。屠隆提到的隐几，用怪树制成，"置之蒲团或榻上，倚手顿颡可卧，书云'隐几而卧'者，此也"⑤。古时候的几，并非人人有之，其是贵族阶层为优礼至尊而设。

---

① 杨宇：《宋代床帐中的空间趣味》，《中国艺术》2018年第8期。
② （宋）苏轼：《纸帐》，见北京大学古文献研究所编：《全宋诗》卷十三，北京：北京大学出版社1991年版，第9150页。
③ （明）文震亨著，李瑞豪编著：《长物志》，北京：中华书局2012年版，第223页。
④ 陈宝良：《飘摇的传说：明代城市生活长卷》，长沙：湖南出版社1996年版，第113页。
⑤ （明）屠隆著，秦躍宇点校：《考槃徐事》，南京：凤凰出版社2017年版，第84-85页。

图7-4　（宋）刘松年《十八学士图》

　　天然几也是几的一个种类，多设在厅堂中，一般长七尺或八尺，宽尺余，高过桌面五六寸，两端飞角起翘，下面两足作片状。"长不可过八尺，厚不可过五寸，飞角处不可太尖，须平圆，乃古式。"① 天然几不同于曲几，但两者有不少共通之处：自然巧妙，奇崛淳厚。描述曲几时，文震亨写道："以怪树天生屈曲若环若带之半者为之，横生三足，出自天然，摩弄滑泽，置之榻上或蒲团，可倚手顿颡。"② 也就是说，曲几是用怪树天生的圆弧状树枝制作成的，没有改变木材原有的模样与形态。这样的家具出自天然，制亦奇古。描述天然几时他提到："以文木如花梨、铁梨、香楠等木为之。"③ 同样提到了自出天然的特点。

　　"天然木"是制几的主要材料，多以树干、树根、藤茎为主要形态，或是用树根的天然形态进行一系列加工。明代家具制作注重对材料天然性的发掘与利用，不仅是形态，还有特性，"明代时期制作使用的许多硬木木材是来自海外，而这些木材在当地并非'名贵'，有的是由于其材质过于坚硬，当时的加工工具对其束手无策，工匠望材兴叹，有的是由于材性复杂多异，难以驾驭，而被认为是'无用之材'"④。文震亨提到的花梨、铁梨、香楠都是当时流行的硬木，以硬木制造家具是对木材属性的充分应用。除此之外，明代家具广泛利用了多种木材，不管是名贵的或是常见的木种。"可以说，各种木材资源均已纳入明式家具的选材视野，且十分注重资源的节约、合理调配与高效利用。"⑤ 这样的材料选取避免了对某一种或几种木材的过度开发，这些天然木材被运用到家具制作中，匠人们通过简单的工艺，将木材自身属性与工艺结合，最大限度发挥材料功用与

---

　　① （明）文震亨著，李瑞豪译注：《长物志》，北京：中华书局2021年版，第232页。

　　② （明）文震亨著，李瑞豪编著：《长物志》，北京：中华书局2012年版，第146页。

　　③ （明）文震亨著，李瑞豪编著：《长物志》，北京：中华书局2012年版，第148页。

　　④ 付杨、方海：《明代工匠技艺考释》，《南京艺术学院学报（美术与设计版）》2017年第2期。

　　⑤ 唐立华、刘岸、杨元：《论明式家具的生态文化观》，《中南林业科技大学学报（社会科学版）》2019年第4期。

特点，使人为与自然巧妙融合，浑然天成。

另外，几也有"奇"的审美特点。"照倭几下有拖尾者，更奇，不可用四足如书桌式；或以古树根承之，不则用木，如台面阔厚者，空其中，略雕云头、如意之类，不可雕龙凤花草诸俗式。"① 自然、奇特是明代审美中较为突出的特质。"奇"少见，则有灵性，则不至于沦于芸芸大众，不至于庸俗。这是明代特殊时代氛围中催生出的审美品格，它的源头可追溯至先秦。"奇"与"正"相对，《说文·可部》里说奇，即是异。"许慎《说文解字》释'奇'为：'异也，一曰不耦，从大从可。''不偶'，即从卜筮而来，表示单数卦，按照卜象释为不祥。段玉裁注曰：'异也，不群之谓'，意为独特，不正，异于常。"②"奇"由于罕见独特，在卜筮与日常生活中被认为是不祥、不吉利的。在中国传统文化中，"正"文化代表着中正、理性、平和，强调的更多是秩序、规范、共性。而与"正"不同，"奇"是少数、立异、个性的。奇作为一种审美范畴，并不是单独存在，它经常伴随着其他的审美范畴，使我们感觉到它的奇丽。如诗词中一组"枯藤、老树、昏鸦"的审美意象，不同于雅正之美，这种野逸、苍凉、寒瘦的美学体验正是"奇"带来的瑰丽境界。明代中后期，"尚奇"成为时代风潮，根本上是压抑已久的个性与精神的舒展与爆发。在社会生活方面都展现出"宁拙勿巧""标新立异"的审美倾向。在明代家具中，追求天然木材形态带来的奇崛、怪诞之感，这种审美倾向与当时追求的精神解放密不可分。心学的发展与明代思想解放浪潮促进了充满个性色彩的审美体验。物欲横流，追求物质享乐的时代也必然滋生出一种争奇斗艳的心理特点。当然，过度追求离奇、诡异会使社会出现病态审美激情，但这样的思想解放在阶级制度森严的传统儒家政治体系下，是审美精神的全方位舒展，是审美主体发展个性、天性的途径与方式，也是人成为完整独立自然人的体现。

第三节　禅椅：不露斧斤，自然天成

禅椅是禅坐的家具，原是禅宗修行的坐具，后成为文人们静息凝神、静坐冥思的座椅。唐代白居易《罢药》云："自学坐禅休服药，从他时复病沉沉。"在

① （明）文震亨著，李瑞豪译注：《长物志》，北京：中华书局2021年版，第232页。
② 曾婷婷：《晚明文人日常生活美学观念研究》，广州：暨南大学出版社2017年版，第44页。

明代文人的书斋中,禅椅是重要的家具陈设。比如高濂在《遵生八笺·起居安乐笺》的"高子书斋说"中写到书房中的家具陈设,有长桌一、榻床一、床头小几一、竹凳六、禅椅一、榻下滚脚凳一。① 整个陈设既简洁疏朗,又清雅宜人。

禅椅由天台山的藤条或是弯曲粗大的老树根制作而成,椅子上天然的枝蔓可以用来悬挂诸如瓢笠、念珠等东西。"以天台藤为之,或得古树根,如虬龙诘曲臃肿,槎牙四出,可挂瓢笠及数珠、瓶钵等器。"② 文震亨认为最好的禅椅应该是"不露斧斤"的,其余装饰皆为画蛇添足。他写道:"近见有以五色芝粘其上者,颇为添足。"③ 在文震亨看来,在禅椅上雕刻龙凤既违背禅宗的教旨,也与中国古代家具崇尚天然形态的精神相悖。明代文学家屠隆也有类似观点,他认为:"尝见吴破瓢所制,采天台藤为之。靠背用大理石,坐身则百衲者,精巧莹滑无比。"④ 禅椅重天然,制作近乎素工,少加装饰雕刻,整体外观简洁朴素,这是站在文人家具的角度来观察与审视,让家具也带有了文人的气息。

为了追求浑然天成的艺术效果,禅椅的结合点靠榫卯工艺相连接,表面光滑,转角处自然流畅。这既排除了钉子对木材本身的破坏,也起到了加固、防潮等作用,没有过多的修饰,反倒让木材原本的纹理、光泽之美淋漓尽致展现出来。对于"材美工巧",中国古代工匠总结出了一套经验,所谓"天有时,地有气,材有美,工有巧。合此四者,然后可以为良"⑤。材料之美,是家具优良的必要条件之一,中国古人对于家具材料天然之美的欣赏出现得十分早。"早在西汉时期,中山靖王刘胜就作过有名的《文木赋》,对吸取天地精华的木材有过详尽的赞美:'丽木离披,生彼高崖。……既剥既刊,见其文章,或如龙盘虎踞,复似鸾集凤翔。'"⑥ 明式家具中常提到的黄花梨木,木材呈现淡黄色或红褐色,加工后颜色温暖明亮,给观者亲切澄明的感受。不同的木材能呈现出不同美感,明式家具成形后,工匠们为了保护其天然纹理,会在家具上罩清漆或上蜡打磨,此即自然装饰特点与"材美工巧"的匠心传承。这种顺物自然的哲学思想是尊重自然、顺应自然的展现,也是古代工匠在认识自然本质与开发自然的过程中,对人与自然关系的和谐处理。

在自然天成的设计哲学思想的指导下,禅椅又因为其特殊的功用与宗教文化

① (明)高濂编撰,王大淳校点:《遵生八笺》,成都:巴蜀书社1988年版,第270页。
② (明)文震亨著,李瑞豪译注:《长物志》,北京:中华书局2021年版,第231页。
③ (明)文震亨著,李瑞豪编著:《长物志》,北京:中华书局2012年版,第147页。
④ (明)屠隆著,秦躍宇点校:《考槃馀事》,南京:凤凰出版社2017年版,第84页。
⑤ 闻人军译注:《考工记译注》,上海:上海古籍出版社2021年版,第168页。
⑥ 赵琳:《元明工艺美术风格流变》,复旦大学博士学位论文,2011年,第152页。

内涵具有了别样的精神寄托。坐禅是明代文人生活的一部分，是为了习静观己心。所谓习静，是明代文人修身养性、安顿心灵的一种行为方式，意谓过幽静生活，习养静寂的心性。习静的具体行为方式为静功、静坐、坐禅等。明代学者认为"天地间真滋味，惟静者能尝得出；天地间真机括，惟静者能看得透；天地间真情景，惟静者能题得破"①。也就是说，通过习静修养，可以品尝或体味到天地间有味、有道、有情之物。为了便于文人打坐，禅椅坐面宽大，后方背部扶手隔断开以营造出空间感，为打坐者留出静思的无隐蔽式分隔空间，如同佛教中所言"妙有真空"。在许多描绘禅宗修行或是文人士大夫静坐场景的古画中，我们可以看到禅椅的不同形制。如在五代顾闳中的《韩熙载夜宴图》（图7-5）中，主人公在宴会中坐的就是一张简单古雅的禅椅。

图7-5　（五代）顾闳中《韩熙载夜宴图》局部

禅椅的设计思想与美学追求流露出中国古代造物的美学思维——"人""物"与"自然"的和谐，"无为而为"的造物观念为我们的生态审美与生态生存提供了宝贵的思路与指导。

---

① （明）吕坤撰，许子谋、范姜筼堂点校：《呻吟语》，台北：河洛图书出版社1974年版，第10页。

第四节　桌、橱：方大古朴，求实便用

《正字通·木部》中"桌，呼几案曰桌"，桌的种类很多，有方桌、长桌、圆桌、供桌等。其中，方桌是古人用来展玩书画的家具，是古代文人士子必备的家具之一，它可贴墙放、靠窗放，或者贴着长桌案放置。方桌一般配置四把方椅或方墩，它与书桌、壁桌有一定的区别，为了方便多位文人同时观赏书画，方桌的桌面较为宽大。

文震亨言"须取其方大古朴"①，突出了桌实用与古朴的特点，另外还强调其"旧漆"的优势。明代文人交友宴饮活动颇多，鉴赏艺术风气兴盛，特别是以观赏字画古玩为由的雅集更多。一些新兴的资产阶级富商会主动举办这样的文化宴会活动，以获得一定的社会地位与声望。正如加拿大学者卜正民所言："时尚的走向并不是一个公开的过程，它总是被那些既定的精英人物所裁断。时尚的标准不是由那些从底层爬上来的企求者决定的，而是由那些已经达到既定水平、需要保护既得的精英地位的人们决定的。"② 社会艺术品鉴风气是雅集宴会的推动力，以文震亨为代表的文人圈层注重"古朴实用，忌俗气"，强调"物"的实用功能与价值。阔大的方桌给文人士子们提供了展卷观赏、交流畅谈的空间。

对于"旧漆"的推崇是对古意、古色的偏爱，是对"俗"的抵制，对"雅"的追求。在文震亨看来，旧制是古，古朴是雅，近制则不雅，不雅即俗，隐含着今不如古的倾向。明代文人尚"古雅"，并将雅文化渗入生活的各个方面。文震亨言："若近制八仙等式，仅可供宴集，非雅器也。"③ 对古雅趣味的选择，对古制的推崇，是文人雅士拒绝浮华俗世、追求内心宁静的表现。后世的李渔在《闲情偶寄》的《居室部》中也表达过类似的观点："土木之事，最忌奢靡。匪特庶民之家，当崇俭朴，即王公大人亦当以此为尚。"④ 明代杜堇的绘画《玩古图》（图7-6）中，有大方桌、长条桌、圈椅、月牙凳等许多明式家具，其中有方桌的形象，形制宽大简洁，能同时容纳文人雅士的许多清玩小件。

---

① （明）文震亨著，李瑞豪编著：《长物志》，北京：中华书局2012年版，第150页。
② ［加］卜正民著，方骏、王秀丽、罗天佑译：《纵乐的困惑：明代的商业与文化》，北京：生活·读书·新知三联书店2004年版，第251页。
③ （明）文震亨著，李瑞豪编著：《长物志》，北京：中华书局2012年版，第150页。
④ （清）李渔著，隋小左编译：《闲情偶寄》，南京：江苏凤凰科学技术出版社2018年版，第50页。

图7-6　（明）杜堇《玩古图》

"橱"原为"厨"，本为庖室之称，后成为贮物的器名，是在两晋后出现的家具器物。它可以用来存放书籍、器具等，常放于玄关处，由汉代的"几"慢慢演变而来。随着社会发展，它变成一种格架类的家具，装上门与围板，逐渐形成了"橱"的形式，且形制慢慢变大。① 它的类型分为书橱、衣橱等，以实用性为主。

《长物志》里提到的"橱"指的是"书橱"。开篇点明"藏书橱须可容万卷，愈阔愈古"②，阔大便于存放足够多的书籍，且形制古雅。对此李渔也提到，橱应"以多容善纳为贵"③，充分利用空间。《长物志》中的家具制作十分注重使用的便捷程度，如果说取书橱之阔大是为了便于贮藏更多书籍的话，那么"惟深仅可容一册，即阔至丈余"④，则是为了方便主人寻取书籍。文震亨重视书橱、衣橱的经久耐用性，在对"橱"材料的选取上，"大者用杉木为之，可辟蠹，小者以湘妃竹及豆瓣楠、赤水、椤木为古"⑤。书橱、衣橱常常会选用杉木来制作，因为杉木是一种十分优质的木料。杉木香可以避免生虫，其中所含的香杉木醇能杀死空气中的一些细菌，对人体更具有保健功能。杉木在明朝有油杉、香杉、土

① 胡德生：《古代的柜、箱、橱和架格》，《寻根》1998年第3期。
② （明）文震亨著，李瑞豪编著：《长物志》，北京：中华书局2012年版，第151页。
③ （清）李渔著，隋小左编译：《闲情偶寄》，南京：江苏凤凰科学技术出版社2018年版，第102页。
④ （明）文震亨著，李瑞豪译注：《长物志》，北京：中华书局2021年版，第240页。
⑤ （明）文震亨著，李瑞豪编著：《长物志》，北京：中华书局2012年版，第151页。

杉等不同品种，其香气可驱虫，其材质耐朽防蛀，是软木中之良材。宫廷民间都十分爱以杉木制作家具，除了书橱、衣橱用杉木外，衣匣也常用杉木。"以皮护杉木为之，高五六寸，盖底不用板幔，惟布里皮面，软而可举。"[①] 在中国人看来，木材是柔软的、有生命的，"木材本身温润的、生命般的质感，亦较易得到中国人'取类比象'的思维模式的认同"[②]。因而，无论从家具制作木材的选择、对木材的干燥性处理，还是对木香的处理、对木材的纹理处理，都可看出中国古人的生态审美智慧。

　　一方面，根据材料的自身属性，工匠们会将它的用途最大化，并且根据使用功能地点做出相应调整，充分体现其"无不便适"的特点。除了既要阔大又要方便外，在不同大小功用的橱上，工匠使用的材料也不同。"竹橱及小木直楞，一则市肆中物，一则药室中物，俱不可用。"[③] 而收藏佛经的书橱要更加长一些，因为经册一般较长。为了适应具体使用，家具形制做出相应的细节调整，且颇为讲究。为了延长家具的使用期限，工匠们利用榫卯的巧妙连接来进行组装，大大减少了运输成本与损坏成本。在使用过程中，任何一个部分的破损都可以通过拆卸再循环利用。这样不仅减少了整体的报废，还以循环的节材方式确保了自然资源的可持续利用。

　　另一方面，对家具使用的便捷需求是对简朴舒适生活方式的践行。家具功能简单明了，很少有浮夸多余的地方，其设计的全部重心放在了人体本身的需求上。"明式家具的简约设计理念一方面来源于中国传统的哲学思想，另一方面与当时文人参与设计的行为也密不可分。"[④] 在当时的社会环境中，许多无心官场争斗的文人将自己的注意力转移到家具与器物的设计上，他们开始与工匠合作，雅致的审美欣赏与务实钻研的工匠之风结合，让家具由内而外地展现出质朴天真的自然风貌。对家具设计的追求体现着明代文人对于生活精致化的追求，以及对于"物"性的极致要求。同时，工匠们在彰显实用性的基础上又注入了一些等级、礼仪、秩序的观念。在家具制作中，古人们十分重视"人""自然""家具"三者的互动关系。在他们制作家具的每一个步骤中，都流露出生态审美智慧因子，且这种生态审美智慧形式丰富而多样。譬如，求实务真的制物观念就是对于

---

① （明）屠隆著，秦躍宇点校：《考槃馀事》，南京：凤凰出版社 2017 年版，第 121 页。
② 朱力：《崇实厚生·回归自我：中国明代住宅室内设计研究》，中央美术学院博士学位论文，2004 年，第 55 页。
③ （明）文震亨著，李瑞豪编著：《长物志》，北京：中华书局 2012 年版，第 151 – 152 页。
④ 杜游：《意趣与法度：中晚明文人与匠人合作下的家具设计》，南京艺术学院博士学位论文，2007 年，第 48 页。

生理舒适、取用便捷的人性关怀，是生态审美中对于本真与和谐的展现。在生态美学视野下的家具设计，将人的生理和心理健康纳入考量范围内，目的是提高人们的日常生活与精神生活的质量。生态审美观展现着人与外部世界的种种关联："物"连接着自然与人，"物"连接着人与天地之道。

明代家具的繁荣发展展现出明代文人及百姓们日常生活及精神世界精致化的趋向。在传统法效自然的哲学观指引下，科学技术的进步为工匠们认识自然提供了开阔的视野，在家具制作上，呈现出由思想到技术的高度认知——深入的"道""器"结合。明代家具，既是工艺美术的瑰宝，又是传统生态美学思想的物化呈现。

第五节　屏风：以古为佳，惜材工巧

屏风是中国传统室内陈设的重要家具之一。古称屏风为"扆"，亦写作"依"，是设在户牖之间的装置，它不仅起到了格挡避风的作用，还可作为挂置衣物等的器具。我国使用屏风的历史十分悠久，较早的实物证明可以追溯到先秦，"屏风"一词在西汉才正式出现。1972 年湖南长沙市马王堆一号汉墓出土了早期的屏风，另外在一些画作中我们也可以看见早期屏风规制，如五代王齐翰的画作《勘书图》（图 7-7）描绘的就是主人公在山水屏风前宽衣解带、在披卷勘书之暇掏耳的悠然之态。在画面中，几案上有几本展开的书卷，一名童子立于一旁，身后有三叠屏风，上面为青绿山水画作，整体氛围儒雅素净，凸显书房之中的雅致与静谧。

图 7-7　（五代）王齐翰《勘书图》

屏风不仅具有相当强的实用性，屏风上的留白空间还为文人墨客们展性抒怀提供了宝贵的二维空间。在古代，屏风总是和闺房联系在一起。五代韦庄《望远行》词曰："欲别无言倚画屏，含恨暗伤情。"一个女子分别时的不舍、眷恋和伤情由"倚画屏"这一动作表露出来。宋代秦观的《浣溪沙》："漠漠轻寒上小楼，晓阴无赖似穷秋，淡烟流水画屏幽。"刻画了闺阁中的怨妇形象。

在《长物志》中，文震亨认为屏风的制作十分古老，且以古为佳，做工精细的更加珍贵。如果没有古旧，也应仿制古式。"不得旧者，亦须仿旧式为之。"① 屏风在宋代基本沿袭唐制，以山水花鸟为主，有独屏、折屏、围屏等多种样式。对古制的追求是对经典的传承，"尚古"之风在明代成了一种时尚。仿古领域从器物、艺术品、家具到读古书、居古宅、藏古物、着古装等。"姑苏人聪慧好古，亦善仿古法为之，书画之临摹，鼎彝之冶淬，能令真赝不辨。"② 人们认为越古，就越贴近事物本来的样子，越贴近自然。这种"尚古"之风多源于姑苏江南文人圈层，他们的喜好极大地影响了社会的审美倾向，引领了当时文化发展的潮流。《长物志》中的"古"字出现了近200次之多，可以说是整本书的高频词汇。在文震亨看来，古代器具较"雅"，这是对市井审美的一种排斥与嘲讽。凡是"有古意""尚古韵"的，就能够得到文震亨的共鸣与推崇，反之就粗俗不入流。"若纸糊及围屏、木屏，俱不入品。"③ 文震亨对古制器物的推崇不是简单的形式审美，而是对器物文化积淀的追怀，是对中古时期田园牧歌的生活模式的向往。文震亨的"今不如昔"的价值判断带给人们丰富、超脱出物品本身的"返魅"情感体验。与生态美学相似的是，它也能够引领人的精神世界向深远处拓展，返回到生命、时间、历史、宇宙的原点。

明代家具秉承着实用便适的原则，在家具史上创造出史无前例的辉煌成就。在材料选择、制物、造型等各个步骤无不贯穿着生态美学智慧，遵循着节用适用、关爱生命、顺应自然的原则。文震亨的推崇古制以及"反—返"思维从中国传统思想文化中吸取生机与活力，对抗晚明奢靡、颓败的消费之风，重建人与自然、人与人、人与社会的和谐。

---

① （明）文震亨著，李瑞豪译注：《长物志》，北京：中华书局2021年版，第246页。
② （明）王士性撰，吕景琳点校：《广志绎》，北京：中华书局1997年版，第23页。
③ （明）文震亨著，李瑞豪译注：《长物志》，北京：中华书局2021年版，第246页。

第八章　器具——制具尚用，厚质无文

中国造物多称为"制器"，何为"器"？《周易·系辞》云："形而上者谓之道，形而下者谓之器。"在古人看来，"器"是"道"的载体，君子应该通过"器"去追求"道"。

其一，中国古人有"观象制器""制器尚象"的思考。在文震亨看来，上至钟鼎、刀剑、盘匜，下至笔墨纸张等都是"器"。"上至钟、鼎、刀、剑、盘、匜之属，下至隃糜、侧理，皆以精良为乐，匪徒铭金石、尚款识而已。"①《长物志》强调"器"的实用性，"古人制器尚用，不惜所费"②，以精良实用为首要标准。这里的"古人"指晚明之前的人，意在告诫今人（明代人）凡制器，背后皆有"理"可寻，有"礼"所依，不可附庸今日之"时尚"，一味追求华丽的装饰。文震亨在明代知识分子崇古、仿古的审美下反复提出"日用所宜""制具尚用""所谓功利于人谓之巧，不利于人谓之拙"③，是在借古人器具之精良雅致批判当下制器之敷衍粗俗。"今人见闻不广，又习见时世所尚，遂致雅俗莫辨。更有专事绚丽，目不识古，轩窗几案，毫无韵物，而侈言陈设，未之敢轻许也。"④

其二，中国古代许多器物在发明之初就受到原始图腾、自然崇拜的影响，因而在历史发展进程中始终带有朴素的自然色彩，如"古镜"中的"天圆地方"、"鸠杖"中的鸟兽图腾崇拜、"墨"中的阴阳五行观念等。

其三，中国古代器物在纹饰、外形上，常常以自然界中的物象为原型参照，模拟其形态意象，如"博山炉""笔山"等。除了拟物造型外，还有将器物材质或形态赋予精神寄托的，使之具有"明道""载德"的功能。

其四，在器物制造中，中国工匠充分了解制造材料的自然属性，尊重其材料

① （明）文震亨著，李瑞豪译注：《长物志》，北京：中华书局2021年版，第249页。
② （明）文震亨著，李瑞豪编著：《长物志》，北京：中华书局2012年版，第159页。
③ 田自秉：《中国工艺美术史》，北京：知识出版社1985年版，第112页。
④ （明）文震亨著，李瑞豪译注：《长物志》，北京：中华书局2021年版，第249页。

性能，尊重天时地利等相关制器条件。造物设计在一定的自然条件下进行，其选材、用材、制材、加工无不有赖于气候环境。如制作松烟墨，必须利用秋冬松树多油脂的特点；制作硬黄纸，必须利用黄檗能辟蠹的特点。

其五，在审美上，文震亨离不开"古""雅""质朴""天然"的标准。比如在古琴品鉴中提到："古人虽有朱弦清越等语，不如素质有天然之妙"①；在品镜中崇尚秦朝黑漆。这些审美偏好都是对事物天成之美、古色古香的充分认可。

器物是人类劳动生产的成果，也是人类生产的工具，它凝聚着人类探索自然的智慧。"肇自然之性，成造化之功"②，不仅是中国传统器具制作的原则，也是"天人合一"思想的体现。总体而言，中国古代"器具"制造遵循"尚用"特性，文震亨突出这一点，是对晚明徒具华丽、制作时尚的一种抵制。

第一节　香炉：备物致用，蓬莱幽景

香炉即焚香的器具，在中国历史悠久，由商周时代的"鼎"慢慢演化而来，由炊具到礼器再到焚香器具，经历了漫长的演变过程。其用途有多种，或熏衣，或陈设，或敬神供佛。焚香与烹茶、插花、挂画是古代文人生活的主要内容，明代高濂在《遵生八笺》中曾对文人书房做了如此描绘："几外炉一，花瓶一，匙箸瓶一，香盒一，四者等差远甚，惟博雅者择之。"可见，香炉是文人书房必不可少的风雅之物。

《长物志》提到了两种著名的香炉：宣铜香炉与博山香炉。"惟宣铜彝炉稍大者，最为适用。"③ 宣铜香炉是明代宣德年间创制的铜炉，用料严格，冶炼尤精，最妙在色，其色内融，从黯淡中发出奇光。博山香炉出现得更早，西汉时就已经出现。博山炉出现之前，人们直接将熏香草置于封闭的香炉中，由于不充分燃烧，烟火气特别大。博山炉的特别之处在于它是镂空的，而且熏香草经过压缩加工，被制成香球或香饼，在炭火的高温下，香球或香饼被慢慢燃起，散发着清纯的香味。故而，博山炉盛行于宫廷与贵族生活中。清代进士纳兰性德的《遐方怨》词中有："欹角枕，掩红窗。梦到江南，伊家博山沉水香。"词人在博山香炉的轻烟缭绕中，斜靠在绣枕上，内心泛起了阵阵孤苦悲凉，关闭红窗，迷蒙中

---

①　（明）文震亨著，李瑞豪编著：《长物志》，北京：中华书局2012年版，第185页。

②　（唐）王维著，（清）赵殿成笺注：《王右丞集笺注》，上海：上海古籍出版社1990年版。

③　（明）文震亨著，李瑞豪译注：《长物志》，北京：中华书局2021年版，第251页。

再次回到遥远的江南故乡，那袅袅余烟似乎是他无法排解的离苦悲伤。"博山沉水香"成就了中国文人书房的优美意境，一尊博山沉水香，袅袅轻烟就将人带入静谧的书斋天地中。宋代杨万里《和罗巨济山居十咏》曰："共听茅屋雨，添炷博山云。"室外雨声潺潺，室内香雾缭绕，文人意蕴于其中。

关于"博山炉"，文震亨提到："又古青绿博山亦可间用。木鼎可置山中，石鼎惟以供佛，余俱不入品。"① 不同材质的香炉用于不同的场合，博山炉常见材质为青铜、陶瓷，多用于供佛。其造型即源于汉朝皇家园林艺术所追求的"一池三山"，"三山"即蓬莱、方丈、瀛洲。相传，汉武帝为了追求长生不老，按照方士所鼓吹的神仙之说在建章宫内开凿太液池，在池中堆筑有三岛，命名为方丈、蓬莱、瀛洲，以模拟东海浩渺的气象。不难想象，"海上三山"浩浩荡荡，与天地相接，又是日月出入的空间，这无疑传递了先民在上古时期对山岳、自然、神灵的崇拜。西汉刘向《薰炉铭》云："嘉此正气，嶄岩若山。上贯太华，承以铜盘。中有兰绮，朱火青烟。"由此看出，山峦形状为博山炉的标准样式：豆形炉身，错金镂空，上面常有云纹，灵兽环绕，形似山峰高耸，焚香时烟气缭绕，构筑起宛如蓬莱仙境的室内幽景。博山炉多出土于皇家与诸侯的墓葬里，比如1968年河北汉代中山靖王刘胜墓中就出土了精美的博山炉。"'博山'一词并非对博山炉造型的特有描述，当时有不少这种'博山'样式的器物。"② "博山炉"的流传是古人崇拜自然、神仙思想的充分展现。

文震亨提到："三代、秦、汉鼎彝，及官、哥、定窑、龙泉、宣窑，皆以备赏鉴，非日用所宜。"③ 在这里，文震亨提出了鉴赏器具的首要原则："日用所宜。""备物致用，立成器，以为天下利"④，是判断器物价值的基本标准。文震亨虽好古追古，但讲求"器物"的当下实用性，反对花里胡哨的装饰。"尤忌者，云间、潘铜、胡铜所铸八吉祥、倭景、百钉诸俗式，及新制建窑、五色花窑等炉。"⑤ 明代的器物规制在强大的中央集权统治之下，有着严格的等级划分，并未以百姓日常所需为首要，它是"器以载道"的体现。明弘治、正德时期，心学的发展让更多百姓体会到解放身心带来的舒展与舒适，此时的心学关注"心"与"道"，追求个性与解放，这种哲学思想让造物思想发生了潜移默化的

① （明）文震亨著，李瑞豪编著：《长物志》，北京：中华书局2012年版，第160页。
② 陈才智：《说"博山"》，《古典文学知识》2018年第2期。
③ （明）文震亨著，李瑞豪编著：《长物志》，北京：中华书局2012年版，第160页。
④ 陈德述著，蜀才编：《周易正本通释 百年名家说易》，成都：巴蜀书社2013年版。
⑤ （明）文震亨著，李瑞豪译注：《长物志》，北京：中华书局2021年版，第251页。

改变。王艮进一步提出了"百姓日用即道"，肯定了生命本体的重要性与生理需求的合理性，引领人们由"道统"转向对生命本体的关照与尊重。由文震亨对日用器物香炉描述的"日用所宜"，我们可以窥见，在晚明资本主义萌芽的时代背景下文人士子对自由解放的追寻。

第二节　笔格、笔筒：拟物造型，虚心坚节

中国古代文人的书房中，除了笔墨纸砚外，还有许多辅助性书写工具，比如笔格、笔筒等。这些器具除了追求实用性外，还讲究装饰性和艺术性，它们或效法古物，或取意自然，营造出高洁雅逸的书香氛围，反映了文人的审美品格。

笔格又叫笔架、笔搁、笔山，质地有陶瓷、玉、紫砂、竹木等，是古人写字作画时置笔的用具。它出现的年代较难考证，南朝梁简文帝有《咏笔格》诗，吴均也有《笔格赋》，可见笔格出现时间较早，至唐代笔格已经比较常见，之后其更是文人书房里不可缺少的文玩雅物。宋代鲁应龙《闲窗括异志》描绘："远峰列如笔架。"宋代周密所撰写的《云烟过眼录》中有"古玉笔格"的说法。因笔格的外形似连绵的山峰，又有"笔山"之称，还有文人称其"山子"。拟物造型的工艺在传统造物中层出不穷。文震亨提到："笔格虽为古制，然既用研山，如灵璧、英石，峰峦起伏，不露斧凿者为之。"① 在许多的制器过程中，都有以大自然形态仿照对象的案例。《考工记·辀人》中写道："轸之方也，以象地也。盖之圜也，以象天也。轮辐三十，以象日月也。盖弓二十有八，以象星也。"②

器物承载着文化思想，也传递着精神信仰。"拟自然物造型的有山形笔格、笔船，几式墨床，舟形水注等，或模拟山峦起伏用来搁笔，或以船形纳笔。自然之形，妙化文房雅物。"③ 笔格是其中一个典型案例，它仿照山峦走向态势。其造型一般为五峰，中峰最高，两边侧峰渐次之，底部为平底。"古铜有镀金双螭挽格，有十二峰为格，有单螭起伏为格，窑器有白定三山、五山及卧花哇者。"④ 笔格将自然界的物象之美注入文房生活中，展现了文人对自然的洞悉、热爱以及非凡的师法能力。文人们取山峰之态势让笔格展现出无穷的意境美，由此产生心

---

① （明）文震亨著，李瑞豪编著：《长物志》，北京：中华书局 2012 年版，第 164 页。
② 闻人军：《考工记导读》，北京：中国国际广播出版社 2008 年版，第 169 页。
③ 华慈祥编著：《文房用具》，上海：上海书店出版社 2004 年版，第 47 页。
④ （明）文震亨著，李瑞豪译注：《长物志》，北京：中华书局 2021 年版，第 259 – 260 页。

理境界的提升与品格升华。此外，古代工匠们模仿的对象涉及广泛，囊括自然界万事万物，如山川、河流、动物、植物，其中也包括了人类自身。单从植物纹样来看，莲花式、牡丹花式、海棠花式、葵花式、缠枝纹等造型已充分融入人们的日常实用器具里，这种植物纹样有的从外域引入，有的是本土物象的变型与嫁接，让器物本身灵动活泼，充满意蕴，不仅美观，还展现出以自然为载体的言说方式。"中国古人以'自然'为载体言说艺术审美体验，其本意在于突破语言自身的局限性，以迂回的方式来'尽意'准确生动地传达审美体验。"① 在器具的不同造型中，我们可以充分感受到人们借助自然语言来造型的方式，并由此建立起自然与意象的巧妙关联。

笔筒，一种较为常见的置笔器具。古人多用毛笔，毛笔有墨汁，难干，需要器具搁置，于是古人利用木、竹、瓷或玉做成笔筒。据文献记载，三国时期已有笔筒。陆机在《毛诗草木鸟兽虫鱼疏》中云："取桑虫负之于木空中，或书简笔筒中，七日而化。"② 笔筒大量出现是在明代中晚期，起初的毛笔悬于架子上，后来笔筒出现了，它精致小巧，器形似筒状，大大节省了置笔的占地面积。有了笔筒，杂乱的纸笔便井井有条。清人朱彝尊曾作《笔筒铭》曰："笔之在案，或侧或颇，犹人之无仪，筒以束之，如客得家，闲彼放心，归于无邪。"在这里朱彝尊以笔喻人，以笔筒喻家室，笔在笔筒，如漂泊之人得寓居之所，有安稳的归宿，方才安心。

《长物志》中提到："湘竹、栟榈者佳，毛竹以古铜镶者为雅，紫檀、乌木、花梨亦间可用，忌八棱菱花式。"③ 尤推竹制、栟榈为材制的笔筒。以竹制的笔筒最受文人士大夫欢迎，不仅因为明代中叶以后江南地区竹雕技术的发展，形成风靡一时的"嘉定竹刻"，还因为"无肉让人瘦，无竹让人俗"精神的渲染。像笔格、墨床、镇纸、砚屏等，都是书房中常见的竹制品，其不仅以竹为制作材料，在笔筒的造型上也力图还原竹节本来的样貌。哪怕是其他材料制成的笔筒，文震亨也讲道："陶者有古白定竹节者，最贵，然艰得大者。"④ 竹雕大师们会在笔筒外雕刻不同题材的图画作为装饰。如张希黄竹刻"南窗遐观图"诗筒，刻画了一幅山水庭院的美丽景致，在山水环绕的自然环境中，两三间茅舍坐落，居

① 罗祖文：《生态审美教育研究》，上海：上海交通大学出版社 2021 年版，第 30 页。
② （三国·吴）陆机：《毛诗草木鸟兽虫鱼疏》，见（宋）吴炯：《丛书集成初编》第一三四七卷，北京：中华书局 1985 年版，第 125 页。
③ （明）文震亨著，李瑞豪编著：《长物志》，北京：中华书局 2012 年版，第 166 页。
④ （明）文震亨著，李瑞豪编著：《长物志》，北京：中华书局 2012 年版，第 167 页。

室户洞开，人物举目远眺，赏景宜情，左侧题有陶渊明的《归去来兮辞》诗句，流畅婉转，意境层出。竹，向来以其挺拔秀美、坚韧不屈的气节被誉为君子，文人无不以有笔筒珍品为美事，工匠艺人则穷极工巧，佳作迭出；更有文人亲自以刀制作。清代竹雕家潘西凤曾刻款曰："虚其心，坚其节，供我文房，与共朝夕。"小小的笔筒置于文房内，对于抒发文人们清高脱尘、不逐世流的胸臆是再贴切不过的。通过这种"比德"的手段，文人工匠们将匠心与竹的精神气节一并映射在笔筒之中，审美主体通过类比联想将人与自然的精神联系建立起来，在无形中达成"观物以明道""制器以载道"的目的。

第三节　镜子：雅俗共赏，古朴神秘

镜子作为古人的日常生活用品，其品鉴与偏好常与文化观念、风俗习惯等相关。晚明时期，由于玻璃镜的传入与普及，铜镜的使用日渐式微，但收藏铜镜之风日盛。明人李乐在《见闻杂记》中指出"今天下诸事慕古"[1]。这种好古之风，受晚明商品经济与文化观念的影响。本杰明·艾尔曼指出："明代精英果断地改变了传统的圣贤观、道德观和节约观。在一个涉及范围广，而且规模庞大的区域性市场经济中，上层阶级和商业翘楚不再研究与道德教化相关的事物，而是将注意力转向了有助于情绪健康和心灵满足的消费品。"[2] 明代的铜镜多为冥器，且多为盗墓所得。明人谢肇淛在《五杂组》中称："今山东、河南、关中掘地得古冢，常获镜无数，它器物不及也。"[3] 铜镜的另一个来源则是躬耕、凿井中偶然得之。据传，万历年间，郑以伟藏有一面古镜就是"自土中所得"，他为此十分欣喜并作《古镜歌》一首。这首长歌的前半部分提到了古镜出土的情形，歌曰："耕夫何年掘荒囿，锄声铿尔急住手。抱向池边洗积尘，一规明月寒满縠。土花没棱半缺，虾蟆蚀复九秒九。背文宗彝绨尧章，群鹊星稀遥清味。世移入土背换银，代毛洗髓千年后。迁翁炉中走河车，滴入铜胎易其臭。杂以翡翠孔雀斑，绿髪依依抽珉毶。破莹可惜锄伤痕，世界缺陷真有漏。"[4]

---

① （明）李乐撰：《见闻杂记》卷六，上海：上海古籍出版社 1986 年版，第 468 页。
② ［美］本杰明·艾尔曼著，邢科译：《明清间帝制中国的全球商业、儒家经典和艺术品位》，《全球史评论》2012 年第 0 期。
③ （明）谢肇淛：《五杂组》，北京：中华书局 1959 年版，第 347 页。
④ （明）郑以伟：《灵山藏》卷一，明崇祯刻本，第 61 页。

　　《长物志》中对铜镜的品鉴有这么一段文字："秦陀、黑漆古、光背质厚无文者为上；水银古、花背者次之。有如钱小镜，背满青绿，嵌金银五岳图者，可供携具。菱角、八角、有柄方镜，俗不可用。"① 从"俗"字见出，晚明的文人藏镜有雅、俗之别。"雅"与"俗"有古物藏品的优劣与时尚之分，也有"鉴藏家"和"好事者"之分。② "雅"常与"古"联系在一起，无论东西方世界，人们常有厚古薄今的情结。德国哲学家雅斯贝尔斯认为，从公元前8世纪至公元前2世纪，是中国春秋战国时期和西方的古希腊时期，这一时期奠定了中西文化的基本格局与文化精神，被称为"文化轴心期"，后来文化的发展都必须回望这一时期。因而，"厚古"有深层的心理基础与文化渊源，"古"不仅指时间上的久远，也暗含文化的原点。就铜镜而言，"古铜镜大而圆者，示木工雕以满云为座，取祥云捧日之义，置于中堂，殊觉雅俗共赏"③。"大而圆"，我们可理解为中国古代"天圆地方"思想的体现，也可理解为对日月崇拜精神的反映。明代《正字通》中也提到了古代的镜子："冶铜为之，状圆方不一，或置把。加药磨试明，足见形，一名照子。"④ 众所周知，镜的基本功用是"正衣冠"，"夫以铜为镜，可以正衣冠；以史为镜，可以知兴替；以人为镜，可以知得失"⑤。铜镜发展至晚明时期，已不单是日常实用器物，而是一种传统文化的符号，故有收藏价值。

　　明清时期，阶级矛盾激烈，农民起义此起彼伏，为了防止起义军以铜、铁等金属制造武器，政府对铜的生产与流通有限制，但对铜镜的影响较小。"较于其他的铜器，铜镜作为一种广泛运用的日用物，受到的影响相对较小。"⑥ 在明代商品经济蓬勃发展的背景下，铜镜的生产与收藏成为社会时尚。"凡铸镜模用灰沙，铜用锡和不用倭铅。"⑦ 在这里，《天工开物》实际上讲到了铜镜的范制、配比方法。《长物志》中的"黑漆古"指的是铅背铜镜。晚明崇尚"古铜镜"之风在社会上影响面很广，高濂在《燕闲清赏笺》写道："虽然制出一时工巧，但殊

　　① （明）文震亨著，李瑞豪编著：《长物志》，北京：中华书局2012年版，第172页。

　　② 王正华：《女人、物品与感官欲望：陈洪绶晚期人物画中江南文化的呈现》，《近代中国妇女史研究》2002年第10期。

　　③ （清）黄图珌著，袁啸波校注：《看山阁闲笔》，上海：上海古籍出版社2013年版，第177页。

　　④ （明）张自烈著，（清）廖文英编，董琨整理：《正字通》卷十一，北京：中国工人出版社1996年版，第1212页。

　　⑤ （后晋）刘昫等撰：《旧唐书》卷七一《魏徵传》，北京：中华书局1997年版，第589页。

　　⑥ 吴琼：《明清时期镜子的流变与社会生活》，南开大学硕士学位论文，2018年，第18页。

　　⑦ （明）宋应星著，潘吉星译注：《天工开物》，上海：上海古籍出版社2016年版，第181页。

无古人遗意，以巧惑今则可，以制胜古则未也。"① 由此看出，随着"黑漆古"被人们推崇，仿古作伪的技术愈发成熟起来。对古铜镜的迷恋充分反映了明代文化圈层的"好古之风"。英国学者柯律格这样解释道："在这个物的世界里，往昔之物，或被确信为属于往昔的物品，以及单凭其物理形态就能唤起往昔之感的物品，占据了特殊的地位。"② 对于古物的推崇，在当时已经形成了广泛且深刻的情感认同，"古"的审美风范还被广泛应用于绘画、书法、旧书等领域的鉴赏。

除了追求古雅，铜镜还被赋予了某种在情感、意境、宗教、精神等上难以言喻的力量。元代人郑元祐《明月镜》："神工铸明镜，持进嫦娥宫。""神工"体现自然造化之神妙，实际上是赞誉制镜工匠的高超手艺，给古镜增添了几缕神话色彩。明清时期，铜镜的文化意蕴更加多元化，它从普通的日常器物，到逐渐具备了宗教色彩。古人认为镜子洞悉物象，可破暗取明，照见妖邪之物。道教中也将之作为宝器，随身携带，用以施法仪式。晋代葛洪的《抱朴子》中，提到道士背悬九寸明镜，老魅便不敢靠近："万物之老者，其精悉能托人形惑人，唯不能易镜中真形，故道士入山，以明镜径九寸以上者背之。"③ 种种传说都体现了先人朴素的自然信仰，也给铜镜笼罩了神秘的色彩。

第四节　花瓶：因乎时地，古色古香

《长物志》中提到花瓶可以用来插花，是清玩观赏的物品。瓶花同琴、棋、书、画一样，是文人的高雅之事。宋元以降，焚香、烹茶、插花、挂画被列为文人生活四艺，雅士们流连其间。草木欣欣向荣，不止为耳目之娱，更是陶冶身心、颐养性情的重要方式。明代袁宏道讲道："夫幽人韵士，屏绝声色，其嗜好不得不钟于山水花竹。夫山水、花竹者，名之所不在，奔竞之所不至也。"④ 在明代风雅生活盛行的环境下，插花艺蔬一类的活动成了人们享受闲适生活、彰显生活情趣的极佳选择。大量的文人雅士涉足瓶花品鉴，形成了一套瓶花审美理论。当时并不只是仕宦爱瓶花，上至皇室，下至百姓，皆有兴致。

---

① （明）高濂著，王大淳等整理：《遵生八笺》，北京：人民卫生出版社 2007 年版，第 445 页。
② ［英］柯律格著，高昕丹、陈恒译，洪再新校：《长物：早期现代中国的物质文化与社会状况》，北京：生活·读书·新知三联书店 2019 年版，第 87 页。
③ 杨荫深：《细说万物的由来》，北京：九州出版社 2005 年版，第 312 页。
④ （明）张谦德、袁宏道著，张文浩、孙华娟编著：《瓶花谱·瓶史》，北京：中华书局 2012 年版，第 113 页。

中国的插花艺术源远流长，最早能够追溯到《诗经》中的赠花活动："溱与洧，方涣涣兮。士与女，方秉蕑兮。……维士与女，伊其相谑，赠之以芍药。"①《修行本起经》提到了早先佛前供花的传统仪式。花草象征自然美好，从宗教仪式始，慢慢普及百姓人家的日常生活中。而凡是插花，必然要选取优良的花瓶，明代的《瓶花谱·瓶史》记载道："凡插贮花，先须择瓶。春、冬用铜，秋、夏用瓷，因乎时也。堂厦宜大，书室宜小，因乎地也。贵瓷、铜，贱金、银，尚清雅也。"②中国文人自古就有怜花惜玉之情，爱护花木、品鉴花瓶，是很自然的事。"尝见江南人家所藏旧瓿，青翠入骨，砂斑垤起，可谓花之金屋；其次官、哥、象、定等窑，细媚滋润，皆花神之精舍也。"③可见花瓶之美不在于材料之金贵、款式之精美，而在于尺寸、场景与风格的得体。

文震亨尤其喜爱铜制花瓶，"古铜入土年久，受土气深，以之养花，花色鲜明，不特古色可玩而已"④。意思是说，铜制花瓶较为接地气，用以插花后，花开速而谢迟。《瓶花谱·瓶史》对此解释，铜器对于空气里的水汽有较好的吸附作用，夏秋两季，铜与空气的水发生化学反应，容易滋生有机物，给花的生长提供养分。不仅如此，在冬春之季，铜器中的某些微量元素参与植物的氧化代谢过程，可以提升植物的抗寒能力。铜器尚古，是因为铜器生锈后有古色古香之感。古铜器传世的锈迹可分为三种：一种是土锈，受土气侵袭所致；一种是水锈，被水浸泡后产生的；还有一种是传世古器，年代久远所致。铜锈是金属本身的质变，会在表面形成红、绿、黑、蓝、紫等不同锈斑，产生一种历经岁月打磨的厚重感与沧桑感。

第五节　鸠杖：自然崇拜，观照健康

杖为人们持扶的工具，鸠杖为杖的一种，是老者常用的手杖，杖头的部分为古老的鸠形。手杖被称为老人的"第三条腿"，汉崔瑗《杖铭》曰："乘危履险，非杖不行，年老力竭，非杖不强。"清人田松岩有《手杖》诗曰："月夕花晨伴

---

① 于夯、吴京译注：《诗经》，武汉：武汉出版社1997年版，第52页。

② （明）张谦德、袁宏道著，张文浩、孙华娟编著：《瓶花谱·瓶史》，北京：中华书局2012年版，第18页。

③ （明）张谦德、袁宏道著，张文浩、孙华娟编著：《瓶花谱·瓶史》，北京：中华书局2012年版，第21页。

④ （明）文震亨著，李瑞豪编著：《长物志》，北京：中华书局2012年版，第178–179页。

我行，路当坦处亦防倾。敢因持尔心无虑，便向崎岖步不平！"有了手杖，老人便多了一分安全感。那么鸠杖对老人到底还有那些好处呢？《长物志》云："鸠杖最古，盖老人多'咽'，鸠能治'咽'故也。"① 鸠鸟能够治疗老年人常患的咽喉梗塞，被称作"不噎之鸟"。以鸠形装饰制作手杖，是期望老人家饮食顺利，健康长寿。"有三代时立鸠、飞鸠杖头，周身金银瑱嵌，用以饰杖，上悬二三寸长小葫芦，小灵芝及《五岳图》卷，暮年携之探奇历怪，多有相长之益。"② 老人持鸠杖不仅承载了原始自然崇拜，也寄托了对老者健康长寿的期盼。

鸠杖中的"鸠"，指的是斑鸠，是河南、河北、山西、山东、安徽一带常见的一种鸟类。人类对于鸟类的崇拜可以追溯到先秦时期"天命玄鸟，降而生商"③ 的传说与先民的图腾崇拜。《周礼·夏官·罗氏》中提到："中春，罗春鸟，献鸠以养国老，行羽物。"④ 郑玄注释："是时鹰化为鸠，鸠与春鸟，变旧为新，宜以养老，助生气。"鸠肉本身有着滋补养生的作用。故而，鸠杖又被作为延年杖。汉代以后，鸠杖是由王室赐予老者的手杖。这种鸟类与手杖相结合，让杖具备了象征意味，鸠杖作为行走的辅助工具，同时也是老者身份的象征。"汉宣帝刘询则使之成为一种制度，以诏书的形式将这种尊老的措施上升为法律制度，规定凡是老人到了 80 岁皆由朝廷授予王杖。"⑤ 无论身份尊卑，年龄达到的老人都会被赐予王杖。汉代《傅律》记载了关于赐杖的条文："大夫以上年七十，不更七十一，簪袅七十二，上造七十三，公士七十四，公卒、士伍七十五，皆受杖。"⑥ 由此看出，在汉代，老人受杖已上升为国家制度，"尊老""敬老"成为一项帮弱扶残的社会福利事业，体现出"孝治天下"的伦理意义。我国出土文物中，青海地区羌人古墓中就出土了距今 3 500 年的鸠形杖，该杖青铜材质，中间镂空，在鸠鸟的长喙上，左边站着吃奶的小牛，右边立着狂吠的小犬，生动地呈现了羌人的游牧场景，表达了游牧民族对畜牧生活的美好期盼。20 世纪 70 年代，在山东曲阜地区发掘了鲁国故地的鸠头杖，该杖头由三只鸠鸟组成，大鸠的背上驮着小鸠，小鸠嘴里又衔着小鸠，独特的造型蕴藏了儒家文化中对老者的尊敬。

---

① （明）文震亨著，李瑞豪编著：《长物志》，北京：中华书局 2012 年版，第 181 页。

② （明）屠隆著，秦躍宇点校：《考槃徐事》，南京：凤凰出版社 2017 年版，第 83 页。

③ 高亨注：《诗经今注·商颂·玄鸟》，上海：上海古籍出版社 1980 年版，第 527 页。

④ 彭林注译：《仪礼》，郑州：中州古籍出版社 2017 年版，第 34 页。

⑤ 李卓：《鸠杖：汉画像石中的老年优待证》，《艺术品》2020 年第 12 期。

⑥ 张家山二四七号汉墓竹简整理小组编：《张家山汉墓竹简（二四七号墓）》，北京：文物出版社 2001 年版。

杖经过先秦两汉到后来的发展，由原始图腾崇拜与身份象征最后衍化为民族敬老、尊老、养老的文化符号，既体现了先人对生命的关照与敬畏，也体现了中华民族以自然事物为喻体的言说方式。

第六节　琴：修身养性，回归本真

琴，是中国最古老的弹拨乐器之一，位列八音之首，它是文人墨客修身养性的乐器，备受文人雅士的垂爱。在《诗经》中古人就已经用琴声来表达爱情，《诗经·国风·关雎》曰："窈窕淑女，琴瑟友之。"面对心爱之人，古人通过弹琴鼓瑟来表达倾慕之情。古人接待嘉宾，最高礼遇也是琴声，《诗经·小雅·鹿鸣》有诗句："我有嘉宾，鼓瑟鼓琴。"在中国古典文化里，琴声不是个体不良情绪的肆意宣泄，而是在平和中表达友爱与执着。

"琴"字在许慎的《说文解字》里是"禁"的意思，即"琴"可以禁止人们产生"邪淫"之念。在魏晋时期，名士们就认为，抚琴有着"御邪辟，防心淫，修身理性，反其天真"的作用。在阮籍、嵇康的许多文章里，都能感受到抚琴带给人的身心和谐。嵇康的《琴赋》写到，抚琴有着"导养神气，宣和情志"① 的效果。中国古人弹琴讲究"弦与指""指与琴""音与意"的合一，通过抚琴达到人与自然万物共情、通感的状态。在这种不受外物所累的艺术境界中，人回归本我，回到生命和谐的状态。这样的境界为后世文人雅士所乐道，使琴成为高雅之物，"虽不能弹，亦必蓄于床头，如渊明之不具弦徽，得其趣也"②。哪怕不擅长抚琴，在自家墙上挂上一张，也是极为优雅的。文震亨在《长物志》中表达了类似观点："琴为古乐，虽不能操，亦须壁悬一床。"③ 琴棋书画本就是古代文人闲暇之余的雅事，是磨炼修养的一种方式，因而对待古琴本身，人们也是穷极心思，工妙造巧。在古琴之中"以古琴历年既久，漆光退尽，纹如梅花、黯如乌木，弹之声不沉者为贵"④。古琴的珍贵之处不在于它精美的装饰，而在于历经岁月沉淀、漆光尽褪后最本真的样貌与声音。

对于琴的放置与弹奏，《长物志》也有明确的建议："挂琴不可近风露日色，

---

① （三国）嵇康著，崔富章注译：《嵇中散集》，台北：三民书局1998年版，第1页。
② （清）黄图珌著，袁啸波校注：《看山阁闲笔》，上海：上海古籍出版社2013年版，第171页。
③ （明）文震亨著，李瑞豪编著：《长物志》，北京：中华书局2012年版，第185页。
④ （明）文震亨著，李瑞豪译注：《长物志》，北京：中华书局2021年版，第299页。

琴囊须以旧锦为之,轸上不可用红绿流苏,抱琴勿横。夏月弹琴,但宜早晚,午则汗易污,且太燥,脆弦。"① 意思是说,古琴不可随意放置,应避免风吹日晒,装琴应该用织锦的袋子,古琴不可横着抱;弹琴宜在气温较低的早晚,以防汗水沁入琴弦。同时代的屠隆也提到挂琴时须注意的事项:"不论寒暑,不可挂近风露日色中及砖墙泥壁之处,恐惹湿润,琴不发声。宜木格布骨纸屏,当风透处挂之,加以囊盛,以远尘垢。"② 在古人看来,在气候潮湿的南方地区,要特别注意湿气对琴的侵袭,墙面与琴应有衬层,不然会遭土气侵袭,在隔离尘土基础上做到通风阴凉。每日抚琴也是对它的一种保养,悬挂与抚琴都须根据气候环境而定,如此才能使琴不被损坏,保存长久。

---

① (明)文震亨著,李瑞豪编著:《长物志》,北京:中华书局2012年版,第185页。
② (明)屠隆著,秦躍宇点校:《考槃馀事》,南京:凤凰出版社2017年版,第56页。

第九章　书画——师法造化，意趣天成

　　在中国传统艺术里，生态审美智慧渗透在各种艺术门类的物质媒介、创作原则与艺术追求上，尤其表现在艺术世界观与价值观上。对绘画而言也是如此，具体说来，首先中国国画将"自然"视为与人同气相应的灵性之物，并在"象法自然"的创造过程中，推崇情性的自然表达与"宛若天成"的艺术技巧；其次中国国画以"中和"为审美准则，以"和谐"为审美旨归，追求美与善、个体与社会、人与自然的和谐统一。在《长物志》的"书画"一节中，生态审美智慧体现在国画的艺术思想、艺术审美、艺术创作、艺术媒介等每一个环节中。

　　中国传统书画肇始于"河图洛书"，《历代名画记》记载："古先圣王受命应篆，则有龟字效灵，龙图呈宝。……因俪鸟龟之迹，遂定书字之形。造化不能藏其秘，故天雨粟；灵怪不能遁其形，故鬼夜哭。是时也，书画同体而未分，象制肇创而犹略，无以传其意，故有书；无以见其形，故有画。"① 我国学者张建军认为："中国的书法和绘画艺术，具有'共生'关系，从其起源期开始，中国书画由于相同的工具——毛笔的使用，就具有了共同的对笔锋的感觉和对笔意的追求；而且中国早期文字的'六书'造字原则，使中国文字与绘画具有了在与'物象之原'的关系上的共通性，书画虽然各自有其不同的特性，但其起源期的意识，对后世产生了很大的笼罩意义，形成了书画同源的观念，这一观念又反过来，成为自觉影响书画史发展历程的一种力量。"②

　　中国古代书画的意象并非来自笔墨运斤，而是师法自然之象。《易》称："圣人有以见天下之赜而拟诸其形容，象其物宜，是故谓之象。"又曰："象也者，像此者也。"③ "天圆地方，群类象形；圣人作则，制为规矩。"④ 书画之象，

---

① （唐）张彦远著，朱和平注译：《历代名画记》，郑州：中州古籍出版社2016年版，第2页。
② 张建军：《中国古代山水画理论史》，南京：江苏凤凰美术出版社2022年版，第12页。
③ （宋）郭若虚著，俞剑平注释：《图画见闻志》，南京：江苏美术出版社2007年版，第5页。
④ （明）项穆著，赵熙淳评注：《书法雅言》，杭州：浙江人民美术出版社2021年版，第87页。

依照天地规矩师法万象。清石涛提出:"一画者,众有之本,万象之根。"① 书画与易理相提并论,实际上是将其提到了形而上的哲学层面。"以宇宙观哲学意识灵悟宇宙,真气弥漫,万象在旁之觉玄,为中国艺术审美之特征。"② 在章方松看来,中国艺术发端之初就被浇灌入宇宙天地奥义,展示了自然之神识。而从中国绘画史看来,历代大书家皆以天、地、人统摄于"宇宙混沌之气",展示了绘画艺术与自然、天地和人的关系。"以一管之笔,拟太虚之体,以判躯之状,画寸眸之明。"③叶朗先生在《中国美学史大纲》中说:"中国古典美学并不是由陶器、青铜器、《诗经》、《离骚》、王羲之和王献之的书法、李白和杜甫的诗、吴道子的画……一直到《水浒传》《红楼梦》等艺术品所构成的形象系列,而是表现于'道''气''象''意'……以及'涤除玄鉴''观物取象''立象以尽意''得意忘象''声无哀乐''传神写照''澄怀味象''气韵生动'……一系列命题,表现于这些范畴、命题之间的区别、关联和转化,表现于这些范畴、命题构成的思想体系。"④ 由此看出,中国书画艺术以形而上的哲学精神统驭创作原则,反映出"观物取象"的思维方式,树立了中国书画艺术的最高审美理想——立天定人,肇于自然。中国古代书画艺术精神建立在古代中国天人合一的生命观、宇宙观和对自然的崇尚之上。中国古代艺术不是亦步亦趋地追随自然之后进行机械的外形模仿,而是效法大自然创造万物的精神,所谓"外师造化,中得心源",即大自然的样貌必须经过画家主体性的选择、提炼,方创造出一种人与自然共生、共鸣的意象。

书画的哲学精神与审美理想透露出强烈的生态审美意识,它渗透在书画创作的方方面面,如谢赫《古画品录序》在中说:"虽画有六法,罕能尽该,而自古及今,各善一节。六法者何? 一、气韵,生动是也。二、骨法,用笔是也。三、应物,象形是也。四、随类,赋彩是也。五、经营,位置是也。六、传移,模写是也。"从谢赫的语气看,"画有六法",是当时画家一般的技法。"六法"中除了后四法都是形而下的问题,是实际层面、物质层面、技术层面的问题,而"骨法用笔"则介于实际层面与精神层面之间,"气韵生动"则明显更偏向于精神层面。从形、神、韵、气、骨这几个范畴来看,"形"是基本层次;形之中所蕴含的生命力、感染力——气、骨则是中间层次,而"神""韵"则超越了"形",

---

① 俞剑华:《中国古代画论类编》,北京:人民美术出版社2004年版,第607页。

② 章方松:《心呈意象:谈书论画随笔》,杭州:西泠印社出版社2018年版,第4页。

③ 章方松:《心呈意象:谈书论画随笔》,杭州:西泠印社出版社2018年版,第4页。

④ 叶朗:《中国美学史大纲》,上海:上海人民出版社1985年版,第4页。

是最高层次。"气这一范畴的理念中，一开始就蕴含着远古'万物有灵'的'灵'这一人文意识。而'万物有灵'，实际指'万物'有'生'。生乃气之魂魄，气乃生之根因。在文化意识中，气与生始终是融合在一起的。"① 而绘画中的"骨"，显然与人骨有一定的关系，是指书法笔画中那种瘦劲的力量。日本学者河内利治说："作为书法审美范畴的'骨'字，是一个抽象概念，是产生能量、精力——力的根本和生命体。"②《文心雕龙》《风骨》篇中曰："《诗》总六义，风冠其首，斯乃化感之本源，志气之符契也。是以怊怅述情，必始乎风；沉吟铺辞，莫先于骨。故辞之待骨，如体之树骸；情之含风，犹形之包气。结言端直，则文骨成焉；意气骏爽，则文风清焉。若丰藻克赡，风骨不飞，则振采失鲜，负声无力。"再来看"神"，"神"是超越于"物形"的层次，绘画固然要形，但"传神"有两种方式：一种为"以形写神"，另一种为"离形得似"，即超越机械的模仿，直接抓住事物的本质。《世说新语·巧艺》载顾恺之画事两则："顾长康画人，或数年不点目睛。人问其故。顾曰：'四体妍蚩，本亡关于妙处，传神写照，正在阿堵中。'""顾长康画裴叔则，颊上益三毛。人问其故。顾曰：'裴楷俊朗有识具，正此是其识具，看画者寻之，定觉益三毛有神明，殊胜未安时。'"在顾恺之看来，神是首要的，形是次要的，神是形的目的，形是神的依托。与人物之形相比，"神"更具有本质意义，绘画的主要目的在于"传神"。再来看"韵"，它通常与"气"连在一起使用，所谓"气韵"。"气"系于"笔"，气胜为阳刚之美；"韵"系于"墨"，韵胜则为阴柔之美。气韵均是"笔墨"的使用境界，它超越于形体，标志着书画艺术均超越于"物用"的有形标准，是一种纯粹性的精神性、艺术性的标准。"气韵"是一件书法、绘画作品是否可以称得上艺术作品的试金石。韵与气连用成气韵，与神连用成神韵。气韵、神韵分别成为中国书画品评论中的最常采用的术语之一。"气韵，联系着作品的艺术韵味（韵与韵味相关），联系着作品的气质（气与气质相关），联系着作品中的力度（气与气力相关）。神韵，联系着作品的风神，联系着作品中所体现出来的艺术创造的神奇幻化、变动无方，也联系着作品中的超越于表层的更深远的隐喻与想象。"③

　　《长物志》"书画"开篇讲到了书画作品的价值："金生于山，珠产于渊，取

---

① 王振复主编：《中国美学范畴史（第一卷）》，太原：山西教育出版社 2006 年版，第 235 页。

② ［日］河内利治著，承春先译：《汉字书法审美范畴考释》，上海：上海社会科学院出版社 2006 年版，第 158 页。

③ 张建军：《中国古代山水画理论史》，南京：江苏凤凰美术出版社 2022 年版，第 125 页。

之不穷，犹为天下人所珍惜。况书画在宇宙，岁月既久，名人艺士不能复生，可不珍秘宝爱？一入俗子之手，动见劳辱，卷舒失所，操揉燥裂，真书画之厄也。故有收藏而未能识鉴，识鉴而不善阅玩，阅玩而不能装裱，装裱而不能铨次，皆非能真蓄书画者。又蓄聚既多，妍蚩混杂，甲乙次第，毫不可讹。若使真赝并陈，新旧错出，如入贾胡肆中，有何趣味？所藏必有晋、唐、宋、元名迹，乃称博古。"① 文震亨认为，名人艺士，不能复生，其书画作品不可复制，比黄金、珍珠更珍贵，所以收藏书画是人类保存和发展文化的活动。愈古的书画，愈为稀缺，价值愈高。文震亨明确提出以古为贵，收藏书画一定要有晋、唐、宋、元的真迹，并且要求独具慧眼，具有鉴别的眼光，分得出等级差别，还提出了"真赏"的要求，只有全方位把握书画艺术的技能，真正地去沉潜内心把玩，才能欣赏书画艺术的精妙。

文震亨在书画章节介绍了众多书画品评及材料使用等，其中，论书、论画、粉本等都流露着古典生态审美意识。论书以"精神照应""天然自如"为佳，强调书画艺术的自然流畅与气韵生动。论画以山水为第一，强调以山水之道涵养精神天地，所谓"人物顾盼语言，花果迎风带露，鸟兽虫鱼精神逼真，山水林泉，清闲幽旷，屋庐深邃，桥彴往来，石老而润，水淡而明，山势崔嵬，泉流洒落，云烟出没，野径迂回，松偃龙蛇，竹藏风雨，山脚入水澄清，水源来历分晓"②。粉本以自然天成为佳，强调了原生、质朴、本真的审美特点，即"古人画稿，谓之粉本，前辈多宝蓄之，盖其草草不经意处，有自然之妙。宣和、绍兴所藏粉本，多有神妙者"③。素绢以古色古香、取材自然为标准。悬画月令以节令、时日为依据，体现"天人相感"与"天人同律"的思想。总之，书画艺术强调"自然""气韵""天真"的特质是基于创作主体自然本性的抒发。在文震亨看来，这是一个人格的升华过程，也是书画艺术的意趣生成过程。

第一节　墨、纸：顺天而作，以时取物

墨与纸是中国古代绘画、书法的必备材料，它们来自自然，是最具民族特色的艺术材料之一。当代著名画家张大千说："笔、墨、纸三种特殊材料，是构成

---

① （明）文震亨著，李瑞豪编著：《长物志》，北京：中华书局 2012 年版，第 113 页。
② （明）文震亨著，李瑞豪译注：《长物志》，北京：中华书局 2021 年版，第 141 页。
③ （明）文震亨著，李瑞豪译注：《长物志》，北京：中华书局 2021 年版，第 150 页。

中国画特殊风格的要素。这是为中国绘画所独有，和其他各国区别最大的特征。"①

"墨"字从"黑"，东汉许慎《说文解字》谓："墨，书墨也。"② 说明了墨的基本功用在于书写。墨诞生于黄帝时期，宋代人高承《事物纪原》中提到："与文字同兴于黄帝之代。"③ 而将墨用于书画则萌芽于先秦时期，成型于两汉，完善于魏晋南北朝。晋代大书法家王羲之，一生与墨结缘，其自谓："一日不闻墨香，三天不知食味。"

《长物志》中介绍墨的妙用："墨之妙用，质取其轻，烟取其清，嗅之无香，磨之无声，若晋、唐、宋、元书画，皆传数百年，墨色如漆，神气完好，此佳墨之效也。"④ 文震亨将好墨的特点简明扼要地指出，即好墨质地轻如松烟，无味无羼杂，且历经岁月漆色如故。"人说沈珪对胶'十年如石，一点如漆'。处厚墨在底下埋藏近九百年，潮湿水浸而胶不败，仍能保持墨锭坚挺，富有光泽。"⑤由此看出，墨的制作选用是一个极为开放的过程，它取材自然，始终与自然界进行着能量与信息的转换与传递。

中国古代墨汁制作历经了世代经验的积淀。唐五代前，我国的制墨中心在北方，唐五代后，以奚氏一族为首的制墨工匠们迁居安徽，在南方逐渐形成了徽墨独步天下的局面。"奚氏制墨选用松烟一斤，珍珠、玉屑、龙脑各一两，和以生漆，捣十万杵，制成的墨'丰肌腻理，光泽如漆''落纸如漆，万载存真'。"⑥墨的主要原料是松烟。松烟是一种松树烧成的烟灰，颜色漆黑，曹子建诗曰："墨出青松烟。"北魏时期的书法家韦诞制墨名噪一时，其墨被誉为"韦诞墨"。萧子云称赞曰："仲将（韦诞字）之墨，一点如漆。"《天工开物》记载："宋子曰：斯文千古之不坠也，注玄尚白，其功孰与京哉？离火红而至黑孕其中，水银白而至红呈其变，造化炉锤，思议何所容也。"⑦ 松烟是古人们经过反复尝试选择的，松木有着其他树木无法替代的优良特性，并有丰富的松节油与香气。它的提取过程十分复杂，要经历砍伐松枝、烧成烟灰、筛选熔胶、捣炼等一系列步骤，其中还须添加一些植物粉末，达到防蛀的效果。在此过程中人们发现松脂丰

① 陈滞冬编著：《张大千谈艺录》，郑州：河南美术出版社1998年版，第95页。
② （汉）许慎撰，（宋）徐铉校定：《说文解字》，北京：中华书局2013年版，第7页。
③ 章用秀：《趣谈中国文具》，天津：百花文艺出版社2002年版，第37页。
④ （明）文震亨著，李瑞豪编著：《长物志》，北京：中华书局2012年版，第192–193页。
⑤ 朱世力主编：《中国古代文房用具》，上海：上海文化出版社1999年版，第6页。
⑥ 章用秀：《趣谈中国文具》，天津：百花文艺出版社2002年版，第38页。
⑦ （明）宋应星著，潘吉星译注：《天工开物》，上海：上海古籍出版社2016年版，第252页。

富的松树烧出来的松烟多且黑，老松木的松烟又优于年轻的松木。对于材料自然属性的发掘古人们往往不遗余力，他们在农耕文化与依靠手工业创造生活的环境下，探索自然，充分认识自然事物的特性后，按照"美的规律"重新利用自然。

此外，韦诞初创了以珍珠、麝香等一些珍贵药材入墨的先例，这使得墨不仅细腻有光泽，还带着药物香气。此后的制墨中，工匠们也会添加麝香、梅片、冰片等中药香料。由此，墨不仅以文化滋养中华民族，作为以众多中药制成的文化产品，还具备神奇的中药疗效。据传，清代光绪年间，在山东磨庄流行一种腮帮肿大、面部变形的怪病，患者疼痛无比。人们毫无办法，只得求助当地的巫医，巫医想不出法子，于是拿起毛笔胡乱蘸了些墨汁涂在患者脖子上，居然歪打正着治好了此病。后来医学证明，墨汁中的一方"蟾蜍墨"才是治疗此病症的良方。《本草求真》中说："墨专入肝、肾。……故凡血热过下，如瘟疫鼻衄，产后血晕，崩脱金疮，并丝缠眼中，皆可以治。如止血则以苦酒送韭汁投；消肿则以猪胆汁酽醋调；并眼有丝缠，则以墨磨鸡血速点；客忤中腹，则磨地浆汁吞。各随病症所用而治之耳。"① 有意思的是，中国古代的一些医书还有以墨治病的药方，如《本草衍义》有治大吐血方子："好墨细末二钱，以白汤化阿胶清调，稀稠得所，顿服，热多者尤相宜。"② 至宋代，民间甚至采用"百草灰"制成"百草霜"墨，用以治疗伤口出血、便秘等症状。

无论墨在时代更迭下如何演变发展，其原材料如何更替变化，中国古人在制墨的经验总结与技术提升中，其基本理念始终如一：为书写之美，为书画艺术提供物质媒介。书画用墨之美讲求自然流畅，自然之笔墨实际上是在效仿道生万物的生命孕育演化过程，其根本目的是表达生命之美。其一，墨为单色，与纸形成黑白对比。道家认为，道生一，一生二，二代表了阴阳。阴阳、黑白即可比拟世间万物。这种朴素平淡的书写用墨观正是老子提倡的"淡然无极而众美从之"③，不拘泥于眼见之斑斓，在返璞归真、至纯至黑中追求生命朴素之美。阴阳观念从哲学理论层面决定了佳墨的标准：至黑。其二，笔墨行经之处塑造形象，留白处亦成妙境。黑白相间，对立统一，代表宇宙阴阳的变化。《墨池编》说："《真诰》云：今书通用墨者何？盖文章属阴，墨阴象也，自阴显于阳也。"④ 以墨色

① （清）黄宫绣著，王淑民校注：《本草求真》，北京：中国中医药出版社 2008 年版，第 293 页。
② （宋）寇宗奭著，张丽君、丁侃校注：《本草衍义》，北京：中国医药科技出版社 2012 年版，第 60 页。
③ 叶朗：《中国美学史大纲》，上海：上海人民出版社 1985 年版，第 11 页。
④ （宋）朱长文著，何立民校：《墨池编》，杭州：浙江人民美术出版社 2012 年版，第 933 页。

浓淡、虚实指代阴阳，展现生命的韵律与万物的节奏。其三，中国人讲求文以载道，而无形之道需要通过有形之物来传递。书画中有形之物象与无形之意象都通过落墨与留白展现，落墨之处即为具象之道的体现。通过墨的变化流动，张弛顿挫，以气韵彰显中国哲学的生命观。因此，好墨亦须达到流畅不断、细腻适度的要求。明代人方瑞生说："制墨在烟胶均适，适则契。"① 整体之内的各部分基本要素比例得当，达到平衡，由此达到阴阳平衡，方可制成好墨。有学者更进一步提出墨分五色对应着五行思想，因此运墨可达到五行俱、万物生的境界。其四，顺天而作、不时不取的造墨观念始终指引着人们。"贾思勰记载的韦仲将墨法认为制墨不得过晚于二月或早于九月。太热的季节容易腐败发臭，太冷的季节无法使胶干得很好，以致发生黏糊状态。"② 《墨法集要》记载："充人旧以十月煎胶，十一月造墨。"③ 整个制墨的过程都对季节与气候的要求很强，观天时、顺季节而劳作也成为稀松平常之事。以上种种，即制墨过程体现了中国古人的美学观与哲学观，也包含了古人朴素的阴阳观与自然观。古人以道为核心，展开对自然万物的观察与实践，对生命孕化规律的思考。"以时取物""顺天而为"都是造墨"技近乎道""道技合一"的体现。墨香流传，书香四溢，也是自然与人文的和谐交融，生命之道的终极回响。

与文房四宝中笔墨相比，纸的发明相对较晚，但作为中国四大发明之一，纸的出现极大推动了人类文化史的发展。上古无纸，用汗青者，以火炙竹，令出其青，易作于书。至汉代蔡伦造纸，以渔网、树皮等各种材料混合，才出现纸的雏形。

《长物志》中介绍了不同时代、不同地域纸的发展与特性，如北纸用横帘造，其纹横，其质松而厚，谓之侧理。南纸用竖帘，二王真迹，多是此纸……元有彩色粉笺、蜡笺、黄笺……纸张品种不同，质地特点也不同。在宋代，各地造纸情况以地域产生划分。蜀中多以麻为纸，北方地区多以桑皮制纸，浙人多以稻草、麦秆为纸，南人以海苔为纸，吴人多以茧为纸……在不同自然环境下，人们利用可选取的原材料进行加工探索，在对自然的利用中掌握了材料的物性。

文震亨还提到了纸的防虫特质，"唐人有硬黄纸，以黄蘗染成，取其辟

---

① 方瑞生：《墨海》，转引自桑行之等编：《说墨》，上海：上海科技教育出版社 1994 年版，第 1106 页。

② 张旭：《中国传统制墨技术的自然哲学考察：基于先秦道家的自然哲学思想》，北京化工大学硕士学位论文，2019 年，第 44 页。

③ （宋）晁氏：《墨经》，北京：中华书局 1985 年版，第 7 页。

蠹"①。也就是说，古人为了保护纸张免受虫蠹，对纸张进行防虫处理，或用黄檗溶液染纸，或用花椒水浸泡，处理过的纸张呈黄色，被称为"入潢"。入潢的纸张能杀虫抑菌。

其中，硬黄纸是我国初唐到唐代生产的一种蜡质涂布纸，由晋代葛洪用黄汁为原料制作而成。它的原料一般用麻纸，经过一种黄檗汁的浸染，然后熨热均匀涂上黄蜡，熨烫平整。纸张的颜色偏药黄色，有淡淡的香气，有避虫、防潮、驱霉的特性，利于久藏，因此受到文人雅士的喜爱。宋代文人苏轼写有："新诗说尽万物情，硬黄小字临黄庭。"硬黄纸发展演变到明清成为专门勾摩的"油纸"，油纸经过一系列的加工，呈半透明状，渗透力十分强。它的表面如同被油脂浸泡过，遇水即成珠，成为完美的模印纸张。防潮防水的功能也使得它保存得更为方便、长久。敦煌出土的《大般涅槃经卷·第二》即为硬黄纸卷，纸张莹澈透明、坚挺平整，历经了千年辗转颜色依旧如故，未见霉蛀。② 许多古书里，扉页与封底都是由硬黄纸制成，夹在书中可以有效防虫，保护纸张。纸种类的丰富发展，体现了人们对材料性能的充分掌握与对自然探索、实践、利用的成功。

中国造物追寻着"人道"与"天道"的和谐。不仅提倡"器以载道"，更是将"天人合一"的哲学观融入造物的整个过程。《长物志》"器具"一节中，强调了制作器具应该以"百姓日用"标准，肯定了自然天成、意蕴无穷的审美感受，对"古""旧""自然"等特征进行了格外阐述，在对万物的观察实践中认识物性、掌握规律、顺应天性、利用规律，为我们展现出古人非凡的创造力与丰盈的精神世界。

第二节　书法：用笔结体，自然天成

中国书法以汉字符号书写，自仓颉造字以后发展成为一种可状物、可抒情的独特艺术种类。"案古文者，黄帝史仓颉所造也，颉首四目，通于神明。仰观奎星圆曲之势，俯察龟文鸟迹之象，博彩众美，合而为字……"③ "河马负图，洛龟呈书，此天地开文字也。羲画八卦，文列六爻，此圣王启文字也。"④ 这些直

---

① （明）文震亨著，李瑞豪编著：《长物志》，北京：中华书局 2012 年版，第 193 页。
② 朱世力主编：《中国古代文房用具》，上海：上海文化出版社 1999 年版，第 235 页。
③ （唐）张怀瓘著，石连坤评注：《书断》，杭州：浙江人民美术出版社 2012 年版，第 23 页。
④ （明）项穆著，赵熙淳评注：《书法雅言》，杭州：浙江人民美术出版社 2021 年版，第 1 页。

接说明文字书法起源于自然，古人通过观察自然，以意象的方式去表达自然的全息系统。汉字在造型上无不包含自然生态与人文气韵。书法同样包含着中国人最初的阴阳与自然观念，这种天地精神慢慢贯通于书法的审美情趣中，融进文人们一笔一画的纵横顿挫中。《笔论》曰："夫书，先默坐静思，随意所适，言不出口，气不盈息，沉密神彩，如对至尊，则无不善矣。为书之体，须入其形。若坐若行，若飞若动，若往若来，若卧若起，若愁若喜，若虫食木叶，若利剑长戈，若强弓硬矢，若水火，若云雾，若日月。纵横有可象者，方得谓之书矣。"①

中国书法发展至明代，人们对它的审视已到了高度自觉的阶段。《长物志》的论书一节中讲到了欣赏书法作品的要领。首先"当澄心定虑，先观用笔结体，精神照应"②。用笔结体，讲的是书法的结构与笔法；精神照应，指的是书法以字的间架结构为基础展开，生发出自然的意境。李泽厚先生指出："'书法'运笔轻重、疾涩、虚实、强弱、转折顿挫、节奏韵律，净化了的线条如同音乐旋律一般，它们竟成了中国各类造型艺术和表现艺术的魂灵。"③书法作品的章法布局是论书之首要，它也是生发意境的基础。中国书法是"线"的艺术，其对形式美的追求东周时就已初现端倪，比如东周的钟鼎金文开始由图画的象形慢慢发展成"线"的着意舒展，青铜饕餮的文字也有了纹饰的意味。盛唐之后，中国书法就成了抒情达性的手段，比如张旭的狂草，变动如鬼神，流走快速，连字连笔，一派飞动，将悲欢离合、花草虫鱼、风雨水火、雷霆万钧痛快淋漓地倾注在笔墨形式之中。

在形式美之外，书法作品带给观者的意境体验是难以言述的。书法是抽象的情感载体，如颜真卿的《祭侄文稿》（图9-1）呈现出的笔触、顿挫、力量流露出沉痛彻骨的情感，而苏轼的《黄州寒食帖》（图9-2）字体、大小、行笔速度展现的是跌宕起伏的内心情感与灰暗不济的人生境遇。杜甫评价张旭："张旭三杯草圣传，脱帽露顶王公前，挥毫落纸如云烟。"王羲之的书法艺术追求真我，归于自然，他的《黄庭经》自然秀美，飘逸洒脱，展现出超然的宁静与深邃。这就是文震亨所说的"精神照应"，它是艺术家内心营构与外在感召的共同产物。它的形成较为复杂，与艺术家的学养、经历、品性等密不可分，是综合性的精神生态涵养。由此，我们常常说"字如其人"，其实是说书法是艺术家内在精

---

① 华东师范大学古籍整理研究室编：《历代书法论文选》，上海：上海书画出版社2000年版，第5-6页。

② （明）文震亨著，李瑞豪编著：《长物志》，北京：中华书局2012年版，第115页。

③ 李泽厚：《美的历程》，北京：文物出版社1981年版，第44页。

神品性与生命的流露。孙过庭《书谱》:"达其性情,形其哀乐。"书法的笔墨顿挫间皆是执笔者主体的情志流露,是艺术家传递出的情感思绪,它让书法作品成了精神的产物与人格的外化。

图9-1 (唐)颜真卿《祭侄文稿》(局部)

图9-2 (宋)苏轼《黄州寒食帖》(局部)

文震亨提到对书法作品的鉴赏,是"人为"的好还是"自然"的好?这里的自然是与人为相对应的。人为所作是加工过的、有痕迹的、较为生硬的,而自然的书法作品是笔墨流畅与结构和谐的。古人敬畏自然,书法绘画作品也应与自然之道相通相融。这一点既体现在文字外形上,也体现在书法的艺术精神上。在《题卫夫人笔阵图》的古书论中,卫夫人将书法各种用笔与大自然的各种物象联系起来:"一"[横]如千里阵云,隐隐然其实有形;"丶"[点]如高峰坠石,磕磕然实如崩也;"丿"[撇]陆断犀象;"乛"[折]百钧弩发;"丨"[竖]万岁枯藤;"\"[捺]崩浪雷奔;"丁"[横折钩]劲弩筋节。① 也就是说,优秀的书法作品往往用自然现象、飞鸟走兽来比拟,赞其自然之妙。李白在《草书歌行》中称赞怀素曰:"恍恍如闻神鬼惊,时时只见龙蛇走。左盘右蹙如惊电,状如楚汉相攻战。"中国古典书法讲究从自然景观中感悟艺术的生态精神。刘勰云:"人禀七情,应物斯感。感物吟志,莫非自然。"② 这样的书画审美观早已超越了对自然景观的单纯模仿,而是以自然精神为指引,与天地合德,与自然万物同气相求了。郑樵《六书志略》云:"书与画同出。画取形,书取象;画取多,书取少。凡象形者皆可画也,不可画则无其书矣。然书能穷变,故画虽取多,而得算常少;书虽取少,而得算常多。六书者,皆象形之变也。"③ 基于这些,艺术的自然精神是书法臻于至善的最高境界。龚贤在《乙辉篇》里讲到,古人写书法实则是取势于山川万物,提取自然之理。天地山河都是艺术家观察学习的对象,形是静态,势则是动态。飘若游云,矫若惊龙,自然灵动才令书法具有内在的生命张力。"自然天成"正是秉持这样的审美旨趣。

书法的妙处在于其神采。在这个基础上,还应该把握种种细节,一点败笔可能会影响整个作品质量。好的作品要从各个方面做到自然顺畅,并非要有惊人的技法与惊险之笔,而是在自然本性的流露中,让人在安穆中获得审美享受。如王羲之的《兰亭序》(图9-3),自然隽永,酣畅肆意,细节亦无生硬、僵涩之处。中国书法本着"清水出芙蓉,天然去雕饰"的自然趣味,让历朝历代的书法大家从中找到了自己的风格与表达。

图9-3 (魏晋)王羲之《兰亭序》(局部)

---

① 华东师范大学古籍整理研究室编:《历代书法论文选》,上海:上海书画出版社2000年版,第22页。
② 章方松:《心呈意象:谈书论画随笔》,杭州:西泠印社出版社2018年版,第33页。
③ (宋)郑樵撰,王树民点校:《通志二十略》,北京:中华书局1995年版,第876页。

这样的自然本性流露在明代中晚期的艺坛中被极力倡导。明初期，书法家们沿袭复古主义与“尚法”风气，如明代丰坊《书诀》曰：“指实臂悬，笔有全力撇衄顿挫，书必入木，则如印印泥，言方圆深厚而不轻浮也。”① 这里的“深”是一种向下之力的体现，讲的是一种“用力法则”。至明代晚期，在文艺思想解放的大浪潮下，书法作品有了新的风貌。徐渭说：“余玩古人书旨，云有自蛇斗、若舞剑器、若担夫争道而得者，初不甚解，及观雷大简云，听江声而笔法进，然后知向所云蛇斗等，非点画字形，乃是运笔。知此则孤蓬自振，惊沙坐飞，飞鸟出林，惊蛇入草，可一以贯之而无疑矣。惟壁拆路、屋漏痕、折钗股、印印泥、锥画沙，乃是点画形象，然非妙于手运，亦无从臻此。”② 在这里，徐渭明确指出，书法之象是对运笔和点画形象的感悟启发而非实际的模仿物象，它是“真我”之情的自然流露。文徵明提倡“绳墨中自有逸趣”，这里的“逸趣”就是一种不俗的情趣，是自然本体意识的显现。李日华以萧散淡泊为书法的理想境界，他在创作过程中注重自然天趣，反对矫揉造作，刻意求工。这些书法家看重“一任自然”甚至是“信手挥就”而成的作品，强调“宁丑勿媚”，不循规蹈矩，不追求时尚与技法，让自己的情趣自然流露。这样质朴纯真的艺术创作观念是晚明书法崇尚自然审美的依据。

第三节　绘画：山水第一，自然之妙

中国绘画艺术从混沌萌芽到初具雏形可以追至石器时代。在仰韶文化的许多彩陶作品中，我们就可以看到较为灵动的动物形象。在当时，人们刻画描绘的对象是身边可以看见的飞鸟走兽，这源于人们对大自然的观察与记录，体现出人们对自然的敬畏与崇拜。先秦的一些帛画作品同样笼罩着原始的天人崇拜与巫术信仰，如长沙东南郊楚墓出土的《人物龙凤图》（图9-4）与长沙子弹库1号墓出土的《人物御龙图》帛画（图9-5）。此时，山水画并未出现，但在原始自然环境下，“观象于天，观法于地”的绘画创作方式已经展现出极富中国传统文化精要的意象世界，也就是神鸟、瑞兽、龙凤、日月、星辰不是单一的视像，而包含着丰富的指代性与文化内涵。这也源于绘画的政治功用，《历代名画记》中说

---

① 华东师范大学古籍整理研究室选编校点：《历代书法论文选》，上海：上海书画出版社2014年版，第505页。

② 崔尔平选编点校：《明清书法论文选》，上海：上海书店出版社1994年版，第130页。

道："夫画者，成教化，助人伦，穷神变，测幽微，与六籍同功，四时并运，发于天然，非由述作"①，点明了绘画是古代统治者为达成自身愿望与政治目的的方式手段。因为绘画能够探求天地玄妙，沟通天人，由它作为维护人伦纲纪、巩固政法的手段再合适不过。因此绘画和"六经"有着异曲同工之处，且绘画具有的内在生命力能够随着时间的推移而进化。这种生命力来源于自然法则的指引，传统的道家学说充分体现了这种哲学思想。老子认为自然即是万物的本原，他讲道："人法地，地法天，天法道，道法自然。"② 自然是"道"的本根，而艺术所追求的终极法则就是自然之道。

图9-4 长沙东南郊战国楚墓《人物龙凤图》帛画　　图9-5 长沙子弹库1号墓 《人物御龙图》帛画

最早帛画中的原始阴阳观念、神灵崇拜、生死信仰等，无一不是以宇宙自然为核心，以艺术表达为手段。其一方面象征人类对神秘自然的探索，另一方面象征先民们幻游太空、升入天界的精神向往。而随着人类物质生活的发展，绘画艺术相应进步，这种自然观融入绘画题材、形式、表达等方方面面。中国绘画艺术

---

① （唐）张彦远著，朱和平注释：《历代名画记》，郑州：中州古籍出版社2016年版，第2页。
② （春秋）老聃著，朱谦之校注：《老子校释》，北京：中华书局1984年版，第103页。

的理论自觉始于魏晋。比如谢赫提出的"六法"观念，成为后世上千年所遵循的规范。至宋代，以"写意"为核心的文人画风也开始与画院等职业画家的绘画手法并驾齐驱，并在后世逐渐占据了上风。曾经主持过北宋画院的画家郭熙，对中国山水画进行了系统的总结，他提出"散点透视法"，并在山水画创作中，采取一种"身即山川而取之"的方法，来把握山水的总体面貌与精神。他说："学画花者，以一株花置深坑中，临其上而瞰之，则花之四面得矣。学画竹者，取一枝竹，因月夜照其影于素壁之上，则竹之真形出矣。学画山水者何以异此？盖身即山川而取之，则山水之意度见矣。真山水之川谷远望之以取其势，近看之以取其质。"① 身即山川而取之，就是要求身临其境，从不同的角度发现山的不同的形象与气韵。

在古人看来，自然是一个阴阳交合的场域，故而，中国山水画要"师法自然"，就须在构图上借助堪舆学，模仿自然山川的形态和地脉气势。古人认为，地脉的起伏谓之龙，而"龙脉为画中气势源头，有斜有正，有浑有碎，有断有续，有隐有现，谓之体也。开合从高至下，宾主历然……起伏由近及远，向背分明，有时高耸，有时平修，欹侧照应，山头、山腹、山足，铢两悉称者，谓之用也"②。由此看出，中国山水画是通过虚与实、疏与密、浓与淡、远与近、高与低的阴阳对比师法自然原貌的。正如宗白华所说："中国画所表现的境界特征，可以说是根基于中华民族的基本哲学，即《易学》的宇宙观：阴阳二气化生万物，万物皆禀天地之气以生，一切物体可以说是一种（气积）。这生生不息的阴阳二气织成一种有节奏的生命。"③ 这种节奏表现在山水画中是讲究阴阳开合、虚实与疏密变化等，譬如以刚柔不同的笔墨来表现山石、树木的前后向背，以浓淡来表现阴阳的变化、黑白的转换。因而"体阴阳以用笔墨，故每一画成，大而丘壑位置，小而树石沙水，无一笔不精当，无一点不生动"④。

在技法上，中国山水画讲究阴阳，这主要体现在对石、树、云、水描绘上。为了表现山石内在的阴阳关系，中国山水画一般使用勾、皴、擦、染、点五种技法，以表现山石的层次、阴暗面、起伏与意境。清代龚贤在《画诀》中说："画石块上白下黑，白者阳也，黑者阴也。石面多平故白，上承日月照临故白。石旁

① （宋）郭熙著，梁燕注译：《林泉高致》，郑州：中州古籍出版社 2013 年版，第 196 页。
② （清）王原祁著，张素琪校注：《雨窗漫笔》，杭州：西泠印社出版社 2008 年版，第 19 – 21 页。
③ 宗白华：《宗白华全集》，合肥：安徽教育出版社 1994 年版，第 58 页。
④ 沈子丞编：《历代论画名著汇编》，北京：文物出版社 1982 年版，第 419 页。

多纹，或草苔所积，或不见日月为伏阴，故黑。"① 即画石要先勾勒石形，然后以皴与擦的技法表现山石的黑白明暗，以对应日月阴阳，最后以点、染技法凸显山石之气势与气脉，与自然界的阴阳五行、时间节气、自然环境等相融相衬，烘托出自然山川的整体性、多样性与丰富性。

在笔墨使用上，画树不同于画石，"古人写树，或三株、五株、九株、十株，令其反正阴阳，各自面目，参差高下，生动有致"②。具体说来，画树要依据四季的更迭、枝叶的繁茂与枯萎来体现阴阳。"大概有叶之木，贵要丰茂而阴郁。至于寒林者，务森耸重深，分布而不杂，宜作枯梢老槎，背后当用浅墨以相类之木，伴和为之，故得幽韵之气清也。"③ 也就是说，涂绘茂盛的树木要用墨厚重，以体现树叶丰茂所带来的阴森之气，而冬天寒林的枯枝要用浅墨来表现，以体现树林的萧瑟之象。如果说重墨为阳的话，那么，浅墨则为阴。墨的重与浅既突出了画面中虚与实的对比关系，也体现了树木丛林的森耸与气势。至于树的画法与阴阳五行之间的关系，我国学者季伟林先生指出："树也有五行方向和前后方向，也有季节的变化，树木的水墨和色彩的渲染与山石的水墨和色彩的渲染统一于一体。在画面上体现为气流、气脉和气穴与阴阳五行的整体融合，体现了'山石为阳，树木为阴'和'树木为阳，山石为阴'的对立统一堪舆学。"④ 在季先生看来，树木会因季节的变化而枯荣，当树叶丰茂时，山石隐匿于树丛中，这时是"树木为阳，山石为阴"，即树木用重墨，山石用浅墨；反之，当树叶凋落、山石显露之时，则是"山石为阳，树木为阴"，即山石用重墨，树木用浅墨。在绘画的色彩运用上，张彦远提到："夫阴阳陶蒸，万象错布，玄化之言，神工独运。草木敷荣，不待丹碌之彩；云雪飘扬，不待铅粉而白。山不待空青而翠，凤不待五色而綷，是故运墨而五色具，谓之得意。"⑤ 中国画取象、下笔、用色等均受自然观念的深刻影响。绘画虽为造象，实际上也是阴阳观念的外化和宇宙造化的陶钧。

山水画最早端倪来自"地图"的绘制。当时绘制地形图是为了观测山川，以便出行、采药、寻仙等之需。人们从原始的自然生态环境中走出，为生活绘制地图式的山水绘画，有简练而注重方位的特点。在经历过先秦艺术的原始自然观

---

① 潘运告主编：《清人论画》，长沙：湖南美术出版社 2004 年版，第 49 - 50 页。
② （清）石涛著，俞剑华注释：《石涛画语录》，南京：江苏美术出版社 2007 年版，第 72 页。
③ 潘运告主编，熊志庭、刘城淮、金五德译注：《宋人画论》，长沙：湖南美术出版社 2000 年版，第 75 - 76 页。
④ 季伟林：《中国山水画与五行艺术哲学》，北京：文化艺术出版社 2011 年版，第 66 页。
⑤ （唐）张彦远著，朱和平注译：《历代名画记》，郑州：中州古籍出版社 2016 年版，第 57 页。

后，真正意义上的山水画在魏晋时期初显端倪。这一时期宗炳在《画山水序》中明确指出"圣人含道映物，贤者澄怀味象。至于山水，质有而灵趣"，较为系统地阐释了山水载道的功能特点。正如董其昌所言："艺成而下，道成而上。"①在对山水的欣赏中，主体获得精神感动，神超理得，就算到了晚年不便出行之时，悬挂山水画于家中，也能"卧以游之"，得天下之美景于一图矣。宗炳还进一步提出了闲居理气、拂觞鸣琴、披图幽对与"畅神说"。同时代的王微表明绘画具有望秋云、神飞扬、临春风、思浩荡的移情效果，使山水画在形式美之外，具备了形而上的"道"。它与情志相结合，生发出独特魅力，在魏晋时期其地位就得到了充分肯定。隋唐时期山水画独立，隋代展子虔的《游春图》是较为完备的山水画作品。观众从中已经可以获得远近山川、咫尺千里的视觉效果。"外师造化，中得心源"，对真山水的深入体悟是山水画创作的不竭源泉。唐代荆浩《笔法记》以"搜妙创真"告诉人们创作之要——画作精妙正是源于自然天地之玄妙。因而要"图真"，提倡"气质俱盛"达到神与形的完满兼备、和谐融通。古代文人士大夫久居庙堂，往往以山水画寄托对真山水的渴望，况山水画中蕴藏着宇宙自然的奥妙之理与中国传统古典哲学智慧，它的地位自魏晋初成到隋唐完备，再到宋元明清的成熟辉煌，很快在文人雅士们的褒赞声中扶摇直上。《长物志》论画中讲道："山水第一，竹、树、兰、石次之，人物、鸟兽、楼殿、屋木小者次之，大者又次之。"② 文震亨的论述实则是古人对真山水的无限向往，对自然天地、宇宙真理的探究，对主体情感的显现抒发。

《长物志》进一步论画，讲到作品的好坏不全在于是否出于名家，而是画作内在的神韵与生命。画作应流畅自如，不该呆板、生硬，章法紊乱，如此就算有名家题款也称不上是佳作。"人物顾盼语言，花果迎风带露，鸟兽虫鱼，精神逼真，山水林泉，清闲幽旷……有此数端，虽不知名，定是妙手。"③ 文震亨没有一味盲从权威，而是对作品真正的内在品质提出见解。他告诉人们山水佳作应自成幽趣，流畅自如即是"气韵生动"的。所谓"气韵生动"，即在气的循环流动。《说文》："气"，云气也。子曰："气也者，神之盛也；魄也者，鬼之盛也；合鬼与神，教之至也。"④ 汉代郑玄曰："气谓嘘吸出入者也。"气为天地之物，也是维持生命本体、无时不在无处不有的物质体。它与天地相关，更与生命本体

---

① 周雨：《文人画的审美品格》，武汉：武汉大学出版社 2006 年版，第 83 页。
② （明）文震亨著，李瑞豪编著：《长物志》，北京：中华书局 2012 年版，第 117 – 133 页。
③ （明）文震亨著，李瑞豪编著：《长物志》，北京：中华书局 2012 年版，第 117 页。
④ （战国）庄子著，陈业新评析：《庄子》，武汉：崇文书局 2015 年版，第 66 页。

相关。道家的自然观中十分强调"气",他们认为"气"是和谐与美的本源。在绘画中,谢赫六法之首便是"气韵生动"。"谢赫提出'气韵'的同时,又加以'生动'予以强调,实际上'气韵'与'生动'是密不可分的,缺乏'生动'的气韵是不存在的。"① 气韵生动是历代画手孜孜求索的境界,指画面中每一处应和谐自然,一气呵成,这是画作内在的神韵。明人顾凝远《画引·论气韵》中说:"气韵或在境中,亦或在境外,取之于四时寒暑,晴雨晦明,非徒积墨也。"② 沈宗骞《芥舟学画编》卷三《山水·取势》中也提到:"天下之物本气之所积而成……以至一木一石,无不有生气贯乎其间。"③ 这种神韵与气有关,可以上升到作品的精神层面:"画之不可无神也。神者,本从气得,然气又由神而生。盖神气相为表里,失一不可,乃作画第一要境也。"④ 这种神韵呈现为流畅的线条、虚实相生浓淡笔墨、疏密有致的景物布局等。荆浩《笔法记》中讲道:"气韵具盛,笔墨精微,真思卓然,不贵五彩,旷古绝今,未之有也。"⑤ 夏文彦论画之"三品"曰:"气韵生动,出于天成,人莫窥其巧者,谓之神品"⑥。气韵是统摄画面的,是从整体出发对全局宏观上的把控。这样的作品才能使人身临其境,召唤人的外在感官与内在情感。如《林泉高致》中所描绘:"春山烟云连绵人欣欣,夏山嘉木繁阴人坦坦,秋山明净摇落人肃肃,冬山昏霾翳塞人寂寂。看此画令人生此意,如真在此山中,此画之景外意也。"⑦ 笔墨与山水的结合实际上是在"法道"与"媚道"上的结合。⑧

经历了魏晋、隋唐的萌芽与成熟时期,山水画到五代、宋元兴盛。一大批艺术家涌现创作了不少经典之作,元四家的山水画苍茫悠远,完备了山水画的理论范式。明清书画市场在物质文明的富足下空前繁荣,字画的交换流通频繁。艺术品受到重视,名家字画千金难求。这样的环境中,大量的赝品伪作涌现。它们在形体上模仿原作,但是神韵上远不如真迹,仔细考量就能发现其中端倪。但大量赝品满足了达官商贾们对于名家墨宝的盲目追崇。因而文震亨提出:"若人物如尸如塑,花果类粉捏雕刻,虫鱼鸟兽但取皮毛,山水林泉,布置迫塞,楼阁模糊

① 张明学:《道教与明清文人画研究》,成都:巴蜀书社 2008 年版,第 50 页。

② 马良书:《中国画形态学》,北京:清华大学出版社 2011 年版,第 153 页。

③ 周积寅编著:《中国画论辑要》,南京:江苏美术出版社 1985 年版,第 217 页。

④ (清)黄图珌著,袁啸波校注:《看山阁闲笔》,上海:上海古籍出版社 2013 年版,第 58 页。

⑤ (五代)荆浩:《笔法记》,见俞剑华:《中国古代画论类编》,北京:人民美术出版社 2004 年版,第 607 页。

⑥ (清)黄图珌著,袁啸波校注:《看山阁闲笔》,上海:上海古籍出版社 2013 年版,第 57 页。

⑦ 彭兴林:《中国经典绘画美学》,济南:山东美术出版社 2011 年版,第 144 页。

⑧ 马良书:《中国画形态学》,北京:清华大学出版社 2011 年版,第 70 页。

错杂，桥彴强作断形，径无夷险，路无出入，石止一面，树少四枝，或高大不称，或远近不分，或浓淡失宜，点染无法，或山脚无水面，水源无来历，虽有名款，定是俗笔，为后人填写。至于临摹赝手，落墨设色，自然不古，不难辨也。"① 文震亨对绘画作品的鉴别是对艺术价值的反问与思考。生态视野下的美学观是回到原初本质的审美体位上，因而画作的价值不由权威标签定义。

文震亨提到明代之前的一些画家，不但画艺高超，而且在绘画发展史多具有里程碑式的作用。东晋顾恺之精于人像、佛像、禽兽、山水等，时人称之为"三绝"：画绝、文绝和痴绝。顾恺之与曹不兴、陆探微、张僧繇合称"六朝四大家"。顾恺之是东晋著名的书画家，其在绘画领域奉行"以形写神"的原则，这一创作原则为中国传统绘画的发展奠定了基础，其画作《女史箴图》《洛神赋图》《列女仁智图》《斫琴图》等堪称珍品。吴道子被后世尊称为"画圣"，是中国山水画的祖师，他善于简化复杂的物体外形，从描绘对象的物体形态中抽象出本质，将其提炼为不可再减的"线"，并结合物体内在的运动势能，描摹出物体的神态。阎立本是唐代著名画家与工艺美术家，他出身于豪门望族，耽于声色犬马之中。他善于绘画台阁与车马题材的作品，其博学多识，对重大历史题材的人物肖像画也尤为擅长。他的绘画作品在《历代名画记》《唐朝名画录》《宣和画谱》中提到的就有六七十件。米芾又称"米襄阳"，是北宋著名的书画家，其绘画作品富有文人的抒情意味，被人称为"米氏云山"。米芾的绘画题材十分广泛，人物、山水均有，但其水墨山水画平淡天真，成就最大。其山水画没有北方全景式的雄伟壮观、层峦叠嶂，而是充满南方山水的幽情美趣，描摹水边沙岸和溪流野趣。米氏以前，山水画皆崇尚传神地描绘自然山川景物，而米芾不求修饰地描绘烟云迷蒙的江南水乡，充分表现了文人士大夫的审美情趣，开创了文人画的新局面。文震亨对这些名画家一一道来："书学必以时代为限，六朝不及晋魏，宋元不及六朝与唐。画则不然，佛道、人物、仕女、牛马，近不及古；山水、林石、花竹、禽鱼，古不及近。如顾恺之、陆探微、张僧繇、吴道玄及阎立德、阎立本，皆纯重雅正，性出天然。周昉、韩幹、戴嵩，气韵骨法，皆出意表，后之学者，终莫能及。至如李成、关仝、范宽、董源、徐熙、黄筌、居寀、二米，胜国松雪、大痴、元镇、叔明诸公，近代唐、沈，及吾家太史、和州辈，皆不藉师资，穷工极致，借使二李复生，边鸾再出，亦何以措手其间？故蓄书必远求上

① （明）文震亨著，李瑞豪译注：《长物志》，北京：中华书局 2021 年版，第 141 页。

古，蓄画始自顾、陆、张、吴，下至嘉隆名笔，皆有奇观。"①

在藏画、赏画上，古人也十分考究，以自然之法保存保养书画。文震亨提到："以杉、枏木为匣，匣内切勿油漆糊纸，恐惹霉湿。"② 书画要保存长久，除湿防潮是首要。文震亨提到的杉木与枏木就是古人用来藏画的良佳木材。明代屠隆亦讲到藏书："藏书于未梅雨之前，晒取极燥，入柜中，以纸糊门，外及小缝，令不通风，盖蒸汽自外而入也，纳芸香、麝香、樟脑，可以辟蠹。"③ 屠隆在这里讲到了书画储存与防潮的方法，即利用芸香草的气味，在柜子周围形成一定浓度的香气，害虫无法靠近，书画久而久之也会沾染这样的香气，我们常说的"书香"就是芸香。另外，画作要在特定的时候展开来晒太阳，"四五月，先将画幅幅展看，微见日色，收起入匣，去地丈余，庶免霉白"④。关于晒字画，古人普遍认为在四、五、六月份应该将画展开来见风，在梅雨之前再密封入匣内。书画以纸、绢制成，为了延长它的存世时间，需要精心养护，对于年代更久远的艺术作品则更是有一套完备的保养方法与观看之道。文震亨在《长物志》讲到，将书画收藏进画匣不失为一种保养方法，"短轴作横面开门匣，画直放入，轴头贴签，标写某书某画，甚便取看"⑤。

关于鉴赏画作，文震亨说道："盖古画纸绢皆脆，舒卷不得法，最易损坏。尤不可近风日。灯下不可看画，恐落煤烬，及为烛泪所污。饭后酒余，欲观卷轴，须以净水涤手；展玩之际，不可以指甲剔损。"⑥ 对于卷画则不可用力过大，也不可用手托着画背观看。"须顾边齐，不宜局促，不可太宽，不可着力卷紧，恐急裂绢素。拭抹用软绢细细拂之，不可以手托起画背就观，多致损裂。"⑦ 这种小心翼翼的态度如同捧着一颗易碎的珍珠。在中国古代，藏画鉴赏是十分重要的文化艺术活动，文人们对此有着严格规范。"《汪氏珊瑚网画继》：'灯下不可看画，醉余酒边亦不可看画，俗客尤不可示之。卷舒不得其法，最为害物。'"⑧ 在物质生产条件与科技水平发展有限的时期，这些画作只能通过一些自然的手段去养护保存。"天下无无性之物。盖有此物则有此性，无此物则无此性。不同的

---

① （明）文震亨著，李瑞豪译注：《长物志》，北京：中华书局2021年版，第145页。
② 张小庄、陈期凡编著：《明代笔记日记绘画史料汇编》，上海：上海书画出版社2019年版，第557页。
③ （明）屠隆著，秦躍宇点校：《考槃馀事》，南京：凤凰出版社2017年版，第2页。
④ （明）文震亨著，李瑞豪编著：《长物志》，北京：中华书局2012年版，第133页。
⑤ （明）文震亨著，李瑞豪译注：《长物志》，北京：中华书局2021年版，第193页。
⑥ （明）文震亨著，李瑞豪编著：《长物志》，北京：中华书局2012年版，第125页。
⑦ （明）文震亨著，李瑞豪译注：《长物志》，北京：中华书局2021年版，第194页。
⑧ 郑求真：《纸绢画的收藏与保养》，《故宫博物院院刊》1979年第3期。

物与不同的人的秉性、理与气合，则是构成不同之个体特性的根源。"① 尊重事物特性，根据事物天性行事，这也是理学中万事万物生成的模式。根据物质的固有属性，如芸香驱虫来调节书画适宜保存的相对环境，达到最优的状态，正是生态美学处事待物的基本态度。

粉本指古人的画稿、画样、底样，是在复制、印刷等技术发明前古人的一种临稿、拓写方式。古人临摹有几种不同的方式，如对着原画透光临摹、利用粉本临摹等。另一种是以墨线勾勒的小样，又称百画。特定时期，写生稿、草稿也称作粉本。关于粉本，《长物志》称："盖其草草不经意处，有自然之妙。"② 其中还具体举例道："宣和、绍兴所藏粉本，多有神妙者。"粉本往往在不经意间流露出自然天真的艺术效果，极为珍贵。这种天然之美也是生态美学中极为推崇的。姜绍书《韵石斋笔谈》曰"古人画稿，谓之粉本。不经意处天真烂漫，生意勃然，良足珍重"③，就是这样的观点。这种艺术效果常常是艺术家信手挥就的偶得之作，是不加修饰、逸笔草草的。屠隆这样评价精彩的粉本作品："草草不经意处，乃其天机偶发，生意勃然，落笔趣成，自有神妙。有则宜宝藏之。"④ 粉本虽是画稿，然这样的作品也是值得收藏的珍宝。中国艺术史上流传下来的较为经典的国画粉本作品有：《北齐校书图》《八十七神仙卷》《朝元仙仗图》《骷髅幻戏图》等。在版画、中国画、壁画等艺术类型中也均有粉本样式，特别是到了明代，粉本样式更是因印刷术的发展而兴盛。这种大量的复制不免会流失些许原初的自然之妙。文震亨的观点其实沿用了古代文人的书画品评思想，元代的夏文彦在《图绘宝鉴》中就提出过这样的观点，而对于粉本的审美态度可以看出古人对艺术自然淳真的推崇与追求，对原生、本真、自然的喜爱。

在绘画品评的六法当中，第一是"气韵生动"，而"气韵"不可学，是自然天授的。⑤ 它与粉本的自然天成相似，属于一个灵悟的层次，无法临摹或复制。在《考槃馀事》中，屠隆还提到："意趣具于笔前，故画成神足，庄重严律，不求工巧，而自多妙处。后人刻意工巧，有物趣而乏天趣。"⑥ 这样的天趣"意在笔先"，甚至是"无意为之"，重视形而上的精神舒展，也就是自然天性的流露，不在意形体的完备与精密。恽寿平"玩其率意落笔，脱尽画家径路，始见天趣飞

---

① 马良书：《中国画形态学》，北京：清华大学出版社 2011 年版，第 171 页。
② （明）文震亨著，李瑞豪编著：《长物志》，北京：中华书局 2012 年版，第 124 页。
③ 阳珂：《粉本：古画稿杂记之一》，《美术》1962 年第 4 期。
④ （明）屠隆著，秦躍宇点校：《考槃馀事》，南京：凤凰出版社 2017 年版，第 39 页。
⑤ （明）董其昌著，周远斌点校：《画禅室随笔》，济南：山东画报出版社 2007 年版，第 5 页。
⑥ （明）屠隆著，秦躍宇点校：《考槃馀事》，南京：凤凰出版社 2017 年版，第 37 页。

翔，逸气动人也"①，李日华同样认为绘画中能够随性而动，一任自然，是最高的境界。

中国画强调"当法自然""心师造化""肇自然之性，成造化之功""天人合一""物我两化"绘画合乎自然道法，画即是道。② 这种自然之妙是物的固有本性，也是原真状态，老庄思想中这种天性自然与"道"相通。真者，精诚之至也。不精不诚，不能动人，唯有真挚的东西方可以打动人。"真者，所以受于天，自然不可易也。故圣人法天贵真，不拘于俗。"（《庄子·渔父》）在庄子看来，天真的事物才不会落入俗套，才是历久弥新、经得起打磨的。艺术领域也是一样的，自然本性的流露、"无为"的创作状态正是自然与道的生成。

造纸术发明以前，人们在绢上写字绘画。宋人苏易简云："古谓纸为幡，亦谓之幅，盖取缯帛之义也。自隋唐已降，乃谓之枚。"③ 春秋战国时期许多出土的经幡——缣帛画，就是绢画和卷轴画的前身。绢是一种薄的丝织物，由于平织、无花色，是古代文人作画的重要材料，因而绢画成为中国特有的艺术表现形式。"胜国时有宓机绢，松雪、子昭画多用此，盖出嘉兴府宓家，以绢得名。"④ 秦汉时期用茧作丝的手工业发展普及，宋有院绢，匀净厚密。元代绢类宋绢，比宋绢略粗，不如宋绢细密洁白。对此，文震亨也有论述："唐绢丝粗而厚，或有捣熟者，有独梭绢，阔四尺余者。五代绢极粗如布。宋有院绢，匀净厚密，亦有独梭绢，阔五尺余，细密如纸者。元绢及国朝内府绢俱与宋绢同。"⑤ 由此看出，艺术家们喜爱选用丝绢作画，是因为丝绢表面经纬纵横，光滑细腻，结实耐用。

《长物志》中的绢素是古色古香、充满生趣的。"古画绢色墨气，自有一种古香可爱，惟佛像有香烟熏黑，多是上下二色。伪作者，其色黄而不精采。古绢，自然破者，必有鲫鱼口，须连三四丝，伪作则直裂。"⑥ 经过岁月的沉淀，绢画会出现参差不齐的磨损，有丝缕相连的效果。但伪造的古画，色彩发黄，没有神采。自然破损的古绢，一定有参差不齐的裂口，有一些丝缕相连，伪造的则裂口整齐。不同时代的绢素特点样式各有差异，但它们共有的古色能使绢素更加珍贵可爱，有岁月沉积的厚重感与叙事性。我国最早的绢画可以追溯到周穆王时期的《八骏图》，传播较广的还有唐代阎立本的《步辇图》，宋代张择端的《清

---

①　殷晓蕾编著：《古代山水画论备要》，北京：人民美术出版社2010年版，第113页。

②　朱剑：《澄怀观道：中国山水画精神》，南京：南京大学出版社2012年版，第11页。

③　（宋）苏易简等著，朱学博整理校点：《文房四谱》，上海：上海书店出版社2015年版，第54页。

④　（明）文震亨著，李瑞豪译注：《长物志》，北京：中华书局2021年版，第153页。

⑤　（明）文震亨著，李瑞豪译注：《长物志》，北京：中华书局2021年版，第153页。

⑥　（明）文震亨著，李瑞豪编著：《长物志》，北京：中华书局2012年版，第127页。

明上河图》等。绢的自然属性让它随着时间沉淀出自身的厚重感，古色古香，别具一格。人们对绢素古色古香特质的偏爱体现出尚古、尊古的精神，也是人们对自然万物变迁、岁月流逝的礼赞。

第四节　悬画月令：遵天敬时，天人同律

悬画月令是在各个时令、各个季节或节庆里悬挂于墙壁上的一种绘画。它不仅反映出明代民间艺术形式的多样性、民间生活的丰富性，更展现出朴素的自然、宗教信仰以及"以天授时""遵天敬时"的天人观。正如法国作家安德烈·纪德在《人间食粮》一文所说："你永远也无法理解，为了使自己对生活发生兴趣，我们曾经付出了多大的努力。"中国古人对家中悬画的更换、对生活情趣的追求，印证了纪德所言的正确性。文震亨在《长物志》中论述了悬画与时令、场合的关系，即不同的季节或场合悬挂不同的画。不同的时令、不同的场合，适用不同的字画，既可避免悬挂太久让纸张风化变脆，又能增加人们观画的新鲜感，与季节轮回相呼应。针对不同的季节、时日，挂不同的画像，出于古人对季节变化的敏感，体现了中国古人的"天人同律"观。

文震亨在这一章节里介绍了从正月初一到一年结束不同节令张贴的图画，他说："皆随时悬挂，以见岁时节序……又不当以时序论也。"[①] 人们应该对应不同节日准确悬挂作品，但不仅仅限于这些图画。例如，岁朝悬挂古名贤像；元宵节挂看灯、傀儡图；正月、二月挂春游、仕女图；端午节挂龙舟图；七月挂乞巧、织女图；十二月挂钟馗、迎福神、驱魅图等；在搬家祝寿等民事活动时，又可以悬挂不同题材的图画。这些图画包含不同季节时令中的活动场景，如赛龙舟、春游、乞巧、采莲；或是表达对鬼神的敬畏，以代表人物为膜拜对象，如钟馗、真人、玉帝；有不同季节的代表性景观，如梅、牡丹、芭蕉、古桂；也有着对风调雨顺的期盼，如东君画像、风雨神龙等。总之，在这些千姿百态的悬画月令中，我们可以看到民间百姓包罗万象的精神世界，充满生命力与张力。

这种生动的艺术形式扎根于民间、蓬勃于民间，追溯源头其实是生根于中国人民传统的生产生活方式，当然也脱离不开中国王权与政权的思维背景。中国人对"天时"的概念有一套系统化范畴，有四时、八节、十二月令、二十四气和

---

① （明）文震亨著，李瑞豪译注：《长物志》，北京：中华书局 2021 年版，第 223 页。

七十二候的说法，春夏秋冬为一年的"四时"。这种"天时观"统摄着人们生活生产的时间观念，体现为人们按照国家颁布的"月令"展开生产与生活。《周礼》中以"天官""地官""春官""夏官""秋官"和"冬官"来表达治国方略，并以天地四时描绘宇宙伦理。① 《淮南子·天文训》："四时者，天之吏也；日月也，天之使也；星辰者，天之期也；虹霓彗星者，天之忌也。"② "天时"的概念蕴藏在各类古书典籍里，始终引导着人们的生活，影响着人们的行为，在文化艺术上也不例外。

月令悬画中，"月令"的"令"可以解释为"时令""岁令"。与之相似的有"节"，亦作"节气""年节"。"节"偏重于特定的时空观与物候观，而"令"则是帝王祭天的同时按照月所施行的人间"政事"。颁布的"政令"又称作"月令"，无非就是为"上敬慎而下信行，务使朝无阙政，民罔怠事"的政教"风向仪"。因此，官方对于不同节令的整理历来十分详细。"故中国早即有《夏小正》《月令》之书，说明一年各月，节气如何，主神如何，此时自然之动植物如何，人应如何行为与之配合。"③ 《淮南子·天文训》："有'立春''雨水''惊蛰'等二十四个节气的齐全记载。"④ 《夏小正》所称："阴阳生物之序，王事之伦，莫大于月令。"⑤ 《史记·太史公自序》："夫阴阳四时，八位、十二度、二十四节各有教令。"月令承载着古代王权的教化，而这种感于天而授于民的政令是依照"天文"施行"政事"的一种"王制"。这一观点台湾学者王梦欧先生曾经提及。当权者通过对天象的观测而发布政令，制定一年的生产、农事、祭祀、养生、饮食等活动。

这种有感于天的正交方式可以追溯至更早的史前自然信仰中。早期的自然崇拜体现在万物有灵的自然观当中。在世界范围内，这样的自然崇拜普遍存在。"在澳大利亚各部落中……以自然现象为图腾的主要有太阳、星星、雷、闪电、水、火、风、云、海等。"⑥ 原始自然崇拜观产生于人类对自然力量的敬畏。在华夏文明里，商人信仰自然万物，认为王与山、川、风、水、雷、雨都为辅

---

① （清）阮元校刻：《十三经注疏·周礼注疏》，北京：中华书局1979年版，第631-937页。
② 何宁撰：《淮南子集释》，北京：中华书局1998年版，第178页。
③ 唐君毅：《中国文化之精神价值》，南京：江苏教育出版社2005年版，第177页。
④ 佟辉：《天时·物候·节道：中国古代节令智道透析》，南宁：广西教育出版社1995年版，第19页。
⑤ 佟辉：《天时·物候·节道：中国古代节令智道透析》，南宁：广西教育出版社1995年版，第34页。
⑥ 何星亮：《中国自然崇拜》，南京：江苏人民出版社2008年版，第11页。

佐。① 王者能够通过解读天象来了解上苍的旨意从而知人事。② 天象被认为代表了某种意义与预兆，它的变化常常与人事有关。《左传》昭公七年冬："有星孛于大辰，西及汉。申须曰：'慧所以除旧有新也。天事恒象，今除于火，火出必布焉，诸侯其有火灾乎？'梓慎曰：'往年吾见之，是其征也。'"③ 昭公二十六年，齐国出现了彗星，齐侯欲祭祀，晏子反对说："无益也，只取诬焉。天道不谄。不贰其命，若之何禳之？且天之有慧也，以除秽也。君无秽德，又何禳焉？若德之秽，禳之何损？"④ 执政者通过天象来接收上天的旨意，做出相应的人事安排，并经常反省自身行为。这即是王权天授的重要基础。

从先秦时期一直到汉，阴阳五行祭祀的根本是宇宙自然变化，认为万物生灭都与人类有密切关联性，与人的行为对应。人应该遵从自然的原则与指示，否则"天"将会降下警示，人须对自身行为予以修正。这样的天人观在汉代董仲舒那里形成系统。⑤ "以天授令"出于政教王权的需要，却不仅于此。在民间的朴素自然观中，天人相感的意识同样十分强烈。《左传》有云"国之大事，在祀与戎"，民间生活无法离开各种节令，从《尧典》开始已经有了"授时"之说，所有农桑节日都占据着四时节气，都以"时"展开。"不违农时，谷不可胜食也"，"《四民月令》，正月可种春麦、豍豆，尽二月止，可种瓜、瓠、芥、葵……"⑥ 讲的便是农业活动应该顺应天时。又如根据甲骨进行占卜日常活动：在周易卦象当中"乾九二：见龙在田，利见大人"⑦；"谦六五：利用侵伐，无不利"⑧；"谦初六：谦谦君子，用涉大川，吉"⑨ 都是以占卜进行生产生活。《诗经·小雅·鹿鸣之什·天保》："天保定尔，亦孔之固……神之吊矣，诒尔多福。"《诗经·卫风·氓》："尔卜尔筮，体无咎言。"此为以卜筮决定婚事。《孟冬记》中记载："是月也，大饮烝。天子乃祈来年于天宗；大割祠于公社及门闾，飨先祖五祀，劳农夫以休息之。"⑩ 天象指引人的各项生产生活，诸如以上的农耕、种植、婚

---

① 陈梦家：《殷墟卜辞综述》，北京：科学出版社1956年版，第561–604页。胡厚宣：《殷卜辞中的上帝和王帝》（上下两篇），《历史研究》1959年第9–10期。

② 江晓原：《天学真原》，沈阳：辽宁教育出版社1991年版。

③ 《春秋左传正义》，见杨伯峻编著：《春秋左传注（修订本）》，北京：中华书局2009年版。

④ 《春秋左传正义》，见杨伯峻编著：《春秋左传注（修订本）》，北京：中华书局2009年版。

⑤ 参见徐复观：《先秦儒家思想发展中的转折及天的哲学大系统的建立：董仲舒〈春秋繁露〉的研究》，见氏著《两汉思想史》，北京：九州出版社2014年版，第295–483页。

⑥ 蒲慕州：《追寻一己之福：中国古代的信仰世界》，上海：上海古籍出版社2007年版，第189页。

⑦ 唐明邦主编：《周易评注》，北京：中华书局1995年版，第1页。

⑧ 唐明邦主编：《周易评注》，北京：中华书局1995年版，第40页。

⑨ 唐明邦主编：《周易评注》，北京：中华书局1995年版，第40页。

⑩ 陆玖译注：《吕氏春秋（上）》，北京：中华书局2022年版，第164页。

嫁、军事、政务等。其中最根本的就是农业，中国以农立木，而农作物生长需要依靠天气，依靠太阳东升西落。在一年四季中，人们都会按照其规律行事："赏罚应春秋，昏明顺寒暑，爻辞有仁义，随时发喜怒，如是应四时，五行得其序"，"天之道，春暖以生，夏暑以养，秋清以杀，冬寒以藏。暖暑清寒，异气而同功，皆天之所以成岁也"。① 道教中将这种人与上天运作的关系称为"天人同律"。它们的对应关系如同气血循环运转，是相互融通的。因此，人须"奉天时"。《孟子》中说："顺天者存，逆天者亡。""四时者，天之吏也；日月者，天之使也；星辰者，天之期也；虹霓彗星者，天之忌也。"② 这些思想在中国古典天人观中充分体现出来。而现在非线性科学中的"蝴蝶效应"也说明了万物之间存在着非线性动力机制和复杂性，任何一个环节的改变都能导致整个系统的崩溃。③ 生态学中，这种整体观要求我们理性对待自然万物。

不论是王权天授还是民间朴素的自然观：天人相感、天人同律、祸福相依等观念早已深深植入人们的脑海中。在这样的哲学思想指导下，根据各个节令展开的艺术活动多姿多彩，富有凝聚力。悬画月令就是其中典型的代表。

在图画的绘制上，唐宋起就有四时的创作题材。王维《山水论》中曰："凡画山水，须按四时。"画中的题材内容根据不同节令展开，比如，春有早晚和雨雪，夏有小满和大暑，秋分早暮风与月，冬有小雪与大寒。在《林泉高致》中对四时山水有不同的描述："真山水之云气，四时不同；春融洽，夏蓊郁，秋疏薄，冬黯淡。"④ 可见，即使是普通山水画作也对应着四时景物，这样约定俗成的绘画内容成为人们的文化共识并且代代延续，最终形成一套系统的作画素材理论。这些象征性的图像代表着不同节令的文化内涵，也是传统与时代文化的产物。《山海经》中的《海外经》被一些研究者疑为是按照顺序描绘十二月的上古月令图。⑤ 月令图从"天时"切入，以农事活动为基础，展开了日常情景般的艺术描绘。明代艺术家吴彬的《月令图》和《岁华纪胜图》都以十二月令为线索，展开了时间线描述，强化了以"月令"时间为线索的艺术史书写。"由创作时间来看，最先完成的是节令和季节气息较浓的二月、三月、七月、九月和十二月……第二拨完成的画轴中五月和八月是较容易创作的，四月、六月与十一月的

---

① 《春秋繁露义证》，见赖炎元注译：《春秋繁露今注今译》，台北：台湾商务印书馆1984年版。
② （西汉）刘安著，陈广忠点校：《淮南子》，上海：上海古籍出版社2016年版，第56页。
③ 陈霞主编：《道教生态思想研究》，成都：巴蜀书社2010年版，第151页。
④ （宋）郭思著，林琨注译：《林泉高致》，北京：中国广播电视出版社2013年版，第22页。
⑤ 宗迪：《〈山海经·海外经〉与上古历法制度》，《民族艺术》2002年第2期。

节令就较为模糊，几乎都以日常休闲活动体现；正月或因其为系列之首，也在第二拨中呈交。最后提交的则是十月，更是均为日常活动。”① 这些月令悬画囊括了更多民俗精神与日常生活情景。

我们以下面几幅画作为例子简单探讨：北宋画家苏汉臣的《重午戏婴图轴》（图9-6）画的是传统端午节里的活动场景。画面中树荫敞榭，水池中荷花盛放，正是夏季的常见景致：庭院里有三位孩童正在观赏嬉戏，画面雅致，线条灵活，富有装饰性，在婴孩的戏耍活动中表达对美好生活的热爱。此外，还有许多节令题材被历代艺术家们反复表现，明代画家张翀所作的《瑶池仙剧图》，描绘的是民间三月初三王母娘娘生日的时候，众仙欢聚一堂的“蟠桃盛会”。画中八仙汇聚，神态各异，以八仙休憩的场景展现三月初三的神仙传说。“岁朝”即农

图9-6　（北宋）苏汉臣《重午戏婴图轴》　　图9-7　（明）李士达《岁朝村庆图》

① 施锜：《从“四时”到“月令”：古代画学中的时间观念溯源》，《美术学报》2016年第5期。

历大年初一，"岁朝图"的节令题材历代都有不少刻画。有绘上平安祥瑞的花卉，也有岁朝活动场景的描绘，在民间与宫廷都出现频繁。描绘民间岁朝场景的有明代李士达的《岁朝村庆图》（图9-7）。画面描绘了山林之中，岁朝佳节人们拜访往来的情景。长者访友宴饮，儿童点燃鞭炮，敲锣打鼓，迎接新春，气氛热闹而欢愉，一派喜庆升平的景象。清代宫廷中许多制度都承袭前朝规制，传统佳节如元旦、上元、清明、七夕等，都会在皇宫中举行相应的庆典活动，尤其是在岁朝节日时。清代作品比较典型的是院本《十二月令图》，由院画家唐岱、丁观鹏等众多画家合作完成，描绘的正是圆明园不同时节景色及人们的活动，是典型的月令组画。冬季还有一种节令悬画很流行——"九九消寒图"，用图文方式来记录冬天的天气变化。"有的画素梅一枝，共画八十一朵梅花，将画挂在墙上，每天用红笔涂一朵，涂完，即是冬尽春来了。不过这种方法多在文人雅士中流行，在一般百姓中则是画圈，每日写好日期，依序记录下天气的好坏。"① 在宫廷中同样有"九九消寒图"，明代官府司礼监还印制了"九九消寒图诗"。道光皇帝亲手绘制过"九九消寒图"，让大臣们来填写。《燕京岁时记》中说："冬至三九则冰坚。"三九是冬日最寒冷的时候，是温差变化最大的时候。"九九消寒图"是人民生活积累中总结出的天气知识与自然规律。无论是宫廷或是民间，宝贵的自然经验都指引着人们更好地生活。此外，与月令季节相应的绘画还有我们熟悉的张萱的《虢国夫人游春图》、仇英的《春游晚归图》、张择端的《清明上河图》、李昭道的《龙舟竞渡图》、朱见深的《岁朝佳兆图》等，它们描绘的都是在特定时间节令里人们展开的活动或者相关节令的代表性人物。

明清悬画月令发展十分繁荣。首先是基于商业的发展，民间商品交换流通加速，物质生活极大丰富，文化产品大量流通。月令画在经济、技术、政治等多重推动下，欣欣向荣。其次，文化艺术不断积累发展，于明清大放光彩，达到一个汇总整合、成熟时期。悬画月令体现出对节令、生活、生产各方面的关注，是扎根生活、贴近民生的艺术形式之一，在官方与民间的双重推动作用下，受到普遍喜爱。悬画月令的艺术形式是开放的、流动的、充满张力的。它能够吸收各种生活养分，在继承与发展中过滤筛选，形成特定时代环境下的经典样貌——最受人民认可、最具代表性、最能展现人民精神风貌的图式。悬画月令又是在顺应天意、遵守天道下形成的，积极主动的、相通相感的互赖关系。人们顺应天意，无非是求降福去灾，但人与天的关系并非单向的，而是双向多维互动的。悬画月令

---

① 盖国梁：《节庆趣谈》，上海：上海古籍出版社2003年版，第177页。

是以天授时的物质展现，更是人与天地沟通交融的物质载体。

书画从文字与图画肇始叙述着象法天地、经纬万物的书写脉络。它的诞生、架构、审美、品格等无不包含对自然万物、阴阳共济的生态美学思考，"若而书也，修短合度，轻重协衡，阴阳得宜，刚柔互济"①。传统生态美学的审美观蕴藏在书画的每一处落墨、每一笔转折、每一次顿挫……在书画等一系列文艺作品中散发着它的精神魅力，影响着人们的生态人格，塑造着社会的思想与面貌，推动着天人观念的和谐进步。

《长物质》从方方面面展现出古典生态美学的智慧哲思，它超越了具体科学认知，是凝结着精神信仰、情感思想的美学体验，对当代人的审美生存有着宝贵的指导作用。

第五节　书画装潢：因时制宜，以古为雅

所谓"装潢"，"装"为"装饰、修饰、装束"，"潢"为以黄檗汁入纸张，用以避虫害。中国很早就有了书画艺术的装潢工艺。唐代书画理论家张彦远在其著作《历代名画记》中记载"晋代以前，装背不佳，宋时范晔始能装背"。从这段历史文字可以看出，晋代以前已经出现装裱了，只是"装背不佳"，即装裱技术还不够成熟。隋唐宋元时期有零星的文献记载"装潢"艺术，但不成体系，其至明代才渐趋成熟。明代"装潢"工艺的成熟，一方面得益于江浙地区文人荟萃，书画艺术繁盛；另一方面是明朝皇帝不爱书画，把名画名作当作优赏或俸禄赐给王公贵戚。大量书画流入了民间，私人收藏较为盛行。周嘉胄《装潢志》云："王弇州公世具法眼，家多珍秘，深究装潢。延强氏为座上宾，赠贻甚厚。一时好事靡然向风，知装潢之道足重矣。"于是装潢艺术形成了理论上的自觉，出现了周嘉胄的《装潢志》、周二学的《赏延素心录》两部书画装裱专著。此外，涉及装潢艺术理论的还有高濂的《遵生八笺》、文震亨的《长物志》等。文震亨对装潢的时令、工序、款式、风格等都做了较为详细的论述。

关于装潢的时令，"装潢书画，秋为上时，春为中时，夏为下时，暑湿及冱寒俱不可装裱"②。装潢要在恰当的季节进行，才能使裱件妥帖恰当。秋天是装

---

① （明）项穆著，赵熙淳评注：《书法雅言》，杭州：浙江人民美术出版社 2021 年版，第 46 页。
② （明）文震亨著，李瑞豪译注：《长物志》，北京：中华书局 2021 年版，第 185 页。

潢的最好季节，其次是春天，再次为夏天。夏日温湿度过高不适合装潢。这里未提到冬天，冬季寒冷干燥，显然也不太合适。同时代的周嘉胄也有类似观点："上品之迹，无甚大者。中小之幅，必须竖贴，若横贴，则水气有轻重，燥润有先后，糊性不纯和，则不能望其全胜矣。上壁值天润，乃为得时。干即用薄纸粘盖，以防蚊蝇点污，飞尘浮染，停壁愈久愈佳，俾尽历阴晴燥润，以副得手应心之妙。"① 尺幅不一的画心，竖贴与横贴也有讲究。因为水气有轻重，燥润有先后，糊性不纯和便不能操作出质量良好的裱件来，因而最佳的装潢时间为天润之时。另外，周氏在这里强调了画幅停壁的时间越长越好，因为经历阴晴燥润之后，材质之间的胀缩度才一致，其结合才会紧密调顺。据当代学者田维玉研究："夏季、冬季、阴雨天不宜裱画，因为空气太潮湿，反过来，在高温或刮风的天气，也不宜装潢，因为空气干燥，在镶嵌、覆裱上墙过程中会出现画幅开裂或收缩的现象。在低温的气候装潢，浆糊会因冻结而失去黏性，裱件覆褙上墙后，会出现大面积重皮。阴雨天，因空气湿度大，裱件覆褙上墙挣干的时间较长，不易干透，则会发生霉变，日后又会随着湿度的降低逐渐收缩，出现凹凸不平的现象。"② 由此看出，文震亨对装潢时序的判断遵循了自然规律，有一定的科学道理。

浆糊在装潢中极其重要，制糊时务必选择合适的季节，而且必须掌握好发酵的时间，发酵时间过长容易使浆糊变质，发酵时间过短又会降低浆糊黏度，只有当面粉与水的相互作用时间恰到好处，方可成功。"用瓦盆盛水，以面一斤渗水上，任其浮沉，夏五日，冬十日，以臭为度。后用清水蘸白芨半两、白矾三分，去滓，和元浸面打成，就锅内打成团，另换水煮熟，去水，倾置一器，候冷，日换水浸，临用以汤调开，忌用浓糊及敝帚。"③ 在文震亨看来，浆糊的材料必须辅以白芨和白矾，因为它们能起到避虫害的作用，据科学研究："白芨"（白及），其主要化学成分为黏液质（白及胶），约占55%，并含有淀粉及挥发油等，白芨性苦平，不腐纸素。④ "白矾"（明矾），明代医药学家李时珍《本草纲目》载："矾有四性：酸苦涌泄，酸涩而收，收而燥湿……解毒之性。"书画装裱主要利用其防腐、解毒、杀虫、收敛、燥湿之性。⑤ 众所周知，纸、绢为纤维材

---

① （明）周嘉胄：《装潢志》"上壁"条，见黄宾虹、邓实编：《中华美术丛书（一）》初集第二辑，北京：北京古籍出版社1998年版，第72页。

② 田维玉编：《速成书画装裱技法》，北京：文物出版社1996年版，第209–210页。

③ （明）文震亨著，李瑞豪译注：《长物志》，北京：中华书局2021年版，第187页。

④ 夏冬波编著：《药物与书画装裱》，北京：中医古籍出版社2001年版，第3页。

⑤ 夏冬波编著：《药物与书画装裱》，北京：中医古籍出版社2001年版，第8页。

料，易腐烂、虫蛀，古人将中药运用于书画装潢中，能起到保护书画的效果。

装裱款式是传统书画装裱的主要表现形式，至明代，装裱款式有卷、轴、镜心、对联与册页等。文震亨讲的是装裱成轴的格式，画轴有立轴、卷轴。"大幅上引首五寸，下引首四寸，小全幅上引首四寸，下引首三寸，上褾除撅竹外，净二尺，下褾除轴净一尺五寸。横卷长二尺者，引首阔五寸，前褾阔一尺。余俱以是为率。"① 也就是说，装潢工艺经过历代经验的积淀，结构大小、尺寸、书画引首、上裱和下裱、横卷引首的宽度都已形成固定的审美标准。王以坤《书画装潢沿革考》一书对文震亨的装裱形制的数据进行了研究，他认为"除如实记述了当时的格式和尺寸外，还夹杂有个人审美的论述，即有相同之处，也有冲突之处，但比较明代实物，基本相符"②。可见，《长物志》中所详述的尺寸数据对研究明代装潢形制具有补正之用。"书画小者须挖嵌，用淡月白画绢，上嵌金黄绫条，阔半寸许，盖宣和裱法，用以题识，旁用沉香皮条边，大者四面用白绫，或单用皮条边亦可。"③ 即小尺寸的书画由于整体尺寸小而又要在立轴中看起来比例协调，必须采用挖嵌装裱的手法，它的裱褙要用月白色的绢来做，题记要用宽半寸的金黄色绫条，周围再配以沉香皮镶边；大尺寸的书画本身结构比例比小画幅的书画好一些，只需要特别注意四周用白绫或者皮料镶边就行。

装潢给人最鲜明的印象莫过于不同块面、不同层次与组合方式的色彩，色彩的搭配组合以及与画心的和谐统一至关重要。色彩安排，历代不同。陶宗仪《南村辍耕录》记载了南宋绍兴御府装潢的颜色搭配样式："绫引首及托里：碧鸾、白鸾、皂鸾、皂大花、碧花、姜牙、云鸾、樗蒲、大花、杂花、盘雕、仙纹、涛头水波纹、重莲、双雁、方棋、龟子、方穀纹、鸂鶒、枣花、鉴光、叠胜、白毛辽国、回文金国、白鹭、花（并高丽国）。赗卷纸：高丽、蠲、夹背蠲、揩光。轴：出等白玉碾龙簪顶、白玉平顶、玛瑙（浆水红）、金星石、珊瑚、水晶、蜡沉香、古红玉、象牙、犀角。轴杆：檀香木。匣：螺钿（宋高宗内府督钿匣）。"④ 隔水多为碧、白、黑等色；花纹多样，动物纹以吉祥鸟类为主，配上白、黄、黑、褐、浆水红等色轴头，出头或不出头。文震亨在《长物志》中也记载了明代装潢部位的色彩："上下天地须用皂绫、龙凤云鹤等样，不可用团花

① （明）文震亨著，李瑞豪译注：《长物志》，北京：中华书局2021年版，第188页。
② 王以坤：《书画装潢沿革考》，北京：紫禁城出版社1993年版，第6页。
③ （明）文震亨著，李瑞豪译注：《长物志》，北京：中华书局2021年版，第188页。
④ （元）陶宗仪撰，王雪玲校点：《南村辍耕录》卷二十三"书画裱轴"条，沈阳：辽宁教育出版社1998年版，第268页。

及葱白、月白二色。二垂带用白绫，阔一寸许。乌丝粗界画二条，玉池白绫亦用前花样。"① 意思是说，装裱书画，上下天地需要用皂绫和龙凤云鹤等样式，不可用团花与白色。两条垂带要用白绫，一寸宽左右，黑色粗直线两条，卷首的玉池白绫也要用前面提到的图案。

"册"就是把一片片竹木简策串联起来。古人编简时常在正文前边再加编一两根不写文字的空简，叫作"赘简"。其背面上端常书写书籍篇名，下端书写该书书名，便于检索查找。装潢工艺的册页部位分别为面板、签条、前后色笺配页、分身纸、天、地、心、侧边、包边以及外装锦囊、外盒等。面板是册页的封面，也是护板，是册页最外面的装潢保护材料。文震亨在《长物志》中记载："古帖宜以文木薄一分许为板，面上刻碑额、卷数。次则用厚纸五分许，以古色锦或青花白地锦为面，不可用绫及杂彩色。更须制匣以藏之，宜少方阔，不可狭长、阔狭不等。以白鹿纸镶边，不可用绢。十册为匣，大小如一式，乃佳。"② 在文震亨看来，装帖用木板最好，其次是厚纸，封面要古色古香，不仅要实用还要美观。对于装帖板材，文震亨认为，紫檀木、红酸枝、花梨木、金丝楠木、旧杉木最好，因为这些板材纹理细腻、无拼无结，保留了木质的素洁本色。册页的副页在一本完整的册页中，可起到缓冲、保护、间隔的作用。文震亨首选古香雅韵的色笺，"引首须用宋经笺、白宋笺、宋元金花笺，或高丽茧纸、日本画纸俱可。"③ 在文震亨看来，古雅的册页色彩可以丰富视觉感受，增强整本册页的观赏性。

前已论述，晚明士绅为了标榜清高，对流行的大众文化具有本能排斥情绪，他们在日常审美中常用"古""俗""雅"等术语，这一点在"装潢"艺术中亦有体现。比如装裱的纹样有"海马锦、龟纹锦、粟地锦、皮球锦，皆宣和绫，及宋绣花鸟、山水，为装池卷首，最古"④。海马锦、龟纹锦、粟地锦、皮球锦虽是宋代宣和年间所做的，但在文震亨看来很有古韵。又如对裱轴的选择："古人有镂沉檀为轴身，以裹金、鎏金、白玉、水晶、琥珀、玛瑙、杂宝为饰，贵重可观，盖白檀香洁去虫，取以为身，最有深意。今既不能如旧制，只以杉木为身。用犀、象、角三种，雕如旧式，不可用紫檀、花梨、法蓝诸俗制。"⑤ 文震亨时

① （明）文震亨著，李瑞豪译注：《长物志》，北京：中华书局 2021 年版，第 188 页。
② （明）文震亨著，李瑞豪译注：《长物志》，北京：中华书局 2021 年版，第 220 页。
③ （明）文震亨著，李瑞豪译注：《长物志》，北京：中华书局 2021 年版，第 188 页。
④ （明）文震亨著，李瑞豪译注：《长物志》，北京：中华书局 2021 年版，第 191 页。
⑤ （明）文震亨著，李瑞豪译注：《长物志》，北京：中华书局 2021 年版，第 190 页。

代已经普遍用杉木做轴身了，但他依然崇尚檀木画轴，是因为檀木质地坚硬、芬芳永恒，能辟湿气，百毒不侵，更深层的原因在于檀轴古雅。总之，文震亨提倡"因时制宜"装裱美的原则，使装裱艺术更能适应中国传统的"天人合一"的思想，给装裱工艺赋予中国独有的审美理念；追求"古雅"的装裱美，使装裱艺术的风格更加清晰，延续中国古雅风格，传递审美情趣。①

① 段欣怡：《从〈长物志〉书画卷谈装裱的艺术美学思想》，《今古文创》2020 年第 3 期。

第十章　香茗——提神醒脑，精神养生

《长物志》"香茗"卷开篇首语："香茗之用，其利最溥。"① 此句虽抄袭明代屠隆的《香笺》，但把香广泛而玄妙的用处说得很充分。"物外高隐，坐语道德，可以清心悦神；初阳薄暝，兴味萧骚，可以畅怀舒啸；晴窗拓帖，挥麈闲吟，篝灯夜读，可以远辟睡魔；青衣红袖，密语私谈，可以助情热意；坐雨闭窗，饭余散步，可以遣寂除烦；醉筵醒客，夜语蓬窗，长啸空楼，冰弦戛止，可以佐欢解渴。"② 这六个"可以"描述了焚香的乐趣。茗与香一样，是文人生活不可缺少的元素。唐白居易《晚起》诗曰："融雪煎香茗，调酥煮乳麋。"喝的不只是茶，还有品位与闲情。文震亨从以下几个方面来论焚香与品茗的生态智慧。

其一，坐谈论道，清心悦神。隐士高人坐着谈论玄妙之道的时候，焚香品茗能够令人神清气爽。香有香道，茶有茶道，同样是探讨玄妙经论，香茗与道有着千丝万缕的关联。香茗之道乃是茶艺香艺与精神的结合，遵循着一定的法则。拿茶道来说，它讲究茶叶、茶汤、茶具、火候、环境的整体和谐。茶道讲究在中和礼仪之中修习"静"养之道，达到"至虚极，守静笃"的境界。茶道带领人们领悟"坐忘"之境与"物我玄会"之妙。沉香则能让人畅怀舒啸，获得融通顺达的状态。焚香氤氲，烹茶缭绕，二者以气之状给予人畅怀之感，这是因为茶与人、香与人都存在着气息关联与物质交换。香茗之气，即是自然融通之清气，荡涤身心。香茗之气，亦是带领人们实现"乘物远行""心游万仞"的有效途径。

其二，提神醒脑，远辟睡魔。香茗之中，始终包含着中国古典美学的"生生"智慧，"提神醒脑，远辟睡魔"即是重生、贵生、养生的思想体现。茶叶的养身保健功效十分突出，其中之一是提神解乏。茶叶中含有 3% ~5% 的咖啡碱，能

---

① （明）文震亨著，李瑞豪编著：《长物志》，北京：中华书局 2012 年版，第 263 页。
② （明）文震亨著，李瑞豪编著：《长物志》，北京：中华书局 2012 年版，第 263 页。

提高大脑皮层的活跃度，起到振奋提神的作用。而焚香能够起到灭菌消毒、醒脑益智、养生保健的功效，如沉香、檀香、乳香、藿香、麝香等都具有提神的功效。北宋的苏轼就把焚香静坐当作重要的养生活动。无论是焚香还是品茗，都体现着古人的贵生思想。其三，闭门而坐，排忧遣寂。晚明社会，许多失意文人退身庙堂之外，绝意仕进，纵情山野。一时之间，山人、狂士、隐者如过江之鲫，隐居山林、烹茶焚香则成为他们独处时排忧遣寂的良方。"扫雪烹茶，足称韵事。更以梅花和雪烹而嚼之，高洁幽芬而兼由之矣。"① 焚香品茗，扫却疲惫，能让心灵平静而自如。在明代的香茗文化中，不仅有雅士身影，更有大量鲜活饱满的市民身影。香茗的社会文化功用是我们探讨中国古代生态审美智慧时不可忽视的。

第一节　茶香馥郁与清心悦神

人类自从发现钻木可取火，得到了光与热、逐渐步入文明的轨迹，此后便开始焚烧香木，希冀借着芬芳气味，来表达对天地神灵的敬仰。比如在宗教鼎盛的古老国度里，如古埃及、古巴比伦、古印度、古希腊及中国等，当壮丽巍峨的宫殿、寺庙落成时，均要焚烧沉香作为最神圣的祭祀仪式。在古老中国，在帝王登基或册封太子的典礼中，亦燃烧沉香祭拜祖先与天地，借着沉香散发清雅温馨的轻烟，突显神圣、庄严与虔诚。

在中国古老的文化中，沉香学名叫琼脂，琼是海南岛的简称，即中国最好的沉香产自海南岛。宋代程大昌《演繁露》曰："秦汉以前，二广未通中国，中国无今沉、脑等香也。宗庙燔萧，灌献尚郁金，食品贵椒，皆非今香也。"春秋时期，古人已经懂得香的美好，形成熏香、品香、祭天、献香等习俗。到了汉朝，由于与印度、南洋交流，檀香、沉香开始输入。宋代文人诗词中多有对"沉香"的描述，如周邦彦《苏幕遮》："燎沉香，消溽暑。鸟雀呼晴，侵晓窥檐语。叶上初阳干宿雨，水面清圆，一一风荷举。"秦观《如梦令》："睡起熨沉香，玉腕不胜金斗。消瘦，消瘦，还是褪花时候。"吴文英《莺啼序·春晚感怀》："残寒正欺病酒，掩沉香绣户，燕来晚，飞入西城，似说春事迟暮。"还有据说李清照的闺房之内，朝夕多是香烟缭绕。她在《满庭芳》词云"篆香烧尽，日影下帘

---

① （清）黄图珌著，袁啸波校注：《看山阁闲笔》，上海：上海古籍出版社 2013 年版，第 22 页。

钓"；在《鹧鸪天》词云"梦断偏宜瑞脑香"；在《孤雁儿》词云"沉香断续玉炉寒，伴我情怀如水"。其他如："天气骤生轻暖，衬沉香帷箔""一帘疏雨，消尽水沉香"，这些都颇为脍炙人口。信手拈来更有："睡起三竿红日过，冷了沉香残火""堂前锦褥红地炉，绿沉香樾倾屠苏""解识春风无限恨，沉香亭北倚栏杆""千古事，云飞烟灭。贺老定场无消息，想沉香亭北繁华歇，弹到此，呜咽"。由此看出，中国自古就有焚香的文化。

在中国，焚香最初的目的是驱逐蚊虫，去除生活环境的浊气，后来，随着佛教的传入，焚香成了道教、佛教的一个仪式。丝绸之路的开通使中国得以引进许多香料植物，因而延伸出各种用香方法与合香观念，并与中国用药理论相互结合，产生博大精深的制香配方，甚至依照季节、时令、场合、用途而调配各类香品。文震亨在《长物志》中提到了许多名贵沉香，诸如"伽南""角香""唵叭香""安息香""苍术"等。伽南香为沉香中的极品，多产于南洋，我国海南岛亦有产出，其主要用途是制成扇坠、念珠佩戴在身上。"此香不可焚，焚之微有膻气，大者有重十五六斤，以雕盘承之，满室皆香，真为奇物。小者以制扇坠、数珠，夏月佩之，可以辟秽。"① 角香即牙香，是古代高等香品之一。角香以黄熟香、馢香为主要原料，切片后进行炮制，再根据功效需求以多种香药浸泡、蒸炒窖藏而成。所以文震亨提到没有烘焙的是生香。角香是唐代以后专供隔火熏香的主要香品之一。而焚香也很有讲究，方法得当，才能焚出好的味道，且无烟火气。"俗名'牙香'，以面有黑烂色，黄纹直透者为'黄熟'，纯白不烘焙者为'生香'，此皆常用之物，当觅佳者。但既不用隔火，亦须轻置炉中，庶香气微出，不作烟火气。"② 唵叭香虽香味浓郁，却不宜单独使用，它必须与别的香料混合使用，故许多香方当中有唵叭香成分。"香腻甚，着衣袂，可经日不散，然不宜独用，当同沉水共焚之。"③

为了使"五感"互通，希冀嗅觉与视觉在心灵意境上升华，晚明士绅阶层在"香器"的创作上煞费苦心，他们不仅创制沉香，而且有一套燃香的"香器"，诸如"香炉""香盒""匙箸""箸瓶""香筒"等。在这些"香器"的兴趣取舍上，晚明士绅们有厌俗倾向。"尤忌者，云间、潘铜、胡铜所铸八吉祥、倭景、百钉诸俗式，及新制建窑、五色花窑等炉。又古青绿博山亦可间用。……乌木者最上，紫檀、花梨俱可，忌菱花、葵花诸俗式。炉顶以宋玉帽顶及角端、

① （明）文震亨著，李瑞豪译注：《长物志》，北京：中华书局2021年版，第392页。
② （明）文震亨著，李瑞豪译注：《长物志》，北京：中华书局2021年版，第396页。
③ （明）文震亨著，李瑞豪译注：《长物志》，北京：中华书局2021年版，第396页。

海兽诸样，随炉大小配之。玛瑙、水晶之属，旧者亦可用。"① 在文震亨看来，云间、潘氏、胡氏所铸造的吉祥八宝、日本风景的香炉都很庸俗，"博山炉"造型奇特，有仙境雾绕之感，可以使用。可能更为重要的是，"博山沉水香"作为一种优美的意境沉淀在中国文人的记忆中，宋代杨万里《和罗巨济山居十咏》曰："共听茅屋雨，添炷博山云。"室外雨声潺潺，室内香雾缭绕，人生安闲而惬意。后世纳兰性德在《遏方怨》词写道："欹角枕，掩红窗。梦到江南，伊家博山沉水香。"在缥缈的梦境里，见到思念的人，背景是博山炉上缭绕的轻烟，轻烟如缕不绝，正像斩不断的情思，这也是中国古代相思词中多有"博山"字眼的原因。又如对"香筒"的审美上也反对"脂粉气"或雕刻故事人物，要求古朴简约："旧者有李文甫所制，中雕花鸟竹石，略以古简为贵。若太涉脂粉，或雕镂故事人物，便称俗品，亦不必置怀袖间。"② 香盒、隔火、箸瓶皆为香炉的附属品，是焚香时使用到的器具。即便如此不起眼的物件，文震亨也极为讲究：哪种香盒珍贵，哪种不入品级？"有果园厂，大小二种，底、盖各置一厂，花色不等，故以一合为贵。有内府填漆合，俱可用。小者有定窑、饶窑蔗段、串铃二式，余不入品。尤忌描金及书金字，徽人剔漆并磁合，即宣成、嘉隆等窑，俱不可用。"③ 隔火用何种材料既有意趣又实用？"炉中不可断火，即不焚香，使其长温，方有意趣。且灰燥易燃，谓之活灰。隔火砂片第一，定片次之，玉片又次之，金银不可用。以火浣布如钱大者，银镶四围，供用尤妙。"④ 箸瓶用何种材料做成较为高雅？"官、哥、定窑者虽佳，不宜日用，吴中近制短颈细孔者，插箸下重不仆，铜者不入品。"⑤ 由此看出，文震亨在追求这些"香器"的趣味与高雅的同时，并没有忘记其最主要的实用功能。

从现代科学的角度看，焚香产生的烟雾是固体颗粒，吸入鼻腔，似乎有害健康，但因香料中含有医药成分，其传入大脑的嗅觉体，即可逐层改变人们的精神状态（意识）及生理状态（机能），除外亦可促进自主神经与内分泌调节，让人神清气爽，并可治疗一些慢性疾病。18世纪越南海上懒翁先生曾描述沉香乃受阳气而生，吸取风雨日月之精华，故其气味辣而无毒，补肾顺气，滋阴壮阳，治痢疾佳，治腹泻亦可，可除任何邪毒秽气、肿毒、心腹疼痛、头昏脑胀，调和五

① （明）文震亨著，李瑞豪译注：《长物志》，北京：中华书局2021年版，第251页。
② （明）文震亨著，李瑞豪译注：《长物志》，北京：中华书局2021年版，第258－259页。
③ （明）文震亨著，李瑞豪译注：《长物志》，北京：中华书局2021年版，第253页。
④ （明）文震亨著，李瑞豪译注：《长物志》，北京：中华书局2021年版，第254页。
⑤ （明）文震亨著，李瑞豪译注：《长物志》，北京：中华书局2021年版，第256页。

脏、壮元阳、破赤斑、散郁结，可调和一切寒脾胃，其性温和，可暖命门，亦可治经脉移位、寒气麻痹、关节伸缩不自如、风湿等症。文震亨在《长物志》中写道："醉筵醒客，夜语蓬窗，长啸空楼，冰弦戛止，可以佐欢解渴。"① 意即沉香具有醒酒解渴的功能。近年来，医生们承袭先贤的宝贵经验，发挥沉香之效用，创制许多新处方，并研究出沉香油脂的有效成分。

沉香的第二个功能是让人神清气爽。《本草通玄》记载沉香："温而不燥，行而不泄，扶脾而运行不倦，达肾而导火归元，有降气之功，无破气之害，洵为良品。"1978 年出版的《越南草药学》亦载：沉香所含精油成分，具有镇静效果。《中国高等植物图鉴》亦注：沉香香气用以镇静、调理心境，心平气和精神爽。文震亨在《长物志》中提到"安息香"具有开窍、辟秽、定神等作用。"都中有数种，总名'安息'。'月麟''聚仙''沉速'为上。沉速有双料者，极佳。内府别有龙挂香，倒挂焚之，其架甚可玩，若兰香、万春、百花等，皆不堪用。"② 又如"苍术"，香品燥烈，梅雨季节于屋内焚烧，可以除湿、去霉，具有杀菌的功效。"岁时及梅雨郁蒸，当间一焚之。出句容茅山，细梗更佳，真者亦艰得。"③ 据说，天一阁藏书楼每一本书都夹有芸草，因为芸香特殊的香味能杀死蠹虫，故而中国古代的校书郎被称为"芸香吏"，文人书斋也常被称为"芸窗""芸署"。

第二节　茶性淡雅与放闲修德

明代中后期，由于社会矛盾加剧，士子科举之路壅塞，社会隐逸之风盛行。"不意数十年来出游无籍辈。以诗卷遍贽达官。亦谓之山人。始于嘉靖之初年，盛于今上之近岁。……近来山人遍天下。"④ 沈德府将隐居山林的读书人称为"山人"，不管这些读书人出于何种目的，隐居山林或成为他们的"终南"捷径，或成为一种休闲的生存方式。处此境遇中，文人或与世无争，或恬退放闲，而茶则成为他们的性灵寄托。茶能让他们娱情适志，摆脱世俗的烦恼。明代蔡羽《事

① （明）文震亨著，李瑞豪译注：《长物志》，北京：中华书局 2021 年版，第 391 页。
② （明）文震亨著，李瑞豪译注：《长物志》，北京：中华书局 2021 年版，第 399 页。
③ （明）文震亨著，李瑞豪译注：《长物志》，北京：中华书局 2021 年版，第 400 页。
④ （明）沈德符撰，杨万里校点：《万历野获编》卷二三《山人》，上海：上海古籍出版社 2004 年版，第 2512 – 2515 页。

茗说》讲述了一个茶能让人忘却烦恼的故事:"南濠陈朝爵氏,性嗜茗,日以为事。居必洁厥室,水必极厥品,器必致厥磨琢;非其人不得预其茗。以其茗事其人,虽有千金之债,缓急之征,必坐而忘去。客之与厥事、获厥趣者,虽有千金之邀,兼程之约,亦必坐而忘去。故朝爵竟以'事茗'著于吴。"① 明代著名画家沈周以茶为题材,创作了一批茶画如《竹居图》,并题诗为:"小桥溪路有新泥,半日无人到水西。残酒欲醒茶未熟,一帘春雨竹鸡啼。"该作品描绘了一幅士人闲居乡村,以酒、茶为乐的优美画面。其另一幅茶画《桐荫濯足图》,则画一山涧,一高人逸士坐弄流泉,左边一名童子走来,盘内盛有茶具,准备将烹好的茶水递给主人,体现了一种怡然自得、志在林泉、超尘脱俗的隐逸生活。②

茶之所以能成为隐逸的象征,在于茶性的清纯、淡雅、质朴与人性的静、清、虚、淡的人品相关。屠隆《考槃馀事》曰:"茶之为饮,最宜精行修德之人……使佳茗而饮非其人,犹汲泉以灌蒿莱,罪莫大焉。"也就是说,饮茶是德性高尚的表现。屠隆还在《茶说》中严厉批评了一些饮茶损害道德的行为:"李德裕奢侈过求,在中书时,不饮京城水,悉用惠山泉,时谓之水递。清致可嘉,有损盛德。……尝考《蛮瓯志》云:陆羽采越江茶,使小奴子看焙,奴失睡,茶燋烁不可食,羽怒,以铁索缚奴而投火中。残忍若此,其余不足观也已矣。"李德裕过于奢侈,为饮惠山泉千里传运,有损盛德。

在中国,茶与德性相关,从茶器亦可看出,比如茶盏,其制作要求中正,执盏要求执中,象征执着于中庸之道。茶性味微苦,良茶苦口利于病,也有利于完善饮茶者的道德。陶瓷茶盏纯白洁净,即使受污也易清除,象征着高洁坚贞。又如竹制茶炉被称为"苦节君",意为饱受烈焰烤炙之苦而能承受,象征品格的坚贞与纯洁。

现代医学研究证明,茶叶含有茶多酚、生物碱、茶多糖、维生素类、氨基酸、茶色素、食物纤维素等多种药用成分,具有降血糖、降血压、抗血栓、降血脂、抗动脉粥样硬化、抑菌、提高免疫力、抗肿瘤及抗艾滋病毒等药理作用。茶叶可以通过调节炎症性免疫、代谢性免疫、肠道免疫、癌症免疫以及抑制病原微生物感染,减低人体发生免疫介导性疾病的风险。③ 我国古代医学很早就发现其

---

① (宋)蔡襄撰:《茶录》,北京:中华书局1985年版,第321页。
② 王小红:《坐弄流泉烹溪月 篝火调汤煮云林:"明四家"所绘茶文化图举要》,《书画世界》2006年第1期。
③ 李海琳等:《茶叶的药用成分、药理作用及开发应用研究进展》,《安徽农业科学》2014年第31期。

药用价值，《神农本草经》记载，久服茶叶能"安心益气，轻身耐老"；晋代张华《博物志》称："饮真茶，令人少睡。"唐代陈藏器《本草拾遗》中说："诸药为各病之药，茶为万药之药"；明代顾元庆《茶谱》中记载："饮真茶能止渴、消食、除痰、少睡、利尿道、明目、益思、除烦、去腻，人固不可一日无茶。"屠隆《茶笺》曰："谷雨日晴明采者，能治痰嗽、疗百疾。"屠隆认为谷雨日所采之茶有治咳疗百疾的功效。佛教认为，茶有三德：一为提神，有益静思；二是帮助消化，化解积食；三是使人不思淫欲。道教同样认为"茶乃养生之仙药"，称茶为"草木之仙骨"。

第三节　茶法自然与和谐中庸

"和谐"是儒家的理想追求，这种思想在唐宋茶书中就有所体现。如陆羽《茶经》谈到的烹茶风炉三足，每一足上有七字，分别为"坎上巽下离于中""体均五行去百疾""圣唐灭胡明年铸"。[①]"坎上巽下离于中"表示的是水在上，风从下来，火在中，通过水、风、火三者的和谐运行烹出好茶。"体均五行去百疾"，意思是茶水能使人体五行（对应五脏）和谐，去除百病。又如宋徽宗《大观茶论》曰："至若茶之为物，擅瓯闽之秀气，钟山川之灵禀，祛襟涤滞，致清导和。"宋徽宗认为茶摄取山川之灵气，可以致"清"，可以导"和"。明代徐献忠《水品》曰："古称醴泉，非常出者，一时和气所发，与甘露、芝草同为瑞应。……醴泉食之令人寿考，和气畅达，宜有所然。"[②]徐献忠认为醴泉是和谐之气畅达所致，饮用可使人长寿。屠隆《茶说》之"择

图 10-1　（宋）刘松年《撵茶图》

①（唐）陆羽：《茶经》卷中《四之器》，《丛书集成新编》第 47 册，台北：新文丰出版公司 1985 年版，第 456 页。

②（明）徐献忠：《水品》，济南：齐鲁书社 1997 年版，第 275 页。

薪"条说:"而汤最恶烟,非炭不可。……或柴中之麸火,焚余之虚炭,风干之竹筱树梢,燃鼎附瓶,颇甚快意,然体性浮薄,无中和之气,亦非汤友。"古画中,宋代刘松年的《撵茶图》(图10-1)、丁云鹏《煮茶图》(图10-2)都是文人品茶爱茶的展现。

"中庸"是儒家的核心理论。《中庸》曰:"喜怒哀乐之未发,谓之中;发而皆中节,谓之和。中也者,天下之大本也;和也者,天下之达道也。致中和,天地位焉,万物育焉。"① 中庸是一种不偏不倚、恰到好处的状态。唐宋茶书中已有大量体现中庸的观念。例如《茶经》之《三之造》曰:"茶之笋者……凌露采焉。"② 之所以采

图10-2　(明)丁云鹏《煮茶图》

茶要在有露水的早晨采,是因为这时气温不高不低,光线不明不暗,恰到好处。《茶经》之《四之器》曰:"以生铁为之……长其脐,以守中也。脐长,则沸中;沸中,则末易扬;末易扬,则其味淳也。"③ 在陆羽看来,煮茶的最佳状态是水在壶中沸腾,这时壶水受热均匀,投放壶中的茶末容易均衡地翻滚上来,茶味才会淳美起来,诸如此类的煮茶经验在明代茶书中很常见。如屠隆《茶说》之《候汤》条曰:"凡茶……若薪火方交,水釜才炽,急取旋倾,水气未消,谓之嫩。若人过百息,水逾十沸,始取用之,汤已失性,谓之老。老与嫩,皆非也。"屠隆的煮茶观念与陆羽相似,即坚持守中的原则,茶水的沸腾时间不能太长也不能过短,过短水气未消,过长则水已失性。文震亨也表达了类似观点:"采茶不

① (宋)朱熹:《四书章句集注·中庸章句》,(清)郑方坤撰:《景印文渊阁四库全书》第197册,台北:台湾商务印书馆1986年版,第398页。

② (唐)陆羽:《茶经》卷上《三之造》,《丛书集成新编》第47册,台北:新文丰出版公司1985年版,第157页。

③ (唐)陆羽:《茶经》卷中《四之器》,《丛书集成新编》第47册,台北:新文丰出版公司1985年版,第586页。

必太细，细则芽初萌而味欠足；不必太青，青则茶已老而味欠嫩。惟成梗蒂，叶绿色而团厚者为上。"① 他认为采茶不能太细也不能太青，太细则味道不足，太青则味道过于浓烈，采茶的节气以谷雨前后最为适中，因为这时气温和光线都处于最适中的状态。

　　与儒家互补的道家也强调人与自然的统一，并使自然主义与人文主义在茶道中高度统一起来。道家认为，茶的品格蕴含着道家淡泊、宁静、返璞归真的思想。道家主张虚静，而茶是清灵之物，焚香茗茶是静心的最好手段，故而道家修行时的必需之物则是茶。众所周知，道家把"静"看成是人与生俱来的本质特征，所谓"致虚极，守静笃，万物并作，吾以观其复。夫物芸芸，各复归其根。归根曰静，静曰复命"②。在道家看来，静虚则明，明则通，人无欲，则心虚自明，因此，道家讲究去杂念而得内在之精微，所谓"水静犹明，而况精神！圣人之心静乎！天地之鉴也，万物之镜也"③，意思是说，当人处于虚静极致时，可以观察到世间万物成长之后复归其根底。"茶人需要的正是这种虚静醇和的境界，因为艺术的鉴赏不能杂以利欲之念，一切都要极其自然而真挚。因而必须先行'入静'，洁净身心，纯而不杂，如此才能与天地万物合一，品出茶的滋味，品出茶的精神，达到形神相融。"④

　　明代茶书中有许多"茶法自然"的思想。这里的自然有两种含义：其一是茶的自然本性之味；其二是饮茶的最高境界是处于优美的自然环境中。明代朱权《茶谱》之序言曰："盖（陆）羽多尚奇古，制之为末，以膏为饼。至仁宗时，而立龙团、凤团、月团之名，杂以诸香，饰以金彩，不无夺其真味。然天地生物，各遂其性，莫若叶茶，烹而啜之，以遂其自然之性也。"朱权认为，北宋时期的团茶掺杂别的香味，夺去了团茶本身的清香，茶叶生于自然天地中，煮茶应该遂其自然本性，以保持茶的真味。朱权《茶谱》之"择果"条曰："茶有真香，有佳味，有正色。烹点之际，不宜以珍果、香草杂之。"保持茶的真香、真味才能体味茶的自然本性。

　　明代文人饮茶，对饮茶的环境极为讲究，他们一般选择在自然风景雅静的地方品茗，这在明代的诗文中多有体现。曹松品茶"靠月坐苍山"；郑板桥品茶

---

① （明）文震亨著，李瑞豪译注：《长物志》，北京：中华书局 2021 年版，第 404 页。
② （春秋）老子：《道德经·十六章》，见陈鼓应：《老子注译及评介》，北京：中华书局 2015 年版。
③ （战国）庄子：《庄子·天道》，见陈鼓应注译：《庄子今注今译》，北京：中华书局 1983 年版，第 337 页。
④ 赖功欧：《茶哲睿智：中国茶文化与儒释道》，北京：光明日报出版社 1999 年版，第 20 页。

"一片青山入座";陆龟蒙品茶"绮席风开照露晴"。陆容《送茶僧》咏曰:"江南风致说僧家,石上清泉竹里茶。"① 在明代文人饮茶作品里,见得最多的意象是石、松、竹、烟、泉、云、月、风等自然风物,这些风物居于人迹罕至的高山峡谷,超越世俗。明代文人的饮茶作品偶尔提到采茶的农民,但农民只是文人笔下的风景,其采茶的艰辛很少被谈及。明代徐渭在《徐文长集》中指出:品茶适宜在精舍、云林、寒宵兀坐、松月下、花鸟间、清流白云、绿藓苍苔、素手汲泉、红妆扫雪、船头吹火、竹里飘烟等环境下进行。这些都充分体现了茶人对饮茶环境的追求,将人与自然融为一体,通过饮茶去感悟茶道、天道、人道。

第四节　茶类多元与茶入药品

明代是中国茶业变革的重要时代,茶叶的加工技术不断发展,茶叶品类日益繁多。有明一代,先是流行蒸青散茶,后来盛行炒青和烘青散茶。明代名茶主要有虎丘茶、天池茶、罗岕茶、松萝茶、六安茶、龙井茶、武夷茶、天目茶、阳羡茶、雁荡茶等。文震亨在《长物志》中说:"虎丘,最号精绝,为天下冠,惜不多产,又为官司所据。寂寞山家,得一壶两壶,便为奇品。"② 虎丘茶产于苏州虎丘山,是以地方命名的茶。据《虎丘志》记载:"虎丘茶色如玉,味如兰,宋人呼为白云茶,号称珍品。"所以寻常百姓很难尝到,山里人能得一两壶,则将它奉为"奇品"。文震亨对龙井茶的评价:"山中早寒,冬来多雪,故茶之萌芽较晚,采焙得法,亦可与天池并。"③ 龙井茶始产于宋代,但到明代才被众人所知,万历年间《钱塘县志》记载:"茶出龙井者,作豆花香,名龙井茶,色青味甘。"到清代顺治年间,龙井茶被列为贡品,乾隆六次下江南,四次来到龙井茶区观看茶叶采制,品茶赋诗,龙井茶才闻名天下。所以文震亨时代,龙井虽声名已盛,却不在最上等之列。故而只有"采焙得法",方可与天池茶相提并论。黄龙德在《茶说》中亦对明茶做出相似的评论:"若吴中虎丘者上,罗岕者次之,而天池、龙井、伏龙则又次之。新安松萝者上,朗源沧溪次之,而黄山磻溪又次之。彼武夷、云雾、雁荡、灵山诸茗,悉为今时之佳品。至金陵摄山所产,其品甚佳,仅仅数株,然不能多得。……又有六安之品,尽为僧房道院所珍赏,而文

① 周耀明:《汉族风俗史(明代·清代前期汉族风俗)》,上海:学林出版社 2004 年版,第 87 页。
② (明)文震亨著,李瑞豪译注:《长物志》,北京:中华书局 2021 年版,第 403 页。
③ (明)文震亨著,李瑞豪译注:《长物志》,北京:中华书局 2021 年版,第 407 页。

人墨士则绝口不谈矣。"①

　　谢肇淛的《五杂组》对明代的名茶作了较为全面的评价："今茶品之上者，松萝也，虎丘也，罗岕也，龙井也，阳羡也，天池也。而吾闽武夷、清源、彭山三种，可与角胜。六安、雁宕（荡）、蒙山三种，祛滞有功而色香不称，当是药笼中物，非文房佳品也。……闽，方山、太姥、支提，俱产佳茗，而制造不如法，故名不出里闬。"② 在谢肇淛看来，明代最好的茶叶是松萝、虎丘、罗岕、龙井、阳羡与天池，福建的武夷、清源、鼓山可与松萝等茶叶相媲美，六合、雁荡和蒙山等茶叶的色香略差，而方山、太姥及支提等地虽产名茶，但制造茶叶的方法稍逊。文震亨在《长物志》中这样评价松萝："十数亩外，皆非真松萝茶，山中亦仅有一二家炒法甚精，近有山僧手焙者，更妙。真者在洞山之下、天池之上，新安人最重之。南都曲中亦尚此，以易于烹煮，且香烈故耳。"③松萝茶产于安徽休宁城北的松萝山，其产量并不高，在文震亨看来，松萝茶的味道"在洞山之下、天池之上"，其味道浓郁，且易于烹煮。有意思的是，同是文人的袁宏道在《龙井》一文中却说："近日徽有送松萝茶者，味在龙井之上，天池之下。"同一种松萝茶，在不同文人的品评中是不一样的。

　　文震亨评价过的茶叶还有岕茶与六安茶。"岕，浙之长兴者佳，价亦甚高，今所最重；荆溪稍下。采茶不必太细，细则芽初萌而味欠足；不必太青，青则茶已老而味欠嫩。惟成梗蒂，叶绿色而团厚者为上。不宜以日晒，炭火焙过，扇冷，以箬叶衬罂贮高处，盖茶最喜温燥，而忌冷湿也。"④ 岕茶产于浙江长兴县境内的罗岕山，为茶中上品。文震亨对岕茶的采摘、烘焙、存放做了详细的叙述，可见他对岕茶的熟悉。明代袁宏道《龙井》一文曰："茶叶粗大，真者每斤至二千余钱。"清余怀《板桥杂记·轶事》载："厚予之金，使往山中贩岕茶，得息颇厚。"由此看出岕茶价格之昂贵。至于六安茶，文震亨在《长物志》中这样评价："宜入药品，但不善炒，不能发香而味苦，茶之本性实佳。"⑤ 意思是说，六安茶能发挥药物疗效，具有药物养生的功能。故而，明代徐光启在其《农政全书》里也曾记载"六安州之片茶，为茶之极品"，明代李东阳在《咏永安茶》中用"七碗清风自里边""陆羽旧经遗上品"等诗句来赞美六安茶。

---

　　① （明）黄龙德：《茶说》，北京：全国图书馆文献缩微复制中心 2003 年版。

　　② （明）谢肇淛撰，傅成校点：《五杂组》卷十一《物部三》，上海：上海古籍出版社 2005 年版，第 1715－1716 页。

　　③ （明）文震亨著，李瑞豪译注：《长物志》，北京：中华书局 2021 年版，第 406 页。

　　④ （明）文震亨著，李瑞豪译注：《长物志》，北京：中华书局 2021 年版，第 404 页。

　　⑤ （明）文震亨著，李瑞豪译注：《长物志》，北京：中华书局 2021 年版，第 405 页。

第五节 炉壶茶盏与茶味真纯

明代是中国茶业变革的重要时代，明之前是团茶，"然其时法用熟碾为'丸'为'挺'，故所称有'龙凤团''小龙团''密云龙''瑞云翔龙'。至宣和间，始以茶色白者为贵。漕臣郑可闻始创为'银丝冰芽'，以茶剔叶取心，清泉渍之，去龙脑诸香，惟新胯小龙蜿蜒其上，称'龙团胜雪'"①。随着茶叶加工技术的发展和新茶类的创立，散茶兴盛起来。散茶的饮用方式不再将茶叶碾成茶末，而是直接将茶芽放入盏中用沸水冲泡，这种饮茶方式较为方便快捷。但明代士绅们的参与使饮茶之道又雅致精纯起来，"而我朝所尚又不同，其烹试之法，亦与前人异，然简便异常，天趣悉备，可谓尽茶之真味矣。至于'洗茶''候汤''择器'皆各有法"②。据许次纾《茶疏》载，中国古代士绅阶层有一套成熟的泡茶程序：备器、择水、取火、候汤、泡茶、酌茶与品茶。其中备器主要是准备茶炉、茶壶、茶盏等。

炉是用来生火煮水的器具。唐代流行煎茶法，宋代盛行点茶法，茶炉不是很重要，至明代，上至宫廷下到民间主要饮用散茶，茶炉重新回到了茶人的视野。明代谢应芳《寄题无锡钱仲毅煮茗轩》曰："午梦觉来汤欲沸，松风初响竹炉边。"明代周履靖《茶德颂》曰："竹炉列牖，兽炭陈庐。"所述皆为用竹炉烧水烹茶的情景。文震亨的《长物志》提到了铜茶炉："有姜铸铜饕餮兽面火炉及纯素者，有铜铸如鼎彝者，皆可用。"③ 在文氏看来，煮水的壶，铅制的最好，锡制的次之，铜制的也可使用。明代中后期，以宜兴紫砂壶为代表的茶壶兴起，炉的地位又被边缘化了，因为紫砂壶具有良好的透气性能和吸水性能，最能保持和发挥茶的色、香、味，但炉在茶具系列中仍有装饰的功能。"茶炉"条曰："茶炉用铜铸，如古鼎形，四周饰以兽面饕餮纹。置茶寮中乃不俗。"④ 由此看出，铜铸茶炉放在茶寮（饮茶的小室）中有装饰作用。

明代的茶壶最负盛名的是宜兴紫砂壶，"壶以砂者为上，盖既不夺香，又无

---

① （明）文震亨著，李瑞豪译注：《长物志》，北京：中华书局 2021 年版，第 401–402 页。
② （明）文震亨著，李瑞豪译注：《长物志》，北京：中华书局 2021 年版，第 402 页。
③ （明）文震亨著，李瑞豪译注：《长物志》，北京：中华书局 2021 年版，第 410–411 页。
④ （明）张丑：《茶经》，北京：全国图书馆文献缩微复制中心 2003 年版。

熟汤气"①。文震亨看不上大部分锡壶、金银壶，至于"提梁""卧瓜""双桃"等，他认为很俗气，他提到明代最著名的两个茶壶品牌：供春和时大彬。"供春最贵，第形不雅，亦无差小者。时大彬所制又太小。若得受水半升，而形制古洁者，取以注茶，更为适用。其'提梁''卧瓜''双桃''扇面''八棱细花''夹锡茶替''青花白地'诸俗式者，俱不可用。锡壶有赵良璧者亦佳，然宜冬月间用。近时吴中'归锡'、嘉禾'黄锡'，价皆最高，然制小而俗，金银俱不入品。"② 张丑在《茶经》中表达了类似的观点，他认为，茶壶不宜过大，不然香味易逸散，茶壶的材质以瓷为上，金、银其次，铜、锡不宜用。"茶壶"条曰："茶性狭，壶过大则香不聚，容一两升足矣。官、哥、宣、定为上，黄金白银次；铜锡者斗试家自不用。"这里的"官、哥、宣、定"指的是官窑、哥窑、宣窑与定窑，这几家瓷窑生产的瓷器最优。在张丑看来，煮水器用瓷器最好，金、银次之，铜、锡会生锈不宜用。"汤瓶"条曰："瓶要小者，易候汤，又点茶注汤有准。瓷器为上，好事家以金银为之。铜锡生铊不入用。"③ 文震亨说："汤瓶铅者为上，锡者次之，铜者不可用。形如竹筒者，既不漏火，又易点注。瓷瓶虽不夺汤气，然不适用，亦不雅观。"④

茶盏是饮茶的用具，一般比饭碗小，比酒杯大，其基本器型有两种：直口沿与喇叭口沿。文震亨在《长物志》中说："宣庙有尖足茶盏，料精式雅，质厚难冷，洁白如玉，可试茶色，盏中第一。世庙有坛盏，中有茶汤果酒，后有'金箓大醮坛用'等字者，亦佳。"⑤ 到明代后期，随着紫砂壶的兴起，人们对茶盏的关注稍有下降，但以景德镇瓷为代表的白瓷茶盏还是备受追捧。因为人们通过白瓷茶盏可以观察到茶汤和茶芽在水中的舒展变化，获得美的享受。

第六节　烹茶煮水与士绅品位

明代的饮茶方式与唐宋相比发生了很大变化，流行泡茶法，主要程序有用火、煮水、洗茶和泡茶。用火之前先涤器，"茶瓶、茶盏不洁，皆损茶味，须先

---

① （明）文震亨著，李瑞豪译注：《长物志》，北京：中华书局2021年版，第412页。
② （明）文震亨著，李瑞豪译注：《长物志》，北京：中华书局2021年版，第412页。
③ （明）张丑：《茶经》，北京：全国图书馆文献缩微复制中心2003年版。
④ （明）文震亨著，李瑞豪译注：《长物志》，北京：中华书局2021年版，第411页。
⑤ （明）文震亨著，李瑞豪译注：《长物志》，北京：中华书局2021年版，第413页。

时洗涤，净布拭之，以备用"①。文震亨认为，涤器是为了保证茶水的洁净。《汉书·司马相如传》："相如身自著犊鼻裈，与庸保杂作，涤器于市中。"司马相如买酒的时候，也要先把器物洗涤干净。涤器虽然不是饮茶的最重要步骤，但正是这小小的细节彰显了品位的精致。

明人在泡茶用火方面有独到的见解，他们十分注意火候，认为火不可太弱也不可太猛。明人张源在《茶录》中说："烹茶旨要，火候为先。炉火通红，茶瓢始上。扇起要轻疾，待有声，稍稍重疾，斯文武之候也。过于文，则水性柔，柔则水为茶降；过于武，则火性烈，烈则茶为水制。皆不足于中和，非茶家要旨也。"为了防止烟雾刺激耳鼻，许次纾认为，燃料要用坚硬的树木烧成的木炭。"火必以坚木炭为上，然木性未尽，尚有余烟，烟气入汤，汤必无用。故先烧令红，去其烟焰，兼取性力猛炽，水乃易沸。"② 文震亨在《长物志》表达过类似观点：煮水要避开烟雾，非炭不可，他对炭火的称呼也很有趣，浓烟蔽室的炭火是茶魔，不带烟雾的是汤友。"汤最恶烟，非炭不可，落叶、竹筱、树梢、松子之类，虽为雅谈，实不可用；又如'暴炭''膏薪'，浓烟蔽室，更为茶魔。炭以长兴茶山出者，名'金炭'，大小最适用，以麸火引之，可称汤友。"③

候汤也叫"煮水"，它是泡茶的关键，不同品质的茶叶对水温有不同的要求。"汤者，茶之司命，故候汤最难。未熟，则茶浮于上，谓之婴儿汤，而香则不能出。过熟，则茶沉于下，谓之百寿汤，而味则多滞。善候汤者，必活火急扇，水面若乳珠，其声若松涛，此正汤候也。余友吴润卿，隐居秦淮，适情茶政，品泉有又新之奇，候汤得鸿渐之妙，可谓当今之绝技者也。"④ 那么水煮到什么程度是茶水味道的关键呢？唐陆羽《茶经》"五之煮"云："其沸，如鱼目，微有声为一沸，缘边如涌泉连珠为二沸，腾波鼓浪为三沸，已上水老不可食也。"显然，文震亨的写法借鉴了陆羽的《茶经》，他认为，煮水（候汤）不老不嫩为最佳，这实际上是"中庸"思想的体现。"缓火炙，活火煎。活火，谓炭火之有焰者，始如鱼目为'一沸'，缘边泉涌为'二沸'，奔涛溅沫为'三沸'。若薪火方交，水釜才炽，急取旋倾，水气未消，谓之'嫩'；若水逾十沸，汤已失性，谓之'老'，皆不能发茶香。"⑤

---

① （明）文震亨著，李瑞豪译注：《长物志》，北京：中华书局2021年版，第409页。
② （明）许次纾：《茶疏》，济南：齐鲁书社1997年版。
③ （明）文震亨著，李瑞豪译注：《长物志》，北京：中华书局2021年版，第414－415页。
④ （明）黄龙德：《茶说》，北京：全国图书馆文献缩微复制中心2003年版。
⑤ （明）文震亨著，李瑞豪译注：《长物志》，北京：中华书局2021年版，第408－409页。

　　煮水之后，就是洗茶了，洗茶是为了去除茶叶表面的杂质，防止异味。据学者考证，"洗茶"一词在北宋原属于茶叶采制过程用语，后来引申为饮茶的首要程序。众所周知，鲜嫩的茶叶从树上采摘下来须经历烘干、制作、包装等过程，有多套工序，鲜叶从茶树上采摘下来以后经过初制、精制多道工序，难免有尘埃，只有经过沸水冲洗，茶味才会更加鲜美。正如许次纾在《茶疏》中说："芥茶摘自山麓，山多浮沙，随雨辄下，即著于叶中。烹时不洗去沙土，最能败茶。必先盥手令洁，次用半沸水，扇扬稍和，洗之。水不沸，则水气不尽，反能败茶，毋得过劳以损其力。沙土既去，急于手中挤令极干，另以深口瓷合贮之，抖散待用。洗必亲躬，非可摄代。凡汤之冷热，茶之燥湿，缓急之节，顿置之宜，以意消息，他人未必解事。"①周高起在《洞山芥茶系》中重点论述了洗茶的程序。"芥茶德全，策勋惟归洗控。沸汤泼叶即起，洗鬲敛其出液，候汤可下指，即下洗鬲排荡沙沫；复起，并指控干，闭之茶藏候投。"即洗茶时将沸水泼入洗鬲，待茶液浸出，用指控干，放入茶藏待用。文震亨在《长物志》中也讲述了"洗茶"过程："先以滚汤候少温洗茶，去其尘垢，以定碗盛之，俟冷点茶，则香气自发。"②

　　我们通常所说的"泡茶"就是先把开水倒入茶壶，然后将茶叶或茶团投入壶中，加盖封闭，三呼吸后，再把茶水倾入瓷盂中，再从瓷盂重新投入茶壶，再等三呼吸时间，茶就泡好了。正如明代许次纾在《茶疏》中说："先握茶手中，俟汤既入壶，随手投茶汤，以盖覆定。三呼吸时，次满倾盂内，重投壶内，用以动荡香韵，兼色不沉滞。更三呼吸顷，以定其浮薄，然后泻以供客，则乳嫩清滑，馥郁鼻端。"③泡茶时也要讲究一定的方法。"试者先以水半注器中，次投茶入，然后沟注。视其茶汤相合，云脚渐开，乳花沟面。少啜则清香芬美，稍益润滑而味长，不觉甘露顿生于华池。或水火失候，器具不洁，真味因之而损，虽松萝诸佳品，既遭此厄，亦不能独全其天。"④泡好的茶水香、色、味俱全。茶香如兰，茶色以蓝、白为佳，茶味则以甘、润为上。

---

①　（明）许次纾：《茶疏》，济南：齐鲁书社 1997 年版。
②　（明）文震亨著，李瑞豪译注：《长物志》，北京：中华书局 2021 年版，第 410 页。
③　（明）许次纾：《茶疏》，济南：齐鲁书社 1997 年版。
④　（明）黄龙德：《茶说》，北京：全国图书馆文献缩微复制中心 2003 年版。

下编

《长物志》生态审美智慧与当代人的审美生存

现代工业进程不仅造成了自然环境的生态危机，也带来了人类精神与发展的困境。在工业文明与都市化进程中，人的全面发展、社会的有序进步、人与自然的和谐都受到了巨大挑战，这不得不令我们重新审视人类的发展模式。

席勒认为，当代人的生存困境只有审美教育才能够拯救，审美教育以艺术为手段促进人的全面发展，让人成为人。《长物志》作为晚明文人的赏鉴参考之书，蕴含丰富的生态审美智慧，这种智慧对当代人精神生态的修复大有裨益。它所蕴含的生态审美智慧是中国古典美学的精华，是我们当代生态文明建设的宝贵理论资源。本编将论述生态审美智慧对于当代人生存、发展的积极意义与影响。

第十一章 《长物志》与绿色生活

当前消费主义肆虐，"炫富""拜金""攀比"等不良社会风气盛行，物欲的膨胀与过度消费导致人与自然的对立，生存环境恶化，生活方式腐化。当前，世界范围内的环境污染已渗入大气层、海洋、土壤以及日常的生活物品中，有些污染将成为永久性的世界灾难。正如联合国1992年《21世纪议程》报告所言，全球在生态环境方面的恶化情况非常严重：土壤退化影响了约20亿公顷土地，约占农业用地的2/3；许多国家缺乏淡水，北非和西亚地区特别严重；11 000个物种受到灭绝威胁，其中800个已经消失，今后还有5 000个物种会受到威胁。① 与此相应，人类的精神疾病发病率也在攀升。"据统计，我国精神病的发病率在20世纪50年代为2.8‰，80年代上升到10.54‰，90年代为13.47‰，目前全国有严重精神病患者1 600万人，至于有情绪障碍与心理问题的人数还要数倍于此。"② 人类精神领域的道德沦丧、人的类化与物化、人类审美创造力的丧失以及人生虚无主义等正在威胁我们的精神家园，人文精神的失落使越来越多的人失去了生命的存在感与价值感。种种社会问题与精神问题在警醒我们，我们的生活方式、日常消费乃至人类社会的发展模式需要生态美学精神予以重塑。这是生态文明建设的重大命题，也是历史发展的必然选择。

第一节 当代日常消费的生态透视

《长物志》带我们走进了以文震亨为代表的文化圈层的日常生活，透过文震亨对"长物"的描绘，我们被引入了为"物"环绕的文人闲暇生活场景，也领

---

① 欧阳金芳、钱振勤、赵俭主编：《人口·资源与环境》（第二版），南京：东南大学出版社2009年版，第233页。
② 鲁枢元：《生态批评的空间》，上海：华东师范大学出版社2006年版，第22－23页。

略了中国古典生态审美智慧影响下的文人生活景观。文震亨极富总结性地将传统文化中积淀下来的生态审美智慧灌注到日常生活的点点滴滴中，这种诗意化的绿色生活方式带给人全方位的、由内到外的沉浸感。这种生活氛围也是精神氛围、文化氛围、审美氛围，它直达人内心深处。① 人生的诗意化即构建文震亨日常生活氛围的"长物"本身。如果将古人的"长物"放入当下的"日常生活"审美中，当下消费主义与文化怪象将被烛照。

《长物志》展现的生活方式是一种对万物与自然的关怀状态，我们之所以说它是绿色生态的消费模式，正是由于它对"物"的关爱态度与对中国古代"天人合一"生存方式的持守。《长物志》始终试图建立一个有山有水也有自然生灵的和谐生态空间。在现代的城市生活中，人们已经远离了这样的生存状态，生活在工业化的物质世界中。在马克思、恩格斯看来，资本主义的生产方式一味追求物质财富而造成了无以复加的破坏，这种破坏不仅是对环境的破坏，还是对人们精神生态与消费生态的破坏。"异化劳动使人自己的身体，以及在他之外的自然界，他的精神本质，他的人的本质同人相异化。"② 这里的异化包含人的身体、自然界、精神本质和人的本质等。当前，随着市场经济、工业生产模式的发展，不合理与不健康的消费问题日益凸显。以奢侈消费为例，社会出现了竞相购买奢侈品、相互攀比的行为，甚至用超前消费的方式获得奢侈品来满足虚荣心。这种奢靡的消费行为带来的不过是一时的满足与快感，长此以往会造成精神空虚与内耗，只能通过持续不断的物质满足内心的欲望。当人们跳出奢侈消费以后，会发现竞相追逐的不过是资本家设置的一个又一个消费陷阱，当五光十色的消费泡沫散去以后，只会留下空空口袋与疲惫身心。

马克思将现代社会看作一个商品社会，认为人与人的关系物化是为了兑现商品交换的原则。学者居伊·德波则在这个理论上进一步提出了商品景观现象，认为人们已经进入了片段化的虚拟影像世界。人们的日常生活与行为被这些景观所引领，整个社会生活都处于一种五光十色的虚拟中，而在这样的世界中，表象掩盖本质，虚拟取代真实，娱乐绑架思考。在居伊·德波的视域里，景观变成了巨大的影像图景，正在影响着政治、经济、文化乃至人们日常生活的每一个角落。譬如无孔不入的各类广告宣传，就是一种难以逃离的消费诱惑。在虚拟世界的影响下，我们的心灵被掌控，我们投入消费漩涡与影像幻梦中。消费控制了整个生

① 叶朗：《美学原理》，北京：北京大学出版社2009年版，第216页。
② ［德］马克思、恩格斯著，中共中央马克思恩格斯列宁斯大林著作编译局译：《马克思恩格斯全集（第四十二卷）》，北京：人民出版社1979年版，第97页。

活境地，人们从一个消费场所到达另一个消费场所，从一个商业平台跳转到另一个商业平台，生活变成了无止境的消费过程，"生活就是消费，消费就是生活，消费也成了现代人不可渡让的权力"①。这种消费怪象带来的是人们欲望的不断膨胀、无止境的追求与不满足的状态。奢侈、浪费成为一定的社会常态，不少人在物欲的沉迷中丧失对自身与周围事物的思考与判断力。消费主义影响了现代社会生活的绝大部分领域，也荼毒着人们原本质朴、自然的精神世界。消费时代的日常生活呈现出符号化、封闭化、浪费性、求异化的种种特点。这一系列的日常消费问题暴露了当代人日益严重的精神生态危机。

如何建立起绿色生态的消费观、建立绿色的生活模式，《长物志》给了我们很多启示。晚明文人士子的日常消费以简朴、自然为佳，以贴近自然、心灵舒适自由为生活宗旨。凿池为塘，中畜野鸭、大雁、菖蒲、芦苇、垂柳、荷花……一个完整生机的日常生态情景便由此展开……无须奢华繁复，在"会心"与"忘倦"的体验中，感受与自然的审美共振，求得日常生活的惬意。这便是《长物志》展现出的清新自然的生活方式，一种注重实用、适用、减少繁杂造作的生活态度。这在家具、器物等生活用物的评判上尤为突出。前已论述，文震亨强调要发挥材料固有的性能，减少不必要的、过多的修饰，追求"不露斧斤"、天然简朴的状态。"有古断纹者，有元螺钿者，其制自然古雅。"② 他认为这些材料本身的纹理、造型就很好，应保留下来，保持天然。他也批评一些器物用来"以媚俗眼"，"今人见闻不广，又习见时世所尚，遂致雅俗莫辨。更有专事绚丽，目不识古，轩窗几案，毫无韵物，而侈言陈设，未之敢轻许也"③。在文震亨看来，器物的使用功能是首要的，"制具尚用"。再回看我们当下的日常生活，大多数人被物的表象所迷惑，我们无时无刻不被眼花缭乱的"物"象所困扰。

《长物志》中的绿色生活秉承着恬淡质朴的风格。"（窗）用木为粗格，中设细条三眼，眼方二寸，不可过大，窗下填板尺许，佛楼禅室，间用菱花及象眼者。窗忌用六，或二或三或四，随宜用之，室高，上可用横窗一扇，下用低槛承之，俱钉明瓦，或以纸糊，不可用绛素纱及梅花簟。冬月欲承日，制大眼风窗，眼径尺许，中以线经其上，庶纸不为风雪所破，其制亦雅。"④ 良好的实用性让人们回归事物最本质的功用，也获得最质朴的审美感受。这种朴素的设计思维为

① 曹孟勤、徐海红：《生态社会的来临》，南京：南京师范大学出版社 2010 年版，第 148 页。

② （明）文震亨著，李瑞豪编著：《长物志》，北京：中华书局 2012 年版，第 144 页。

③ （明）文震亨著，李瑞豪译注：《长物志》，北京：中华书局 2021 年版，第 249 页。

④ （明）文震亨著，李瑞豪译注：《长物志》，北京：中华书局 2021 年版，第 89 页。

我们当下工艺美术的发展提供了良好的借鉴意义。此外，《长物志》中节制、适度的日常生活态度也十分突出。在饮食习惯上，文震亨提出酒肉是一种负担。"乃层酒累肉，以供口食，真可谓秽我素业。"①铺张浪费、不知节制的饮食乃至生活作风都不符合《长物志》的审美宗旨。在中国古代美学中，儒家奉行"节用爱人"的行为准则，老子提出"三宝"思想，"三宝"之二曰"俭"，说的就是性淡不侈。节制、适度的消费方式不仅减少了浪费，还利于人的身心健康。这种绿色消费观在西方世界也被某些哲学家所提倡。梭罗说："大部分的所谓生活的舒适，非但没有必要，而且对人类进步大有妨碍。所以关于奢侈与舒适，最明智的人生活得甚至比穷人更加简单和朴素。"②在现代都市化进程中，人们也逐渐意识到建立绿色城市和资源节约型社会的重要性与必要性，这是一个好的开端，也是历史发展的必然。

总之，《长物志》为我们构建了自然审美生活范式——绿色宜居，亲近自然，与万物为友，节俭适度，注重事物本性与实际功用。这种模式蕴含着丰富的生态审美智慧，为我们的日常消费行为提供了积极的引导作用，帮助我们践行更加健康、绿色、和谐的行为方式与生活方式。

明确消费主义对日常生活审美化的危害，我们应吸收《长物志》的生态审美智慧，构建绿色和谐的日常生活。首先，《长物志》中的自然观、天地观，能够引领我们回归自然本体属性，构建生活本身。生态审美智慧能帮助我们恢复对生活本质的感知，这是一种全情投入的、真实的在场状态。我们与周遭环境真实相遇，而非陷入娱乐泡影或者消费主义景观世界。这样的感知让我们回归生活，不再面对疏离现实的虚拟世界，而是拥抱当下真实的"在场"生活。其次，《长物志》所倡导的绿色健康生活模式是我们通向美好生活的路标。为实现更美好生活，我们应该提倡简约适度、绿色低碳的生活方式，抵制不合理的消费以及不必要的浪费，倡导绿色出行与俭朴生活。众所周知，随着科技的不断进步，社会的不断发展，人们的生活条件稳步提升，生活方式也发生了巨大变化。节约适度、绿色低碳的生活方式已经成为当代生态文明趋势下的必然选择以及未来发展的必然道路。中国古典美学主张"天人合一"的生存理念，与生态文明建设中构建生态宜居城市的理念，二者都将人与自然的和谐发展作为终极目标，这是对绿色生活模式的探索，也是对生命如何更好生存的探索。最后，《长物志》主张从精

---

① （明）文震亨著，李瑞豪编著：《长物志》，北京：中华书局2012年版，第241页。
② ［美］梭罗著，徐迟译：《瓦尔登湖》，上海：上海译文出版社2004年版，第12页。

神层面对人与社会做出改造，这对我们构建和谐社会也具有一定的启示意义。众所周知，人是生存在一定的空间环境的，而我们所处环境是充满生命力与韵律的。每个空间场域在经历时间的沉淀后都会形成稳定、合理的规律，这是属于这个环境内部的生态规律，是维系内部良好有序运转的潜在秩序，对我们的认知、审美、道德等各方面将产生促进作用，与我们的日常生活有着具体的、全面的、深刻的联系。

《长物志》的生态审美智慧对于引领社会精神、建设互爱互助的社会大环境有着潜移默化的作用。从《长物志》的生态美学智慧中，我们找到了一条有别于现代消费主义生活模式的新路径。生态审美智慧在日常生活场域中构建了绿色、健康的精神氛围与生活方式，在现代消费主义困境中开辟了回归生活本体、构建绿色生活的生态审美之路。

第二节 《长物志》对当代日常生活的形塑

生态审美智慧对于我们的日常生活与生存有着巨大的启迪作用。《日常美学》中讲道："日常最害怕细腻，如果用一种细腻的态度对待生活日常，你总能感觉到一种美的力量。"①《长物志》中林林总总的艺术部类、物品就是对平凡日常的细腻描绘，这些细节营造了广袤、深邃的生态美学空间与生态审美世界，形成了日常生活与生态审美智慧的有机结合。《长物志》对日常生活细节的审美把握生成于文人士大夫的日常生活体验，它与生态审美经验具有连贯性与一致性。那么，《长物志》及其蕴含的生态审美智慧是如何具体塑造人们的精神世界，从而改变人们的日常生活方式，影响人们的精神世界的呢？

生态审美对绿色生活的推动，实际上是在探讨美学与生活、艺术与社会的生态关系问题。艺术当然是社会物质发展的反映，是社会上层建筑的组成部分，它对社会经济的发展、人类日常生活产生积极的影响。因而，生态审美智慧对日常生活能起到形塑作用。这一点可以从《长物志》对明末文化圈层的影响看出。《长物志》的生态审美智慧借助人们日常生活用物展现出来，并介入文人士大夫的日常，体现了明末文化圈层的价值观与审美观。《长物志》构建了人与自然亲密无间的关系，文人士大夫在日常生活居住空间等各方面有意识地拉近与自然的

---

① 海军：《日常美学》，《设计》2012 年第 4 期。

距离，走向真实的山水天地。比如，文震亨自己居住的环境就打造得犹如一处缩小的山水林园，他热衷于在屋室各处营造自然景观：雨渍生苔、盆景林列、修竹岩洞、花木鱼鸟、水石之趣……感受着幽人趣味。文震亨将微缩的景物投放到身边，由小的场景或是事物延伸到整体的日常生活，达到一种与自然相伴相依的生活情景。维特根斯坦说："想象一种语言就意味着想象一种生活形式。"① 文震亨用无数指代自然的景观语言打造着属于他的日常生态审美场域，"长物"反映的不只是自然景观，也包括对日常生活的态度、精神天地、文化氛围等。他主动打破了原本城市空间的封闭式结构，为心灵腾出了一片净土。明代计成曾说在城市里打造山水园林："必向幽偏可筑，邻虽近俗，门掩无哗。……足征市隐，犹胜巢居，能为闹处寻幽，胡舍近方图远；得闲即诣，随兴携游。"② 这反映的是文人士大夫对自然生活的渴望与追寻。

《长物志》打破了视听感官单向度的鉴赏模式，倡导视、听、嗅、触等多感官相结合的审美模式，给人营造了沉浸式的审美空间。这种多感官参与的审美模式实际上汇通当下盛行的环境美学，即一种参与式审美。"所有这些情形（我们与自然界交往过程中发生的那些温和的情形——引者注）给人的审美感受并非无利害的静观，而且身体的全部参与，感官融入自然界之中并获得一种不平凡的整体体验。敏锐的感官意识的参与，并且随着同化的知识的理解而加强，这些情形就会成为黑暗世界里的曙光，成为被习惯和漠然变得迟钝的生命里的亮点。"③ 众所周知，传统的艺术审美以视、听感官为主，比如美术音乐等，是主客二元对立的审美，而参与式审美突破了艺术审美的视域，将审美对象延伸到自然，且在审美方式上是多感官参与的沉浸式审美。这种审美参与的丰富性、灵活性、主动性成功地与人们日常生活融合，成为营造艺术化生活氛围的要素。比如文震亨在《长物志》的居室环境打造出天地林泉、鸟飞鱼跃的自然景观；洪应明在《菜根谭》中描述着闲云为友、风月为家的生活理想；李渔在《闲情偶寄》中构筑日常点滴中的生活美学。人们在沉浸式的审美体验中，感受着灵魂的荡涤，实现生命的欣欣向荣。参与式审美以一种艺术化的态度对待生命与日常，跳出了功利主义，形成了浪漫而闲适的生活态度。正如列菲伏尔倡导的——"艺术家们开始把

---

① ［英］维特根斯坦著，汤潮、范光棣译：《哲学研究》，北京：生活·读书·新知三联书店1992年版，第15页。

② （明）计成著，陈植注释：《园冶注释》卷一《相地·城市地》，北京：中国建筑工业出版社1988年版，第60页。

③ ［美］阿诺德·柏林特著，张敏、周雨译：《环境美学》，长沙：湖南科学技术出版社2006年版，第154页。

审美当成一种生活风格"①。

《长物志》的审美智慧超越世俗的利害得失，专注于"长物"，发掘"长物"的本色之美。尊重不同事物的特性，不将它们作为牟利的手段或可利用的"资源"。跳出世俗的功利审视"长物"之美，恢复生态审美视域就会得出：物各有所长，物各美其美。以超功利的审美视角看待生活，就能跳出纸醉金迷的物欲漩涡，更能够在普通寻常的生活中发现事物的灵韵。当抛弃了世俗的功利标准，以"素朴"之心看待万事万物时，万物的本真之美就会呈现于眼前。久而久之，审美经验与审美机制就会引领审美主体进入一种更为精致高雅的日常生活状态。这种精致化并非繁缛与奢华，而是一种文人式的讲究、雅致文艺的生活态度——审美化的日常生活。而且，生态审美对于日常生活的影响是双向互动的，审美主体在参与式审美中进入艺术化日常生活，艺术化生活有助于构建生态审美视野与态度。有时，对于艺术的审美经验会形成对生活的返现。文艺理论家王尔德说："也许伦敦有了好几世纪的雾。我敢说是有的。但是没有人看见雾，因此我们不知道任何关于雾的事情。雾没有存在，直到艺术发明了雾。"② 艺术与日常生活在相互交织中发展，艺术影响着人们的日常生活。

在物质经济发展到一定程度以前，艺术是属于少数人的消费品，文人雅士、宫廷皇族才能接触艺术品，受其陶冶。随着机械复制时代的到来，艺术走向了大众，走进了千家万户。从达达主义艺术家杜尚的作品《泉》到安迪·沃霍尔的波普艺术，艺术一方面突破了传统的艺术观念，另一方面开始走向生活，走向市场。市场化带来的"审美日常生活化"突出表现在广告传媒、时装电影、美容院、音乐厅等各行业。"审美日常生活化"的进程依靠市场消费推动，依靠人们不断上升的审美需求推动。"欲望—消费—市场—产业化，构建起一个顺理成章的逻辑链条。"③ 毋庸置疑，现代社会审美需求会随着物质条件的改善而提升，审美日常化、生活化成为大势所趋。但因消费引发的快感征服了人对于实际需求的理性判断，当下不再是需求引发消费，而是消费刺激需求。其实，对于日常精神审美的满足不一定以消耗物质资源为代价，层出不穷的商品制造出虚幻的欲望，并未缓解人们真正的精神干涸。而生态审美视野下的审美日常生活化与消费主义推动下的审美日常化形成了鲜明对比，在科技发展、社会转型、生活审美化

① 张贞：《"日常生活"与中国大众文化研究》，武汉：华中师范大学出版社 2008 年版，第 179 页。
② ［英］王尔德著，杨恒译：《谎言的衰朽》，见赵澧、徐京安主编：《唯美主义》，北京：中国人民大学 1988 年版，第 133 页。
③ 鲁枢元：《生态批评的空间》，上海：华东师范大学出版社 2016 年版，第 147 页。

的趋势下，调整上层精神内核，让生态审美形塑我们的日常审美生活才是一条更长远、健康的发展道路。搭乘科技与市场的列车的确是现代社会审美日常化的便捷方式，但一味地臣服与妥协于市场则会丧失审美的精神性与自然性准则。

日常生活需要生态审美智慧对其进行形塑，需要一种更加智慧的美学观对其进行引导。"价值的选择，并非由今日始，更不会因今日止。"① 对于生活审美观念的思考也不应该停止。前文论述，生态审美对于日常生活的介入与打造同样能建立起全面的审美景观与审美机制。以文震亨为代表的文人们以一种真挚的生活方式对待生命本体与生活本身，完成了艺术审美与生活日常双向互动下的参与体验。我们可以得出结论：艺术与审美能够运用自身的力量帮助我们形塑更加美好的日常生活。

生态审美对于日常生活的影响体现在精神层面，也作用于我们的生活环境中。只有更好地了解社会城市发展、人类文明进步，才能运用理论知识引导社会的转型，实现更加美好的生活。将生态审美智慧引入现代社会生活，是基于消费主义时代下人们的生活现状与生存困境的思考。扎根于古典文化传统的生态审美智慧为人类绿色生活指明了方向。

---

① 鲁枢元：《生态批评的空间》，上海：华东师范大学出版社 2016 年版，第 163 页。

第十二章　《长物志》与精神世界的营构

鲁枢元教授在《生态文艺学》中开创了生态文艺学领域的"精神生态"，他告诉我们，世界并非只是自然存在与社会存在，还有精神的存在，精神生态与自然生态、社会生态三者之间是有机统一的，且它们之间相互作用。由此我们得知，社会生态、自然生态、精神生态三者具有统一性，它们形成合力才能更好推进和谐社会的建构。而《长物志》的审美观是审美世界观的架构，也是精神生态世界的营构。作为宇宙万物中的高等智慧生物，人类的审美实践与生存繁衍建立在与万物息息相关、互通交融的联系之中，也建立在对自身的发现与完满上。《长物志》的审美智慧开辟了一条指向人的精神世界的完善，实现审美、人格、理想完美统一的道路，它构建起自我精神世界的优化机制，于"长物"之中建立了日常生活的审美化情景，完成了隐逸与生活美学的双向互动。审美主体在生态场景中感受生命的可贵，在敬畏中走向独立、圆满，继而通过人格的完满，找到人类的精神归属。

作为大自然演化的成果，人类从自然中来，也应让心灵回归自然中去，成为一个与天地相通、精神有所归依的人。而在当下，现代工业化的发展与商品经济泛滥的现实状况，让人走向"单向度"与"异化"。生态审美智慧能够帮助人重新找到其自身价值与归属，全面唤醒人的知觉与情感。生态审美从精神层面铺开，弥散于人类生存发展与日常生活的场域当中，形成价值导向作用，让人由此走向"完满"。生态美学倡导的新人文主义将人对本体的关怀延展至自然万物，主张用仁爱之心包容其他生命物种。新人文主义是基于对人类自身命运发展的深切思考，它是人类认识自然、认识社会、认识自我的成果，也是社会精神文明的进步。

第一节　《长物志》的生态审美指向性

《长物志》一书诞生于文震亨的闲居生活当中。文震亨于39岁时放弃了科举生涯:"天启甲子试秋闱不利,即弃科举,清言作达,选声伎,调丝竹,日游佳山水间。"① 隐于市的文震亨虽无陶公"采菊东篱下,悠然见南山"的风流,但在文人的雅趣日常生活里找到了洞天别地。他从政治的激情中沉静下来,摆脱世俗的蝇营狗苟,用文人的视野与洞察力介入"长物"生活当中,最终从"长物"之中实现自我精神的自洽与愉悦。

在《长物志》的世界中,"物"包涵情感雅趣,占据着特殊的地位,如同一个有机的生命体,是一个由情感传递、伦理关怀、价值建构整合成的审美系统,它通过生态价值取向塑造内部精神与外部世界的统一;通过生态伦理的维护造就由己及物的仁爱之心;通过物我交融的情感体验净化心灵,达到真、善、美合一的人格指向。

出生书香门第的文震亨有着文人天生的优越感与审美定势,《长物志》是一部阐述他对园林建造、清玩雅器、书画古董、香茗服饰等各类生活用物的赏鉴之作。它生成于明代中晚期物物流通、社会浮华之气上涨的背景下,体现了文人士大夫不同于流俗,通过"品物"来寄托自己的审美情感以及品格志趣。比如崇古师雅,对古、旧、雅、天然、自然、古朴等的审美追求。所以在《长物志》中,门环"得古青绿蝴蝶兽面";台阶"愈高愈古";室庐"宁古无时,宁朴勿巧,宁俭无俗";庭除"自然古色";花木"必以虬枝古干";古琴"历久既年,漆光退尽";水缸"当是穴中注油点灯之物,今取以蓄鱼,最古";绢素"古画绢色墨气,自有一种古香可爱"……从这里可以看出,明代文人追求着精致的生活方式,其审美也趋向多元化、时尚化。文震亨用一本《长物志》告诉了人们,什么是美,该用什么样的标准去审视"长物"之美。

中国古代文人素有"铁肩担道义"的志向,这种道统使得文人的审美包含了浓浓的文人情志与家国情怀。文震亨与众多桀骜高迈的雅士一样,以"清高"为品,不屑与世俗为伍,抗拒市井之气,一生醉心于林壑。其身外"长物",实

---

① (明)顾苓:《塔影园集·武英殿中书舍人致仕文公行状》,见(明)文震亨著,陈植校注:《长物志校注》,南京:江苏科学技术出版社1984年版,第425页。

则是其人品、才情之体现。在一草一木的鉴赏中，《长物志》流露出文震亨的人格魅力与审美品位。居住"要须门庭雅洁，室庐清靓，亭台具旷士之怀，斋阁有幽人之致"①；服饰"居城市有儒者之风，入山林有隐逸之象"②；焚香品茗"第焚煮有法，必贞夫韵士，乃能究心耳"③。文震亨在日常生活起居中灌注了情志，栽花种木，借物言志；鱼鸟为伴，山居清简；抱朴守拙，保持素心；调养身心，寄情流觞……在其审美视域中，人们常见的日常之物具有了生命、灵魂与人格。明代中晚期，茶叶成了士人生活日常中不可或缺之物，李诩言："有酒且酌，无酒且止，清茶一啜，好香一炷，闲谈古今，静玩山水。不言是非，不论官府，行立坐卧，立志适趣。"④ 在明代文人看来，茶叶成为道义、志趣的象征，点明了人格之善的塑造可以通过"长物"（饮茶）来实现。因而，寄情"长物"、"游物于心"的生活状态是当时许多文人的生存现状。文震亨生于官宦世家，家族中历代有人为官，自己几度科举入仕，却为官所累，几被牵连。他虽然心系国家，但报国无望，只得寄情"长物"，晚年他蛰居庭院，醉心赏玩，最后却以身殉国。他以消极"出世"的精神反抗现实，在某种程度上是以一种相对独立的文人生存方式介入社会文化生活。他的《长物志》虽为鉴赏之文，却委实道出了生存哲学，指向了现实人生，在明末意识形态领域依旧占据着引领时代精神的位置。当然，《长物志》是文震亨的怡情品文，其著述的主要意图还是指向他心中理想的生存方式："长日清谈，闲宵小饮"，"标榜林壑，品题酒茗，收藏位置图史、杯铛之属，于世为闲事"⑤。与文震亨有相类似生存理想的还有同时代的陈继儒、屠隆等人。

由此，《长物志》从个人审美走向人格寄托与社会理想，完成了"人"由内至外的价值统一，也在矛盾中揭示了人的本真状态，让真、善、美得以和谐统一，使审美主体的情感与精神得以舒展，达到生命的至善境界。《长物志》以赏物之法透析"品鉴之法""人格之法"，在品赏"长物"的日常活动中使宇宙万物、生活百态生动地呈现在观者眼前。在《长物志》中，万物有形，万物有灵，观物亦有法。所谓："凡有貌象声色者，皆物也。""日方中方睨，物方生方死。夫物，量无穷，时无止，分无常，终始无故。""物之生也，若骤若驰。无动而

① （明）文震亨著，李瑞豪编著：《长物志》，北京：中华书局2012年版，第5页。
② （明）文震亨著，李瑞豪编著：《长物志》，北京：中华书局2012年版，第217页。
③ （明）文震亨著，李瑞豪编著：《长物志》，北京：中华书局2012年版，第261页。
④ （明）李诩著，魏连科点校：《戒庵老人漫笔》卷五《真率铭》，北京：中华书局1982年版，第169页。
⑤ （明）文震亨，李瑞豪译注：《长物志·序》，北京：中华书局2021年版，第9页。

不变，无时而不移。"① "物"中含"道"，"道""物"彼此相依，相互转化，须臾难分。在文震亨的生活世界里，赏物、品物即是修炼身心、修道养神的过程。在日常生活审美化的情景中，用艺术审美化手段塑造人格，与明代中后期士大夫阶层从儒家倡导的"内圣外王"人生目标转向自我情志的陶冶体验相符合。但是转向并非放弃或割裂，在传统思想根深蒂固的现实语境下，追求人格的独立与志趣的高洁，常与自然、浪漫、舒放的生活状态相适相生。

《长物志》指向人内在的精神世界，寄托着面对山水天地的精神觉醒与归属，通过"长物"抒发审美情志。失意困顿的文人们将理想的生活样态以生态审美情景展开，遵循生态审美的逻辑范式，并在生态审美中找寻出理想生存方式。《长物志》是"物物"流通交换中的审美产物，也是社会物质精神发展的产物，它作为生态审美的意念抒发，也展示出了超凡的精神品格："居山水间者为上，村居次之，郊居又次之"②；"取顽石具苔斑者嵌之，方有岩阿之致"③；"或于乔松、修竹、岩洞、石室之下，地清境绝，更为雅称耳"④。人与自然的关系本应亲密无间，但在现代工业文明的发展中，城市化的进程让人与原生栖息地渐行渐远。其实，人类作为生态链与生物群的重要组成部分，同动植物一样，是地球自然史中进化演变的事件，属于自然的一部分。任何有机的生命体都在生态系统中拥有自己的位置，在生态环链中，它们是平等的，没有高低贵贱之分。人类形成于天地，脱颖于万物，这决定了人与万物的须臾难离，相辅相成。学者麦茜特说："从我们这个物种的朦胧起源时代开始，人类为了生存，就一直活在与自然秩序的日常、直接的有机关联中。"⑤ 人类对于自然生态的依赖，不仅仅是因为人类的生存离不开地球提供的资源，更因为自然还是人类的精神依靠，这一点充分体现在中国古人朴素的"天人"观念里，人与自然相依为命是中国古典美学的精神内核。

人与自然的相依相伴，很早就蕴含于古人朦胧的天地观与生存观念中。"天地与我并生，万物与我为一。"⑥ 在中国古人的自然观里，万物一体，自然万物

---

① 陈霞主编：《道教生态思想研究》，成都：巴蜀书社2010年版，第65页。
② （明）文震亨著，李瑞豪编著：《长物志》，北京：中华书局2012年版，第5页。
③ （明）文震亨著，李瑞豪编著：《长物志》，北京：中华书局2012年版，第9页。
④ （明）文震亨著，李瑞豪编著：《长物志》，北京：中华书局2012年版，第22页。
⑤ ［美］卡洛琳·麦茜特著，吴国盛等译：《自然之死：妇女、生态和科学革命》，长春：吉林人民出版社1999年版，第1页。
⑥ （战国）庄子：《庄子·齐物论》，见陈鼓应注译：《庄子今注今译》，北京：中华书局1983年版，第39页。

都是有生命的，人身一小天地，天地一大人身，人与自然同宗同禀。《周易》歌颂自然大地：至哉坤元，德合无疆，由此构建了一个乾坤、天人、阴阳相济循环的宇宙轮环；人是轮环的一个小环链。正是因为我们是自然的一部分，因而，处于自然环链中的人，其人性的丰富与完满能通过自然展开与生发。人要回归自然就得保护自然，因为自然的完美与人性的圆满是相通的，人类破坏自然不仅损毁自己的生存根基，也毁灭自己的精神家园。如道教经典《太上洞神天公消魔护国经》就将人和宇宙间事物相比附："夫人者，皆禀妙道天地之气而生，故头圆象天，足方象地，肉象土，骨象石，气象风，血象水，眼象日月，发象草木。"人与自然相通相应，中国古代美学的"天人合一"思想，让人在浩瀚天地中有所归依。与天地相比，人的生命只短短一瞬。苏轼在《前赤壁赋》中感叹道："哀吾生之须臾，羡长江之无穷。挟飞仙以遨游，抱明月而长终。"人类为沧海之一粟，转瞬即逝，但将人的生命放入宇宙的永恒中，则人与宇宙都是永恒的，没有穷尽。人在自然生命的流动中，其根系与自然相通，在感性活动中，只有回溯其自然属性，人才能找回本真与自我，相反，如果人脱离栖居地则会丧失本真，走向虚无。面对自然天地，接受自然实践，是人格的完善过程，也是人的归属方向。"人类的自由是自然赐予的，并且在自然生态的和谐关系中得到认同。人类的自我体验应极大地关注这种自由，同时又将其不断地划入自己的生命主动性和创造性活动当中，使得人与自然生态有机地统一在一起，并在自己的生命体验性活动中创造新质，不断从事人类存在价值的体验。"① 盖光先生这段话揭示了人类自由的源头，即人的自由由大自然赋予，人在这种恩赐下实现着自身的价值与探索，在生态和谐的外部环境中体验着生命的无限可能。人类的一切生产、文化、艺术活动都需要从自然中获取资源、获得结构及活动本身得以展开的环境，在此基础上构建社会、经济、政治、文化等。由此看出，个体人格的树立须从自然中获取支撑，健康的人格与自然宇宙之性是和谐统一的。

在《长物志》中，文震亨对林泉天地的向往之情展现在居室住宅、园林鱼鸟、书画艺术等众多门类与物品当中。通过寄情"长物"，他似乎找到了精神皈依之所，这是精神溯源的路径，也是人格升华的路径。"长物"安置着困顿失意的灵魂，它与明代独特的隐逸之风一同打造面向林泉的"洞天福地"。"大隐隐于市"，文人在城市中正是通过"长物"来构筑起"壶中天地"。在明清的许多山水画中，我们可以看到洞天福地的场景描绘。不言而喻，山水图画对山水之境

---

① 盖光：《生态境域中人的生存问题》，北京：人民出版社 2013 年版，第 38 页。

的描绘无疑抒发了文人们对真山水的热爱与向往。这些作品使人可以卧游山水、遨游天地，同样给人真山水般自由感、归属感的体验。当文人士大夫无法真正进入山林的时候，身边的一草一木、一花一鱼都成为他们的"身退之所"及"壶中天地"。

这种特殊的精神遁隐在明代十分普遍，在它的影响下，明代"闲赏之风"逐渐形成。闲赏在明代与其说是鉴赏"长物"，倒不如说是文人的一种生活态度。像文震亨这样治园治舍、品茗焚香、赏玩书画者，更多是出于远离政治的目的。计成的《园冶》也多次提到"闲"，这里的"闲"与其说是赏景的闲适悠然，不如说是为了不被世俗所累、走向身心轻盈的过程，也是放下繁杂事务、走向质朴本真的自然生活状态。闲适与隐逸在此相互生发，彼此作用。由隐得闲，由闲得隐，寻求着闲适生活中的身心和谐与皈依。这种隐逸是人生快乐的策略与价值追求，"回归自然本原，一方面是审美，思维方式回归宇宙本体，象征道统思想的山水自然及自由中；另一方面是指回归自我这个主体自然与自由中"①，成为一个与自然天地血脉相连，完整、自由、有归属感的人。这种归属感让屡受挫折的文震亨在山水天地中得到了短暂的平静，也让失意困顿的文人身心安放下来。

在 21 世纪工业化飞速发展、人与自然疏远对立之时，重返精神家园、唤起家园意识成为无数哲学家们的重要议题。存在主义美学家海德格尔提到了荷尔德林的诗句："充满劳绩，然而人诗意地栖居在这片大地上。"②诗意地栖居于美好家园，是人的肉身安顿，也是精神的回归，是"天—地—人"系统中的和谐生长。"家园故土"在中国人的世界里，是人的住所和依偎的地方，是人情感的归依。《诗经·四牡》："四牡骓骓，周道倭迟。岂不怀归？王事靡盬，我心伤悲。"从这里看出，对故土的情结与家园的羁绊深深地烙刻在人们心中，而找寻家园故土的归属感则是人类存在的永恒命题。《长物志》在精神隐蔽的道路上为我们开启了一种闲赏美学的思维模式，也为我们回归自然本体、寻找现代人类精神家园与归属展示了一种人文主义生态范式。

《长物志》构建了一个"居"有山泉水石，"赏"有花鸟鱼木，"坐卧"依凭无不便适的生态生存环境。其中的衣食住行简朴素雅，遵循自然天地的周转变化，因时因地周流不息，蕴藏其中的正是古典生态美学的生存智慧，是人与天地

---

① 徐清泉：《中国传统人文精神论要：从隐逸文化、文艺实践及封建政治的互动分析入手》，上海：上海社会科学院出版社 2003 年版，第 191 页。
② ［德］海德格尔著，孙周兴译：《荷尔德林诗的阐释》，北京：商务印书馆 2000 年版，第 107 页。

万物生灵和谐共处的生活蓝图，是"天人合一"基本精神的充分展现。在《长物志》的描述中，我们不仅能够感受到文震亨对于自然山水的向往之情，还能感受到自然生态图景对文人审美方式、生活方式的影响。比如明式家具在整体结构上充分体现了天人合一的审美理想，其形神兼备的马蹄足一方面抒发了文人外柔内刚的内在气节，另一方面马蹄足的漫步之势使家具站立稳当，发挥了家具的功用本质。明式家具在材料的选用上，也追求与自然相结合，木质材料色调温暖，线条流畅，显得古朴简雅。在意境方面，将个性偏好与自然材质相结合，将审美理想与生态关怀相融合，做到和谐统一，平衡适宜。① 《长物志》中蕴含的"天人合一"理念是中国古典生态审美智慧的思想精粹，它所展现的人与自然的关系，人的生存模式、审美追求、价值理想是值得我们重视并借鉴的，且这种生态审美智慧对 21 世纪人们的精神现状提出了反思。

近现代以来，西方思想界有一种十分强烈的"人类中心主义"倾向，他们认为，人作为万物之灵，具有主宰着自然万物的权利，人类的进步得益于向自然进军。前已论述，这种思想倾向不仅严重破坏了生态环境，而且带来了人类的精神危机。正因此，20 世纪 30 年代以后，以海德格尔为代表的美学家开始反思"人类中心主义"的危害，并转向生态整体主义，提出著名的"天地神人四方游戏说"。他说："大地和天空，诸神和终有一死者，这四方从自身而来统一起来，出于统一的四重整体的纯一性而共属一体。四方中的每一方都以它自己的方式映射着其余三方的现身本质。同时，每一方又都以它自己的方式映射自身，进入它在四方的纯一性之内的本己之中。这种映射（Spiegeln）不是对某个摹本的描写。映射在照亮四方中的每一方之际居有它们本己的现成本质，而使之进入纯一的相互转让之中。……四方中的每一方都开放入它的本己之中，但又把这些自由的东西维系为它们的本质性的相互并存的纯一性。"② 这里的"天地神人四方游戏说"主张天、地、神、人四维的和谐平等，彻底突破了西方文化界的"人类中心主义"。海氏的这种学说与中国古代美学中的生态智慧有异曲同工之妙。受农业文明的影响，中国很早就有了宇宙共同体意识。尊重自然规律、肯定自然的地位、肯定生命的意义是中国儒道普遍认可的道理。孔子对自然之天怀有敬畏之情，他曾在《论语·季氏》中说"君子有三畏：畏天命，畏大人，畏圣人之言"，将"畏天命"放在了首位。这里的"畏天命"就是敬畏自然，君子之所以有德，就

---

① 孙迟、郑琦：《探析明式家具的美学特征》，《家具与室内装饰》2021 年第 2 期。
② 孙周兴选编：《海德格尔选集》，上海：上海三联书店 1996 年版，第 1179－1180 页。

在于他能效法圣贤，敬畏于天。"大哉，尧之为君也。巍巍乎！唯天为大，唯尧则之。"① 孔子在谈到治理一个国家时曾经说过"敬事而信，节用而爱人，使民以时"② 三条原则，这里的"节用而爱人"是指统治者要爱惜民力，开源节流，而"使民以时"则是指统治者应该引导人民按节气从事农业生产，不要耽误农时。老子提出了著名的"三宝"说，"我有三宝，持而保之：一曰慈，二曰俭，三曰不敢为天下先"③。这里"慈"是慈爱自然的意思，它不同于儒家的仁者爱人，包含有道家的无欲、无为的内涵；而"俭"则是节俭。"不敢为天下先"就是不争。这"三宝"与道家的自然观有关："慈"显然是敬重自然；"俭"则指人类应该过一种节俭的生活，不要过分地掠取自然资源；而"不敢为天下先"，即指自然万物应该和谐平衡，安于自己的自然空间，不要走在众物的前头，要对自然采取一种平等相处的态度。《易·系辞》中提出了"三才"说，指的是天、地、人三才，由"三才之道"又派生出"三才之文"。中国古人将宇宙天地看作一个有机的整体，他们认为，从自然天地精神中派生而出的"三才之文"也是统一的，它们由自然天地化生，成为一个文化的整体。"贲卦离卦艮上，离属柔，艮属于刚，所以是刚柔交错之象。'文明止上'王弼解释为'止物不以成武，而以文明，人之文也。'"④ 由自然之道派生出的文化与自然天地息息相关、频率相同，古人的文化、礼法、精神无不源于自然。

"自然"是中国古典美学范畴体中的元范畴，也是构成生态美学思想的内核。中国古人建立的"礼法"是文明发展的标志，它是自然的人化结果。无论是人类个体，还是社会群体，其根源都来自自然界，自然生态是他们"生之始""生之本"。人类不可能割裂与自然的关系，因为人的生命与安身立命之地皆在此。因此儒家有"修身养性"以合"天德"，道家也有"体道""蓄德"以合"自然"的观念。这是完成个人人格圆满的基本要求与法则。以孔子为代表的儒家学说提出"仁"的道德原则。那么什么是"仁"呢？孔子的回答是"仁者爱人"。对于"仁者爱人"的内涵，孔子做了很多论述，其中有些论述是包含着古典生态人文主义的，也就是说是一种包含生态观念的对人的关爱。⑤ 由此看出，"仁"是人的最高德性。"天体万物一体之仁"表达出"天人合一"的整体世界

---

① 杨伯峻译注：《论语译注》，北京：中华书局 2017 年版，第 86 页。
② 杨伯峻译注：《论语译注》，北京：中华书局 2017 年版，第 134 页。
③ 陈鼓应注译：《老子今注今译》，北京：商务印书馆 2003 年版，第 310 页。
④ 蔡钟翔：《美在自然》，南昌：百花洲文艺出版社 2009 年版，第 75 页。
⑤ 曾繁仁：《生态美学导论》，北京：商务印书馆 2010 年版，第 137 页。

观，也表达出万物须臾难分、互相包含的联系。道家提出了"万物齐一""天钧"等思想，讲的是万物各有其归属，它们互相连接循环变化。万物皆在"道"中，人只是万物之一，人与万物平等。对自然万物的尊重珍惜就是对"道"与"自然"的敬畏。刘安的《淮南子》继承了道家尊重生命个体的思想传统，在《精神训》中提出了"生尊于天下"的观点，肯定了"生"的无上地位。对于生命个体的尊重也让道家更竭力反对"非道"行为，庄子在《庚桑楚》中借"偏得老聃之道"的庚桑子之口说道："吾语汝，大乱之本，必生于尧舜之间，其末存乎千古之后。千世之后，其必有人与人相食者也。"庄子预测千年之后，如果生态环境遭到破坏必然会出现"人与人之相食行为"。为此，老庄按其"道法自然"理论提出了自己的社会理想："小国寡民，使有什伯之器而不用；使民重死而不远徙；虽有舟舆，无所乘之；虽有甲兵，无所陈之，使人复结绳而用之。甘其食，美其服，安其居，乐其俗。邻国相望，鸡犬之声相闻，民至老死不相往来。"① 在道家看来，理想的生存模式就是人投入自然天地的怀抱，过上一种物我同体、浑然不分的自然状态。道家的生态社会理想对于当下生命异化严重、生态环境恶化的状况有重要的建设性指导意义。除儒道两家外，佛家也蕴藏了丰富的生态思想。佛教中的核心观念是众生平等，是对待不同身份、人种甚至不同物种的平等。佛教的因果轮回观念包含着事物间的平等观。以"因"为条件，万物由之生，由之灭。"此有故彼有，此生故彼生……此无故彼无，此灭故彼灭"②，表达出万事万物不可分割的整体性。根据佛教的缘起论，整个世界是相互联系的、不可分割的。人与人、物与物、世间万物相互依持，宇宙蕴含着万物，是一个整体，因而有云："芥子容须弥，毛孔收刹海。"细微之间容纳无尽。在整体论基础上，大乘佛教发展出了慈悲的菩萨情怀，从整体而非个人的得失去看待问题。禅宗是佛教传入中原以后诞生的，力主在自性观照或自我观照的禅定当中达到一种融化物我、人与万物自然统一的境界。禅宗美学以"天地同根""众生平等""同体大悲""法界圆融"等为基本理念，最大限度实现了宇宙之间的圆融和谐。与儒道构成了中国古代"和合"理念，这些都是中国古典生态审美智慧的理论精髓。

儒、释、道的理论思想中都蕴藏着"天人合一"的思想雏形，都肯定了人与自然的关系。这种生态审美智慧对于破除现代社会发展进程中的"人类中心主

① 陈鼓应注译：《老子今注今译》，北京：商务印书馆 2003 年版，第 345 页。
② 李国英：《〈大正藏〉疑难字考释》，北京：中华书局 2023 年版，第 768 页。

义"观念、建设生态文明社会具有理论参考意义。前已论述,在中国古人眼中,宇宙构成是一个有机的整体,这个整体内部的元素又相互影响。"在各个时期,中国古典美学都蕴含着丰富的生态智慧,虽然不尽相同,但殊途同归,都坚持着朴素的整体主义原则,坚持人与自然万物和谐统一的理念。"①《长物志》中流露出的"天人"观念,是古典生态审美智慧的回流与复苏,对于我们继承古典生态美学有重要价值与意义。厘清源流,重视古代典籍文献,重视美学和艺术的感性实践成果,对中国古代美学范畴的源流进行考察与辨析,对于找到适应当下的美学发展道路尤为重要。

第二节 《长物志》与当代人精神生态的构建

《长物志》所蕴含的生态审美智慧为我们开展生态审美教育提供了思路,即通过审美人格的塑造来构建人的精神生态,从而实现精神生态、社会生态与自然生态的合一。"生态审美智慧"作为中国古典美学的宝贵财富,对当代人的生存与发展有着重要的启示意义。

现代工业化迅猛发展,大众生活日益丰裕,日常生活审美化成为大众文化的主旋律,人们在享受经济发展带来的福利的同时,也受消费主义浪潮所裹挟。消费主义面向广大公众,其主要目的是实现商业利益。工业化生产使产品标准化,使得整个社会的审美趋向标准化、单一化与时尚化。人类享受着机械化带来的便利,但在消费市场中,商业利益至上成为社会价值的唯一标准。学者本雅明在《机械复制时代的艺术作品》一书中,极具预见性地界定了"标准化"与"复制化"的人类世界,即工业化"氛围"。工业社会使得技术逐渐合理化、普遍化。整个社会在科学技术的统治下对资源、自然进行有效的调配,并且这一统治逐渐扩展到私人生活和公共生活领域,使得一切不同的抉择趋向同质化。"技术的合理性展示出它的政治性特征,因为它变成更有效统治活动的得力工具,并创造出一个真正的极权主义领域,在这个领域里,社会和自然、精神和肉体为保卫这一领域而保持着持久动员的状态。"② 在这种状态下,长时间的机械化、单一化劳动是对生命个体的长期麻痹与消耗。发达的工业文明中的人,"既不是由服从,

---

① 卢政等:《中国古典美学的生态智慧研究》,北京:人民出版社 2016 年版,第 16 页。
② [美]赫伯特·马尔库塞著,刘继译:《单向度的人:发达工业社会意识形态研究》,上海:上海译文出版社 2008 年版,第 18 页。

也不是由工作难度，而是由人作为一种单纯工具，人沦为物的状况"①。这是工业化生产中现代人难以避免的现状，也是人走向单一、物化的过程。马克思称："劳动的这种现实化表现为工人实现非现实化，对象化表现为对象的丧失和被对象奴役，占有表现为异化、外化。"② 对象化的丧失正是人异化的开端。在这样的大环境下，"物"超出了其原本的价值与属性，人也承担了难以逆转的代价。"在这种消费活动中，他们却付出了沉重的代价，牺牲了他们的时间、意识和愿望。"③ 异化的人表现出对商品的过度依赖与亲密，"正如在狂热教徒的激情中，或在古老宗教拜物教治愈的病人身上，商品拜物教能够到达某些痴狂兴奋的时刻"④。

　　由于资本主义扩张，生产生活工业化，商品经济发展带来的一系列连锁反应使人的日常生活与行为方式随之改变，最终由内而外地影响人的精神结构，促成了人的"异化"。人性当中富有创造性与自由的部分日益萎缩，人们沦落为消费的奴隶，人性当中应有的尊严与精神日渐沦丧。毫无疑问，商品拜物教及消费主义不利于人的身心健康，更不利于人类社会的和谐进步。弗洛姆认为，西方社会发展的过程尤其是从中世纪到工业化时期，也是个人孤独感与虚无感强化的进程。中世纪的宗教束缚人，但人也在其中有秩序地生存，在精神信仰之下的中世纪人民有情感寄托与归属。随着中世纪封建制度的瓦解，人从神学的奴役中解脱出来，成为自己的主人，但同时人们也失去了曾经的安全感，被投入一个无边界的不确定世界中。现代商品经济发展下的人逐渐放弃思考，成为商品经济车轮下一个退却个性、认同现实、服从生产的人。马尔库塞对这种资本主义的异化现象进行了批判，他认为现代人沦陷于自愿化的、享乐性的、丧失自由的物化中。现代人不再批判现实，而是在单向度的社会与单向度的思考中发展成单向度的人。在马尔库塞看来，走出异化，就是要恢复人的精神生态，对人进行自然审美教育。

　　前已论述，单向度的人脱离了原本自然成长的轨迹，成为异化的人，其精神气质会逐渐丧失，成为物化的工具。我们过去常常被强调人与社会的关系，弱化了人的自然属性，将人的社会性与自然性相对立，这种观点是二元对立思维，没

　　① ［法］弗朗索瓦·佩鲁：《和平共处（第三卷）》，巴黎：巴黎大学出版社1958年版，第600页。

　　② ［美］奥尔曼著，王贵译：《异化：马克思论资本主义社会中人的概念》，北京：北京师范大学出版社2011年版，第176页。

　　③ ［美］赫伯特·马尔库塞著，黄通等译：《爱欲与文明：对弗洛伊德思想的哲学探讨》，上海：上海译文出版社1987年版，第71页。

　　④ ［法］居伊·德波著，张新木译：《景观社会》，南京：南京大学出版社2017年版，第38页。

考虑到人的自然性与社会性可以通过劳动实践统一起来。人的自然生成首先就意味着：人是自然的产物，同样也是自然的存在。人是自然的一部分，某种程度上说，人就是自然界。"整个自然界——首先作为人的直接的生活资料，其次作为人的生命活动的材料、对象和工具——变成人的无机的身体。"① 正因为人与自然有了不可割裂的存在关系，人才能有所依托，走向完善。它们的关系如同一张相互牵引、彼此影响的大网。自然和谐的发展轨迹将人引向"完满"，影响人的精神世界，最终生成文化，精神文化从表面上看是人类的创造成果，但追根溯源其仍然来自自然的启发与哺育。建设生态文明是人类社会觉醒与进步的反映，它一方面能给人类创造美好家园，另一方面能修复人的精神生态，塑造真、善、美相统一的公民人格，使在现代化发展中"异化"的人逐渐走向灵魂的充实与完美。

为了构建起自由健康的完满人生，须形成生态审美教育的路径与机制。生态审美教育利用生态智慧，通过审美活动培育热爱自然、保护环境的公民，在构建友好生存环境的基础上培养公民的健全人格。"只有成为生态审美者，才会有完备的审美人生和与之对应的审美生境。"② 生态审美智慧的运用与展开，弥补了现代工业化发展下人的种种缺失。在遵循社会发展总方向的基础上，从美学精神领域入手，使受教者在潜移默化中获得审美熏陶。提高公民的审美能力，完善公民的心灵结构。如在《长物志》中，文震亨通过对花草鱼鸟寄托幽思与理想，现实了自己亲近自然、"与物同游"的人格升华，最终实现了自己与内心的一种和解。

从根本上说，自然生态价值对人的影响从三个方面介入：一是自然孕育了宇宙生命；二是自然的发展满足人的生存需求；三是自然涵养人的精神，具有哲学与宗教价值。自然的发展演化亦是生命的进化过程，宇宙生命与个体生命的能量不断流动转化，生成了无限多样的生命个体，在生物系统的协同并进下，人类成为万物之灵长。自然生态系统的稳定发展、结构与法则确立了人对生命价值的认同感，人在探索自然、研究自然中，慢慢懂得了生命的奥秘。人的生命本体由宇宙孕育而生，生命同宇宙自然一同演化，人类需求的多样性来自自然生态的有机系统性，文化品格在某种程度上携带着自然价值。如中国古人视"梅兰竹菊"为"四君子"，这种自然比德模式在中华文明史绵延数千年，亦折射出自然对人

---

① [德] 马克思著，中共中央马克思恩格斯列宁斯大林著作编译局编译：《1844 年经济学哲学手稿》，北京：人民出版社 2000 年版，第 106 页。

② 袁鼎生：《生态艺术哲学》，北京：商务印书馆 2007 年版，第 328 页。

格的完善有不可估量的作用。

　　借助生态审美智慧与生态审美思维，可以重新打开由工业化发展与商品消费市场进程封闭起来的感知，实现审美与生态的对生与良性互动，这对于生态人格的构建十分有利。生态美学是一门探索审美人生与境界的展开性、发展性、构建性科学，由生态审美精神形成的生态审美境界弥散于人类生存发展的场域当中，形成生态价值指向与审美氛围，成为指引人类精神健康发展的风向标。

　　生态审美视野下形成的人格精神是多维的、健康的、包容的。与传统的人文主义美学相比，生态美学观跳出了以"人类中心主义"为核心的价值逻辑，也打破了环境主义倡导的生态中心主义理论框架，试图以生态人文主义作为出发点，折中"人类中心主义"与"生态中心主义"的绝对化倾向，找到一条和谐共生的人类发展路径。"所谓'生态人文主义'实际上是对人类中心主义与生态中心主义的一种综合与调和，是人文主义在当代的新发展与新延伸。"① "生态人文主义"将人际的平等扩张到人与自然的相对平等，将人的生存权扩大到环境权，将人的价值扩大到自然的价值，将对于人类的关爱拓展到对其他物种的关爱，将人类的当下关怀扩大到对于人类前途命运的终极关怀。② 深层生态学家阿伦·奈斯所说的"原则上的生物圈平等主义"也是此意，他认为"生存与发展的平等权利是一种在直觉上明晰的价值公理。它所限制的是对人类自身生活质量有害的人类中心主义"③。人与自然的和谐关系是人类生存发展中的重要命题，而忽视自然、掌控自然无疑是人"异化"的开端，终将危害人类社会发展。

　　生态人文主义的提出是基于人类自身的发展与社会未来的思考，它将人性中的仁爱弥散，将悲悯与友善之情推广到生物环链。因为人类最终发现，关爱自然环境与其他生物物种即是关怀人类生存域，关怀人类自身。马克思说，一个存在物如果在自身之外，没有自己的自然界，就不是自然存在物，就不能参加自然界的生活。一个生存依靠自然的人，不能不关心自己生存发展的家园。传统的人文主义只关心人类自身的发展，缺少了自然纬度，导致了环境的危机，当代生态美学正视这一点，重新审视人与自然的关系，这是对传统人文主义的扬弃。正如曾繁仁先生所说："生态美学是对于传统美学反思超越的结果，是对于传统美学认识论与人类中心主义的一种反思与超越；也是对于传统美学完全漠视生态维度

---

①　曾繁仁：《生态美学导论》，北京：商务印书馆 2010 年版，第 64 页。
②　曾繁仁：《生态美学导论》，北京：商务印书馆 2010 年版，第 196 – 200 页。
③　曾繁仁：《生态存在论美学论稿》，长春：吉林人民出版社 2009 年版，第 389 – 399 页。

而仅仅局限于艺术美学的超越；是一种前所未有的包含生态维度的美学形态。"①

生态人文主义关怀其他生命物种，展现出了更高的道德准则："人类的发展不应该威胁自然的整体性和其他物种的生存，人们应该像样地对待所有生物，保护它们免受摧残，避免折磨和不必要的屠杀。"② 对于保护其他生命物种生存发展，在中国古典文献中多有提及，比如前已论述过的儒家的"仁爱"精神与生态智慧，荀子的《天论》提出："天有其时，地有其财，人有其治，夫是之谓能参。"③ 人类生于自然，也应参与到大自然进程中，利用自身掌握的规律，化育万物。人类处于生态链上的最顶端，如果任由弱肉强食法则蔓延，随着科技"猎杀技术"的提高，最终会给自然界乃至人类自身造成不可挽回的后果。生态人文主义并不否认人的主体地位，而是将"仁爱"之心由自身扩展至万物。美国学者蕾切尔·卡逊描绘的《寂静的春天》或许让我们看到了自身与自然万物更为紧密的关系。"这个环链从浮游生物的像尘土一样微小的绿色细胞开始，通过很小的水蚤进入噬食浮游生物的鱼体，而鱼又被其他的鱼、鸟、貂、浣熊吃掉，这是一个从生命到生命的无穷的物质循环过程。"④ 也就是说，罔顾生态，灭杀任何一个物种，最终会伤及人类自身。因此，人应该对自然万物抱有"仁爱"之心，关爱"生命"。德国学者莫尔特曼说："正像每个孩子都知道的，只有被热爱的生命才可以被体验为人类的生命。正像每个成年人明白的，只有富于爱心的生命，一种以爱去接纳、去肯定的生命，才能被当作人类的生命去接受。人类并不只是日复一日地被动地度过一生，就其通过他的爱去接纳生命、肯定生命、激励生命而言，他才能作为人而活着。"⑤

人类的历史是发现自然界的历史，同时也是发现自我的历史。古代希腊德尔斐神殿中的铭文即是"认识你自己"，是人类对自我本体的思考。欧洲中世纪文化中，神学占领着统治地位，它要求人们按照宗教的准则生活，人成为神学的奴隶，失去了自由思考与生活的权利。文艺复兴时期，古希腊、古罗马的人文主义重新被提起，新兴的资产阶级打着复古的旗号，实际上是为了推倒神学统治，肯定人的价值与地位，这一时期，人性得到舒展，人文主义艺术蓬勃发展。近现

---

① 曾繁仁：《生态美学导论》，北京：商务印书馆2010年版，第299页。
② 余谋昌：《生态伦理学》，北京：首都师范大学出版社1999年版，第146页。
③ （清）王先谦：《荀子集解》卷十一，台北：华正书局1982年版，第206页。
④ ［美］蕾切尔·卡逊著，吕瑞兰、李长生译：《寂静的春天》，长春：吉林人民出版社1997年版，第23页。
⑤ ［德］莫尔特曼著，隗仁莲译：《创造中的上帝：生态的创造论》，北京：生活·读书·新知三联书店2002年版，第363页。

代，随着科技主义的发展，人们对自身的发现越来越清晰，尼采直接提出"上帝死了"的命题，彻底解放了人。21世纪以来，随着环境美学的兴起，人们逐渐发现自己与自然环境须臾难离，自己是环境的一分子。发现自我对于人自身的精神建设十分关键，因为人只有真正了解自身，了解自身所处的环境世界，才能体会到人的生态审美本性对于自身及自然万物蓬勃发展的积极意义。

前已论述，工业化与商品化的发展带来的人类的"异化"，科技主义与工具理性让人的生态审美本性被遮蔽。在这种情势下，中国古典的生态审美智慧能起到振拔作用，曾繁仁说"以'生态文明建设'理论为指导的包括生态美学在内的各种生态理论就必然地成为与社会发展相适应的社会主义先进文化建设的有机组成部分，成为'环境友好型社会建设'与'生态文明建设'的必然结果与发展趋势"①。以《长物志》为例，对于万物的研习发掘有：秋水为上，梅水次之；春冬用铜，秋夏用磁（瓷）；梅生山中，有苔藓者，移置药栏，最古。杏花差不耐久，开时多值风雨，仅可作片时玩……这些生态审美智慧从对人的生存关怀，再到对自然万物的关怀，最终指向人的美好生存。

针对生态环境日益恶化的现实，当代许多学者提出了"生态共同体"的观点，指出：人的特殊身份不应该凌驾于万物之上，更应该帮助各生物协调并进，实现自然生态的和谐。"生态主义的观点愿意接受如下的论证：人类应该形成一个关心和关怀的共同体，并把它作为人类谋求福祉所需要的基础（既作为关心者的基础，又作为被关心者的基础）。"② 这个共同体是人类共同体，更是人类与自然万物的命运共同体。"马克思认为人不仅是自然存在物，亦是人的自然存在物，为自身存在而存在的存在物，是类存在物。"③ "类"的特性是人自由自觉。人可以能动地创造、实践，通过自身活动复现世界，优化环境。托马斯·柏励在讲到人类未来时说："我们时代的历史使命是去'重新塑造人'——在特殊的层面（换句话说，我们必须把人当作地球共同体众多物种中的一种），以批判性的反思……在生命系统的共同体内（这一点最重要的意义在于我们看到了自己与地球上一切生命系统的互相依赖是多么紧密），在时间发展的背景中（既然自然是循环的，我们就必须考虑到自己的行为在地球时间维度的进化历程中是不可逆的），

① 曾繁仁：《生态美学导论》，北京：商务印书馆2010年版，第1页。

② ［英］布赖恩·巴克斯特著，曾建平译：《生态主义导论》，重庆：重庆出版社2007年版，第89页。

③ ［德］马克思、恩格斯著，中共中央马克思恩格斯列宁斯大林著作编译局编译：《马克思恩格斯全集（第四十二卷）》，北京：人民出版社1979年版，第169页。

通过故事和共同的梦想经验（与批判性反思一起，故事和梦想会引起人们的改变）重新塑造人。"① 在构建生态共同体的过程中，让生命个体的精神完满自由，成为关爱地球而又全面发展的人，正是生态人文主义的价值所向。

现代工业文明将人束缚在单维发展的轨道上，个体人格日益扁平化、机械化、碎片化。生态审美智慧重新激发了人的生态审美本性，让人自觉担负起保护地球的责任。罗尔斯顿说，人类在自然生态系统中处于食物链的顶端，有优于其他生物的智能与完美本性，"看护地球"是他"展示这种完美性的一个途径"。②因而，生态审美智慧对人类挣脱"人类中心主义"桎梏、营构"自然家园"具有不可估量的作用。

《长物志》的生态审美智慧其实是中国古典美学精神的内核，作为一本囊括了衣、食、住、行等生活日常的文人经典丛书，它也投射着古人从精神直至日常生活实践的生态审美精神。这种美学精神让"生态整体"与"共生"思想取代"人类中心主义"倾向，它关注人类命运共同体，拓宽伦理边界，在多样化的生态系统结构中强调各物种相互依存的关系，培养人的生态良知，自觉维护生态系统的稳定与和谐。这不仅为当下生态美学的建构提供了理论支撑，还为生态文明建设提供了实践路径。

---

① ［美］赫尔曼・F. 格林著，张妮妮译：《生态纪社会：通向未来的路》，《华中科技大学学报（社会科学版）》2006 年第 1 期。

② 余谋昌：《生态伦理学》，北京：首都师范大学出版社 1999 年版，第 136 页。

后 记

本书是本人多年来与研究生罗晨持续研究所取得的成果，引言部分以《中国古代自然美育的道德意蕴及其现代启示》为题发表于《湖北大学学报》（哲学社会科学版）2018年第2期；第四章"中国传统建筑的生态审美智慧"以《论中国传统建筑艺术中所蕴涵的生态审美智慧》为题发表于《山东社会科学》2012年第4期，两篇文章均被收录进CSSCI期刊，产生了一定的学术影响。罗晨撰写的内容以硕士论文为基础，经本人审读、改写与润色而成。罗晨同学在本人的指导下查阅了大量研究资料，在此向温婉而又勤勉的罗晨同学表示感谢。本书的出版得到了湖北大学人文社会科学研究院、湖北大学文学院领导和老师们的无私帮助与大力支持，在此由衷地表示感谢。还要特别感谢暨南大学出版社的陈绪泉编辑，他为本书的编辑出版付出了辛勤的劳动。

是为记。

罗祖文

2024年9月22日于武汉